natürlich oekom!

Mit diesem Buch halten Sie ein echtes Stück Nachhaltigkeit in den Händen. Durch Ihren Kauf unterstützen Sie eine Produktion mit hohen ökologischen Ansprüchen:

- 100 % Recyclingpapier
- mineralölfreie Druckfarben
- Verzicht auf Plastikfolie
- Kompensation aller CO_2-Emissionen
- kurze Transportwege – in Deutschland gedruckt

Weitere Informationen unter www.natürlich-oekom.de und #natürlichoekom

Bibliografische Information der Deutschen Nationalbibliothek:
Die Deutsche Nationalbibliothek verzeichnet diese Publikation in der Deutschen Nationalbibliografie; detaillierte bibliografische Daten sind im Internet über www.dnb.de abrufbar.

oekom – Gesellschaft für ökologische Kommunikation mbH
Waltherstraße 29, 80337 München

Lektorat: Christoph Then
Layout und Satz: Markus Miller
Korrektur: Maike Specht
Umschlaggestaltung: Mirjam Höschl, oekom verlag
Umschlagabbildung: © Christoph Then
Druck: CPI books GmbH, Leck

ISBN 978-3-96238-357-2

FSC www.fsc.org RECYCLED Papier aus Recyclingmaterial FSC® C083411

Klimaneutral Verlag
ClimatePartner.com/53585-1805-1001

Christoph Then

Biologische Intelligenz

Über Evolution, Artenschutz und die Gentechnik

Inhaltsverzeichnis

Über Autor und Buch

Christoph Then befasst sich seit rund 30 Jahren mit dem Thema Gen- und Biotechnologie. Er ist seit über zehn Jahren Geschäftsführer von Testbiotech e. V. (www.testbiotech.org).

Testbiotech ist ein unabhängiges Institut für Folgenabschätzung im Bereich der Biotechnologie. Das Institut bewertet die verfügbaren wissenschaftlichen Erkenntnisse aus der Perspektive des Schutzes von Mensch, Umwelt und Natur.

In diesem Buch werden die verschiedenen Aspekte von Gentechnik und Artenschutz dargestellt und um neue Ansätze erweitert, ohne dabei den üblichen Betrachtungsweisen und Diskussionsmustern rund um die Gentechnik zu folgen. Das Buch wendet sich dabei an die interessierte Öffentlichkeit ebenso wie an ExpertInnen. Es soll der Gesellschaft dabei behilflich sein, die richtigen Entscheidungen zu treffen. Um das Buch für interessierte Laien besser lesbar zu machen, werden Kapitel mit wissenschaftlichen Details, die übersprungen werden können, besonders kenntlich gemacht.

Wesentliche Inhalte des Buches:

- Überblick über Anwendungen und aktuelle Entwicklungen im Bereich Gentechnik mit Bezug zu Landwirtschaft, Umwelt- und Naturschutz;
- Beschreibung der Biologischen Intelligenz und einer neuen Perspektive auf Molekulargenetik, biologische Vielfalt und Evolution;
- Bewertung von gentechnisch veränderten Organismen im Hinblick auf ihre Risiken für Umwelt- und Naturschutz;
- Unsere Verantwortung für die Zukunft und Leitlinien für den Umgang mit gentechnisch veränderten Organismen.

Das Buch greift in vielfältiger Weise auf das Umfeld des Autors zurück, insbesondere Testbiotech e. V. (www.testbiotech.org). Wichtige Informationen wurden auch von der Fachstelle Gentechnik und Umwelt übernommen (https://fachstelle-gentechnik-umwelt.de/). Zudem gab es mehrere Personen, die Korrektur gelesen haben und mit ihren Kommentaren zur Fertigstellung des Buches beigetragen haben. Vielen Dank! Die Verantwortung für den Inhalt des Buches liegt nur beim Autor. Das Thema des Buches machte es erforderlich, eine ungewöhnliche Breite von Fachgebieten einzubeziehen und wissenschaftliche Inhalte zusammenzufassen und zu vereinfachen. Trotz aller Bemühungen um Detailgenauigkeit und der umfassenden Einbeziehung von Originalquellen sind Fehler und Missverständnisse wohl unvermeidlich. Doch diese möglichen Ungenauigkeiten sollten die Hauptaussagen des Buches nicht beeinträchtigen.

Einleitung

Angesichts von Komplexität reduzieren wir unsere Umwelt gerne auf das, was uns kurzfristig nützt und zu diesem Zwecke technisch verändert werden kann. Doch diese einseitige Sicht auf Umwelt und Natur kann leicht in die Irre führen. Das gilt insbesondere für die Gentechnik. So formuliert die Nobelpreisträgerin Jennifer Doudna in ihrem Buch »Eingriff in die Evolution« ihr Credo:

> »Die Zeiten, in denen das Leben ausschließlich durch die schwerfälligen Kräfte der Evolution geprägt wurde, sind vorüber. Wir stehen an der Schwelle zu einem neuen Zeitalter, in dem wir die Herren über die genetische Ausstattung allen Lebens und alle ihre vielfältigen, lebensprühenden Folgen sind. Schon jetzt ersetzen wir das taube, dumme, blinde System, das über die Erdzeitalter hinweg das genetische Material auf unserem Planeten geformt hat, durch ein System der bewussten, absichtsvollen, von Menschen gelenkten Evolution.«[1]

Der aktuelle Fortschritt bei Forschung und Technologie ist tatsächlich beeindruckend, gerade im Bereich der Gentechnik. Aber sind wir deswegen schon klüger als die Evolution? Gentechnik und Genscheren wie CRISPR/Cas sind mächtige Werkzeuge zur Veränderung unserer Lebensgrundlagen. Mit ihrer Hilfe können wir die Spielregeln der Evolution aushebeln und Organismen in die Welt setzen, deren genetische Ausstattung im Labor designed wurde. Mit der Freisetzung dieser Organismen greifen wir in die von der Evolution hervorgebrachten Netzwerke der Kommuni-

---

1 Doudna/Sternberg, 2019, Seite 251/252.

kation und Interaktionen ein. Unsere instrumentelle Intelligenz trifft auf die sich ihrer selbst nicht bewusste Biologische Intelligenz der natürlichen Lebensformen. Aus diesem Zusammentreffen von Technik und Natur kann eine erhebliche Gefahr für die Ökosysteme, die Landwirtschaft, die Lebensmittelherstellung und unsere eigene Zukunft entstehen. Deswegen müssen wir parallel zur Entstehung neuer, solch mächtiger Technologien auch unser Verhältnis zur Natur neu denken. Ein Schlüsselbegriff für die Bestimmung eines neuen Verhältnisses zwischen Mensch und Natur kann der Begriff »Biologische Intelligenz« (BI) werden, der hier erstmals im Zusammenhang mit Evolution, Artenschutz und Gentechnik eingehender diskutiert wird.

Was ist Biologische Intelligenz (BI)?

Die heute existierenden Zellen, Organismen und Arten verkörpern die Biologische Intelligenz, die seit Anbeginn des Lebens (der Entwicklung erster zellulärer Systeme) vor drei oder vier Milliarden Jahren gesammelt wurde. Ihre Vielfalt und Komplexität ermöglichen es, dass die Arten auch Antworten auf neue Herausforderungen der Umwelt wie den Klimawandel finden können. Aus dem Versuch, verschiedene Bereiche der Biologischen Intelligenz systematisch darzustellen, ergibt sich auch ein neuer Blick auf die »Natur des Lebens«. Dabei wird die BI als ein Potenzial zur Lösung von Problemen beschrieben und definiert. Im Zentrum stehen Formen der BI, die unmittelbar in Zellen und Organismen, aber auch Viren verkörpert sind und nicht von neuronalen Netzwerken generiert werden. Es geht dabei nicht darum, ob Hunde oder Delfine dem Menschen ähnlicher sind als Kraken oder Raben. Es geht vielmehr um Mechanismen, die im Laufe der Evolution entstanden sind und die die Grundlage für den Fortbestand der Arten und ihrer Ökosysteme sind. Die Evolution hat ein selbstlernendes System hervorgebracht, das sich über die Mechanismen von Selektion und Anpassung beständig selbst optimiert. Die Speicherung von Informationen und Erfahrungen ähnelt dabei zum Teil denen der künstlichen Intelligenz (KI). Beide folgen über weite Strecken den Regeln einer sich ihrer nicht selbst bewussten Intelligenz, den Regeln einer Kompetenz ohne Verständnis.

Ein aktuelles Beispiel für die Mechanismen der Biologischen Intelligenz sind die Coronaviren: Forschungen am SARS-CoV-2 zeigen, dass das Auftreten der neuen Mutationen keineswegs nur rein zufälligen Mustern folgt. Vielmehr verfügt das Virus über Reparatur- und Anpassungsmechanismen seines Erbguts, die das Auftreten besonders gefährlicher Mutationen beschleunigen können. Auch wenn Viren weder denken noch planen, hat es das SARS-CoV-2 im Laufe der Evolution »gelernt«, die Anpassung an seine Wirte wesentlich effizienter zu gestalten, als dies bei rein zufälligen Mutationen der Fall wäre. Systeme, die dazu in der Lage sind, Probleme mit einer höheren Erfolgsrate zu lösen, als durch Zufall zu erwarten wäre, kann man als »intelligent« bezeichnen. Ohne von einem intelligenten Designer entworfen zu sein, haben die Mechanismen und Prozesse der Evolution es geschafft, schlauer zu werden. Ausgehend von Grundlagen einer Vernunft ohne Bewusstsein, eines Lernens ohne Absicht und Plan, kann man die Entwicklung der Biologischen Intelligenz gleichzeitig als einen Motor und ein Ergebnis der Evolution bezeichnen.

Nach welchen Spielregeln verläuft die Evolution?

Das 20. Jahrhundert war weitgehend von der Sichtweise geprägt, dass Veränderungen im Erbgut durch rein zufällige Prozesse entstehen. Dieses Verständnis der Evolution kennt keine intelligenten Einflussfaktoren und selbstlernenden Systeme, sondern nur zufällige genetische Veränderungen und nachfolgende Selektion. Die Vorstellung von einer Evolution, die dem blinden Zufall folgt, prägte auch unseren Umgang mit der Gentechnik: Werden Veränderungen im Erbgut technisch herbeiführt, verstößt man nicht gegen Prinzipien der Evolution, weil alle Veränderungen mit gleicher Wahrscheinlichkeit möglich und nach dem Zufallsprinzip auch zu erwarten sind. Aktuelle Forschungsergebnisse dagegen zeigen, dass der Zufall in geringerem Ausmaß darüber entscheidet, was in den Zellen, im Erbgut passiert, als bisher angenommen wurde. Die Veränderungen im Erbgut folgen keineswegs nur stochastischen Regeln. Vielmehr haben sich im Laufe der Evolution zelluläre Mechanismen entwickelt, die unter anderem Ort und Häufigkeit von Mutationen und somit auch die Entwicklung der Arten beeinflussen. Die Evolution hat mit den heute existierenden

Arten intelligente Systeme geschaffen, die die Erfahrung vorangegangener Lebensformen speichern und weitergeben und dabei auch gelernt haben, ihre eigene Entwicklung zu beeinflussen. Dabei lernt nicht nur die jeweilige Art, die Probleme ihrer jeweiligen Umwelt effektiver zu lösen, sondern die Prozesse und Mechanismen der Evolution werden insgesamt komplexer, schneller und vielfältiger.

Gentechnik: das Ende vom Anfang?

Der Anfang des Lebens und seine Geschichte haben sich in den heutigen Lebensformen erhalten: Alle heute existierenden Arten haben gemeinsame Ursprünge, die sogenannten Urzellen, und resultieren aus einer kontinuierlichen Entwicklung, die sich über Milliarden von Jahren erstreckt. Wenn wir von der Natur sprechen, sollten wir gewahr werden, dass trotz einer vielfach verwüsteten Umwelt es in den Zellen tatsächlich immer noch die Natur ist, die sich selbst hervorbringt. Nach den ihr eigenen Regeln. Dieser gemeinsame Ursprung und die gemeinsame Entwicklung machen es möglich, dass Mikroben und Darmzellen, Blüten und Insekten, Ameisen und Blattläuse, Pilze und Bäume sich innerhalb der Ökosysteme verstehen, d.h. interagieren und Informationen austauschen.

Heute können wir mit Gentechnik und Synthetischer Biologie Lebensformen hervorbringen, die nicht von den Urzellen abstammen. Diesen Organismen, die im Labor kreiert werden, fehlt also der gemeinsame Ursprung. Wie können ihre Wechselwirkungen mit der Umwelt vorhergesagt werden?

Entgegen den ursprünglichen Annahmen der Synthetischen Biologie kann man die Lebensvorgänge nicht auf eine Art Baukasten von einigen essenziellen Genen reduzieren. Daraus ergeben sich weitreichende Folgen für unser Verständnis der *Genomorganisation*. Aktueller als die Synthetische Biologie ist inzwischen die Neue Gentechnik: Mithilfe von Werkzeugen wie der Genschere CRISPR/Cas werden die Organismen nicht völlig konstruiert. Vielmehr werden tiefgreifende Veränderungen an den existierenden Lebensformen vorgenommen. Dabei steht längst nicht mehr nur das im Zentrum, was im Labor vermehrt oder auf dem Acker gepflanzt wird. Bienen, Korallen, Mücken und Fliegen gehören genauso zu den Zielorganismen wie Wildpopulationen von Pflanzen und Säugetieren. Nach Aussage der ProtagonistInnen der Neuen Gentechnik stehen wir in Anlehnung an ein Zitat von Churchill am »Ende vom Anfang«. Die gentechnische, vom Menschen gemachte Evolution soll jenes »taube, dumme und blinde System« ablösen, das die Entwicklung des Lebens gesteuert hat. Doch wie schlau ist unsere technische Intelligenz, die vor allem auf den kurzfristigen Nutzen unserer eigenen Spezies ausgerichtet ist, tatsächlich? Die These, dass im Laufe der Evolution die in den Arten verkörperte Biologische Intelligenz insgesamt zugenommen hat, ist gut begründbar. Dazu gehört letztlich auch unsere eigene technische Intelligenz. Aber wie plausibel ist die Annahme, dass wir mithilfe von gentechnischen Verfahren auf sichere und vorhersagbare Weise in die komplexen Grundlagen der biologischen Vielfalt und die Ökosysteme eingreifen können?

Die Gefahr

Sterben zu viele Arten auf einmal aus, droht der gemeinsame Zusammenhang, der die Ökosysteme ausmacht, verloren zu gehen. Oder wie der Insektenforscher Dave Goulson es ausdrückt: »Das komplexe Gewebe der Lebensformen« löst sich auf. Versteht man die DNA als die gespeicherte Erfahrung und Erinnerung an Millionen oder Milliarden Jahre der Evolution, könnte man bei einem derartigen massiven Artensterben vom Risiko einer »biologischen Demenz« sprechen.

Was passiert, wenn innerhalb kurzer Zeiträume eine große Vielzahl von gentechnisch veränderten Organismen freigesetzt wird, deren Interaktion und Kommunikation mit der Umwelt gestört ist? Können durch gentechnisch veränderte Organismen disruptive Prozesse oder evolutionäre Mismatch-Effekte entstehen, deren Folgen denen des Artensterbens ähnlich sind und dieses noch verstärken? Wie kann man die Gefahr der Entstehung von möglichen disruptiven Prozessen erkennen und beschreiben? Welche Maßnahmen müssen wir ergreifen, um die natürlichen Grundlagen unseres Lebens zu schützen?

Eine Freisetzung vieler verschiedener gentechnisch veränderter Organismen innerhalb kurzer Zeiträume verursacht erhebliche Gefahren: Aus einer Art Verwirrung der biologischen Erinnerung kann eine Kettenreaktion entstehen, die die bestehende Vielfalt und ihre Zukunft erheblich gefährdet. Ähnlich wie Pathogene, die auch viele Arten in ihrer Existenz bedrohen, durch menschliche Aktivitäten verschleppt und verbreitet werden, könnten gentechnisch veränderte Organismen, die in natürliche Populationen eingebracht werden, die Netzwerke der Ökosysteme stören oder zerstören und das Artensterben beschleunigen.

Klimawandel

Insbesondere der menschengemachte Klimawandel bedroht das Fortbestehen der Ökosysteme und treibt das Artensterben weiter voran. Neue, zum Teil invasive Arten treten auf und verdrängen die bisherigen. Auch neue Krankheiten und Schädlinge treten in Erscheinung. Oft sind die Ökosysteme bereits durch viele andere menschliche Aktivitäten vorgeschädigt. Der Klimawandel ist ein zusätzlicher Stressfaktor, der die Systeme zum Kippen bringen kann. Das Artensterben ist jetzt bereits zehn- bis hundertmal schneller als im Durchschnitt der letzten 10 Millionen Jahre. Können wir Arten vor dem Aussterben retten, indem wir ihre Gene »optimieren«? Können wir für die Landwirtschaft gentechnisch veränderte Pflanzen erzeugen, die gegen alle widrigen Einflüsse und zum jeweils richtigen Zeitpunkt ausreichend geschützt sind? Wohl kaum. Die Evolution zeigt, dass es nicht darauf ankommt, dass einzelne Arten optimal angepasst sind. Nicht der Fitteste überlebt auf Dauer, sondern die Populationen und Ökosysteme, die vielfältig genug sind, um auch auf neue Herausforderungen rasch reagieren zu können. Es geht eher um Vielfalt als um optimierte Anpassung. Vor diesem Hintergrund sind Vorschläge, die Agrarökologie durch eine Erhöhung der Sorten- und Artenvielfalt diverser zu gestalten, wissenschaftlich gut begründbar. Gleiches gilt für den Aufbau von Mischwäldern an der Stelle von Fichtenmonokulturen.

Und: Die Erforschung früherer Perioden mit Klimawandel zeigt, dass viele Arten sehr schnell und mit überraschenden Reaktionen auf veränderte Umweltbedingungen reagieren können und so ihr Überleben sichern. Auch im Genom heutiger Arten sind die Erinnerungen an diese bereits gefundenen Problemlösungen gespeichert, die unter ganz anderen klimatischen Bedingungen entwickelt wurden. Für viele Arten könnte das eine Rettung darstellen, um sich und ihre Ökosystemen rasch anzupassen. Tatsächlich lassen sich beispielsweise bei Populationen von Reptilien und Amphibien oft sehr rasche Reaktionen auf veränderte Umweltbedingungen beobachten. Die Einführung von neuen Genotypen, die nach den Vorstellungen unserer technischen Vernunft designt sind, könnte dagegen dazu führen, dass die ökologischen Systeme noch weiter destabilisiert werden. Selbst wenn ein per Gentechnik eingefügtes Merkmal vorübergehend Vorteile für eine Art bietet, heißt das nicht, dass die ökologischen Netzwerke und ihre Interaktionen dadurch langfristig gestützt werden.

Wir müssen pessimistisch sein. Der vom Menschen gemachte Klimawandel geht in seinem Tempo und seinen globalen Auswirkungen über das hinaus, was die ökologischen Systeme in den letzten Millionen Jahren aushalten mussten. Wir müssen den Klimawandel stoppen, weil wir weder auf unsere Reparaturtechnologien noch auf die Selbstheilungskräfte der Natur vertrauen können. Wir sollten uns nicht in falscher Sicherheit wiegen: Stoppen wir den Klimawandel nicht, wird keine Technologie den Verlust vieler Tausender Arten verhindern können. Die Diskussion um den Einsatz der Gentechnik im Kampf gegen den Klimawandel scheint vor diesem Hintergrund eine vor allem von Marktinteressen gesteuerte Stellvertreterdiskussion, die mit einer Lösung der tatsächlichen Probleme wenig zu tun hat. Wir sind nicht »smarter« als die Evolution.

Unser Verhältnis zur Natur

Mit Darwin und dem Ende der religiösen Schöpfungslehre wurde der göttliche Wille aus der Evolution vertrieben. Die kognitive Vernunft unserer Spezies wurde zur alleinigen Entscheidungsgrundlage für den Umgang mit den Grundlagen des Lebens. Was aber ist, unabhängig von unserem kurzfristigen Nutzen, das schützenswerte Gut, und warum soll es geschützt werden? Welche Regeln, welche Politik, welche Forschung brauchen wir für die Zukunft, um unserer Verantwortung gerecht zu werden?

Unser europäisches Rechtsverständnis hat sich über Jahrhunderte hinweg entwickelt. Demnach sind die Menschen die einzigen Inhaberinnen von Rechten. Alle anderen Lebewesen auf dem Planeten können dagegen zu unserem Vorteil genutzt werden und sind per se rechtlos. Die Grenze für Eingriffe in die biologische Vielfalt wird erst dort gezogen, wo der Schaden für Menschen evident ist. Aus dem Verständnis der Biologischen Intelligenz entstehen aber neue Gründe für einen »Naturvertrag«, wie der französische Philosoph Michel Serres ihn vorgeschlagen hat: Während der Gesellschaftsvertrag seit Hobbes darauf abzielt, Konflikte zwischen den Menschen zu schlichten, müssen wir auch unseren Umgang mit den anderen Lebensformen auf diesem Planeten neu regeln. Angesichts der folgenreichen Potenziale der Gentechnik darf die biologische Vielfalt nicht länger als freie Verfügungsmasse für gentechnische Experimente angesehen werden.

Dabei ist die Gesellschaft auf Forschung und Wissenschaft angewiesen. Die menschliche Spezies kann nicht »zurück zur Natur«. Wir müssen aber noch viel genauer erkennen und besser verstehen, wie wir mit Umwelt und Natur verbunden sind. Erst die Einbeziehung von Mechanismen und Prozessen der BI in unsere Entscheidungen über den Einsatz neuer Technologien und die Etablierung geeigneter Schutzrechte machen unsere Spezies und die Natur gleichermaßen zukunftsfähig.

Kapitel 1
Künstliches Leben und Synthetische Biologie

»An alternative to understanding complexity is to remove it.«
Thomas F. Knight[2]

Kurze Geschichte des künstlichen Lebens

Die Geschichte des künstlichen Lebens ist fest mit der menschlichen Kulturgeschichte verwoben. Seit der Antike versuchen sich Ingenieurinnen und Ingenieure an der Nachahmung und Konstruktion natürlicher Prozesse. Standen dabei zunächst mechanische Abläufe im Vordergrund, wurden die Konzepte später durch Alchemie, Chemie, Biochemie und Biologie ergänzt und transformiert. Aktuell wollen MolekularbiologInnen im Rahmen der Synthetischen Biologie die Lebensprozesse und Organismen durch einen extremen Reduktionismus neu definieren und konstruieren. War dieser Ansatz bisher auch wenig erfolgreich, so hat er doch grundlegende Erkenntnisse gebracht.

Mechanische Automaten

Schon aus der Antike sind Beispiele dafür bekannt, dass mechanische Automaten konstruiert wurden, deren Funktionen die Lebensprozesse imitieren sollten. Automaten sind nach ihrer altgriechischen Wortbedeutung selbst denkende, selbst wollende bzw. selbstständig agierende Einheiten, sie können bestimmte Abläufe selbsttätig (automatisch) ausführen. Damit zeigen sie in den Augen der ZeitgenossInnen wichtige Eigenschaften lebendiger Organismen.[3] Aus der Renaissance sind Leonardo da Vincis (1452–1519) Konstruktionspläne für Automaten bekannt. Er konst-

2 Zitiert nach Then, 2008.

3 Siehe z. B. https://de.wikipedia.org/wiki/Geschichte_der_Automaten.

ruierte einen humanoiden Ritter-Robotor, der sitzen, stehen, winken und seinen Unterkiefer bewegen konnte. Descartes (1596–1650) glaubte, dass all unsere Lebensfunktionen »allein aus der Disposition ihrer Organe hervorgehen, nicht mehr und nicht weniger, als die Bewegungen einer Uhr oder eines anderen Automaten von der Anordnung ihrer Gewichte und Räder abhängen«.[4]

Im Zeitalter des Barocks wurden Spielautomaten auf der Grundlage der Uhrmachertechnik gebaut. Der Uhrmacher P. Jaquet-Droz (1721–1790) entwarf ein kompliziertes Uhrwerk, das in menschliche Puppen eingebaut war. 1774 stellte er drei »Androiden« vor, die Klavier spielen, Bilder zeichnen und Sätze schreiben konnten. Sie sind bis heute funktionstüchtig.[5] Der französische Arzt und Philosoph Julien Offray de La Mettrie (1709–1751) bringt die mechanische Auffassung von Leben und Automaten auf den Punkt: »der menschliche Körper ist eine Maschine, die ihre (Antriebs-)Feder selbst spannt.«[6] 1953 entwickelte der Mathematiker John Neumann (1903–1957) das Konzept eines selbstreplizierenden, zellulären Automaten unter Einbeziehung der Grundlagen der Informatik. Diese sogenannte Von-Neumann-Sonde sollte sich selbst immer wieder kopieren und so sogar Raumschiffe herstellen, die das Weltall besiedeln sollten.[7] Damit wurden mithilfe der Informatik zentrale biologische Merkmale des Lebendigen wie eigenständige Aktion, Selbstorganisation und Selbstreproduktion auf die Ebene eines mechanischen Automaten übersetzt.

Je selbstständiger diese historischen mechanischen Automaten sind, desto lebendiger sind sie. Die Gleichsetzung von Körper und Maschine, wie sie Jaquet-Droz vornimmt, ist Programm. Vieler dieser Automaten repräsentieren den Wunsch des Menschen, Leben nicht nur zu imitieren, sondern erschaffen zu können. Die göttliche Schöpfung soll, je nach Perspektive, widerlegt oder bestätigt werden: So wie Gott im Rahmen der Schöpfung alle Lebewesen aus dem Nichts als gut organisierte Daseinsfor-

---

4 Zitiert nach O'Connel, 2017, Seite 156.

5 https://de.wikipedia.org/wiki/Geschichte_der_Automaten.

6 Zitiert nach Mainzer, 2018, Seite 7.

7 Siehe z. B. Mainzer, 2018.

men geschaffen hat, will der Mensch als Krone der Schöpfung und selbst gottähnlich Leben konstruieren, erschaffen und damit seinem Schöpfungsauftrag nachfolgen. Zum Teil kooperieren göttliche Macht und menschliches Handeln bei der Erschaffung künstlichen Lebens: Der aus Lehm geformte Körper des Golem bedarf der Einschreibung eines heiligen Wortes, eines göttlichen Impulses, um zum Leben erweckt zu werden. Bei der Erschaffung Frankensteins ist es hingegen elektrischer Strom. Und die Von-Neumann-Sonde folgt konsequent dem Konzept einer Schöpfung ohne Schöpfer. Der Journalist Mark O'Connel schreibt in seinem Buch »Unsterblich sein« über die Idee, Roboter nach dem Abbild des Menschen zu schaffen:

> »Diese Schöpfungsfantasie gehört zu den ältesten kollektiven Fantasien unserer Spezies. Es scheint in uns zu stecken, etwas, das wir über alle Kulturen und Jahrhunderte in uns getragen haben, der Traum einer geölten Hardware, die unsere Körper nachbildet und gemäß unseren Wünschen handelt. Wir frustrierten Götter träumten schon immer davon, Maschinen nach unserem Ebenbild und uns selbst nach dem Abbild dieser Maschinen zu schaffen.«[8]

Für O'Connel führt diese Schöpfungsfantasie über Umwege zu einer modernen Variante eines zukünftigen Homunculus: transhumanen Lebensformen, die Körper und Geist an technische Systeme übergeben, die intelligenter als Menschen sind und es dem Individuum erlauben, die Begrenzungen von Biologie und Natur zu überschreiten.

Jungfernzeugung

Da seit Darwin Lebewesen (bzw. deren Arten) nicht als unveränderliche (von Gott geschaffene) Automaten verstanden werden, sondern aus Prozessen der Evolution hervorgegangen sind, stößt die Vorstellung von mechanischen Automaten, die mit den Lebewesen gleichgesetzt werden können, an gewisse Grenzen. Mechanistische Konzepte sind in ihrer Rea-

8 O'Connel, 2017, Seite 153.

lisierung zu statisch, lassen evolutive Prozesse nur sehr eingeschränkt zu. Hier bietet die moderne Biologie seit Anfang des 20 Jahrhunderts neue Ansätze, organische Materie mit dem Ansatz des Engineering, der technischen Konzeption und Konstruktion zu kombinieren. Um die spezifische Mechanik des Leben zu verstehen und Leben neu konstruieren zu können, reicht es nicht mehr aus, physikalisch-mechanische Apparate zu konstruieren, Biologie und Chemie treten jetzt als Element der Ingenieurswissenschaften erstmals in den Vordergrund.

Der Chemie gelang es im Laufe des 19. Jahrhunderts immer öfter und immer planmäßiger, natürliche Stoffe auf künstliche Weise herzustellen. 1869 wird von BASF (Badische Anilin- und Soda-Fabrik) ein Patent auf die Gewinnung von Benzol aus Steinkohlegas angemeldet, das als das erste Patent auf die Gewinnung chemischer Stoffe überhaupt gilt.[9] Es folgen Patente auf weitere Stoffe, unter anderem die künstliche Herstellung natürlicher Farbstoffe wie Alizarin (Färberröte). Diese chemischen Stoffe konnten in der Folge in Fabriken hergestellt werden. Die künstliche und industrielle Produktion natürlicher Stoffe wird zu einem Treiber der industriellen Revolution, die nicht nur die Produktionsweise, sondern auch die Rohstoffmärkte grundlegend veränderte.

Obwohl für viele Wissenschaftler des 19. Jahrhunderts organische Chemie (Lebensprozesse) und anorganische Chemie grundsätzlich getrennt betrachtet werden sollten, wurde die Chemie zum Vorbild bei der Konstruktion natürlicher Stoffe und auch lebendiger Prozesse. Sie wurde zur Blaupause der modernen Biotechnologie, die damit auch ihre eigentlichen Wurzeln im 19. Jahrhundert hat und als ein spätes Kind der industriellen Revolution angesehen werden könnte.

Diese Entwicklung spiegelt sich insbesondere in der Arbeit von Jacques Loeb (1859–1924) wider, der Chemie und Biologie zu einer Technik der lebenden Wesen kombinierte.[10] Schon 1912 erklärte er: »Das Problem des Anfangs des individuellen Lebens und des Todes ist restlos physika-

9 Siehe Zimmermann, 1965.

10 Die nachfolgenden Ausführungen über Jacques Loeb folgen im Wesentlichen der Darstellung in Then, 2008.

lisch-chemisch erklärt.«[11] Sein wissenschaftliches Konzept erscheint heute durchaus zeitgemäß: Loeb verfolgte einen streng naturwissenschaftlichen Ansatz, er versuchte sich von religiösen, weltanschaulichen Einflüssen möglichst frei zu halten. Als wissenschaftlich wahr ließ er nur das gelten, was auch im Experiment überprüft werden konnte. In Loebs Arbeit finden sich viele Parallelen zu aktuellen Projekten der Life Sciences: Seine Zielsetzung, Leben aus unbelebter Materie zu schaffen (Abiogenese), entspricht dem Ansatz der Synthetischen Biologie, bei der Lebewesen nicht nur in einzelnen genetischen Anlagen verändert werden, sondern völlig neu konstruiert werden sollen. Auch Verfahren wie das Klonen und die ungeschlechtliche Fortpflanzung (*Parthenogenese*) finden bei Jacques Loeb ihren experimentellen Ausgangspunkt. Loeb und sein Programm sind unverkennbar ein Kind der industriellen Revolution, in der sich der Triumph der Technik auf vielen Ebenen der Gesellschaft spiegelte. Sein Anspruch auf die Kontrolle und die Konstruktion von Leben wurde im goldenen Maschinenzeitalter von Dampfmaschine, Automobil und zunehmender Elektrifizierung geboren. Mit ihm beginnt die Geschichte der modernen Biotechnologie als einer Maschine zur Konstruktion und Produktion von neuartigen Körpern mit ökonomischem Wert.

Um die Grundlagen des Lebens zu erkunden, erforscht Loeb mit Vorliebe weniger komplexe Organismen wie Raupen, Seeigel und Meereswürmer. Ausgehend von der Analyse ihrer Lebensfunktionen, macht er sich daran, experimentell an der Konstruktion von Lebewesen zu arbeiten, einer Technik der lebenden Wesen. Er will an diesen Tieren grundsätzlich belegen, dass sie nicht einen irgendwie freien Willen haben, sondern vollständig einer kausalen Steuerung durch physikalische und chemische Reize unterliegen. Er kann so erstmals seinem Motto einer umfassenden *Control of Life* sehr nahe kommen. Loeb entwickelte experimentelle Ansätze an wirbellosen Tieren wie Raupen und Fliegenlarven. Er verwendete Raupen, die sich bei der Futtersuche vor allem am Licht orientieren, wenn sie im Frühjahr auf der Suche nach Futter Bäume oder Sträucher erklettern. Setzte er diese Raupen einem künstlichen Lichtreiz aus, der

11 Loeb, 1912, zitiert nach Then, 2008.

sie von ihrem Futter weglockte, verhungerten die Tiere, obwohl geeignetes Futter in unmittelbarer Nähe war. Die Tiermaschine und ihre Körperfunktionen konnten also mit relativ einfachen Reizen manipuliert werden.

Die Technik der lebenden Wesen konnte auch zur Neukonstruktion ihrer Baupläne genutzt werden: Loeb schuf *Tubularia* (wurmartige, röhrenförmige Nesseltiere), die an beiden Enden Mundöffnungen (Köpfe) hatten. Um das zu erreichen, durchtrennte er ihren Körper quer, legte sie ins Wasser und verhinderte, dass die *Tubularia* mit ihrem abgeschnittenen Ende den Boden des Wasserschälchens berühren konnten. In diesen Fällen wuchs ihnen ein zweites Vorderteil. Gelangte das Ende dagegen in Kontakt mit dem Boden, bildete sich ein normales Ende. Um 1899 feierte Jacques Loeb seinen größten technischen und wissenschaftlichen Durchbruch: Er brachte Seeigeleier dazu, sich zu teilen und zu einem Seeigel heranzuwachsen, obwohl die Eier nie befruchtet worden waren. Die Mechanik des Lebens ermöglicht die Jungfernzeugung im Labor. Loeb gelingt das Experiment mit ganz einfachen Mitteln: Er verändert die Konzentration des natürlichen Salzgehalts des Meerwassers. Das reicht aus, um die Biologie der Seeigeleier zu manipulieren. Der Forscher schildert seinen Erfolg in seinem Vortrag »Das Leben«:[12]

> »Es gelang mir (…) durch die künstliche Behandlung von den unbefruchteten Eiern des Seeigels mittels Seewasser, dessen Konzentration durch Zusatz von Salz etwas erhöht war, diese Eier zu veranlassen, sich zu Larven zu entwickeln. Die Eier (…) entwickelten sich zu Larven, und ein Teil dieser Larven bildete einen Darm und ein Skelett. Es gelang mir dann auch, bei den Eiern von anderen Tieren, Seesternen, Würmern und Mollusken, ebenfalls eine Entwicklung zu Larven durch künstliche Befruchtung zu veranlassen. Damit war der Nachweis geführt, dass es möglich ist, die entwicklungserregende Wirkung des Spermatozoons durch rein physikalisch-chemische Agenzien zu entwickeln.«

12 Loeb, 2011, Seite 12/13.

In seinem Buch »The Mechanistic Conception of Life«[13] berichtet Loeb davon, dass er Seeigeleier auch mit Sperma und Extrakten von anderen Meerestieren, mit Blut und Serum von Schafen, Rindern, Schweinen und Kaninchen behandelte. Totes Sperma von Mollusken, Würmern, Haien und Geflügel führten teilweise zum Erfolg: Der Beginn des Lebens ist nur eine Frage des richtigen chemischen Reizes. Loeb gelingt bereits 1893 sogar das Klonen. Allerdings nicht an Schafen, vielmehr geht es noch einmal um Seeigel. Er berichtet, wie es ihm gelungen sei, künstlich Zwillinge aus Eiern von Seeigeln zu klonen. Loeb selbst nannte diese Lebensformen, bei denen manche Embryonen miteinander verwachsen, »monströs«: »Es ist bemerkenswert, dass die Entwicklung dieser Monstrositäten sich fast mit derselben Erfolgsrate vollzieht wie die des normalen Embryos (…).«[14] Loeb war aber auch enttäuscht, dass er keine neuen Lebewesen durch Kreuzung unterschiedlicher Arten kreieren konnte. Die artfremden Befruchtungen von Seeigeleiern offenbarten nur neue Möglichkeiten, Parthenogenese auszulösen. Die Hybridisierung zwischen Arten und die Schaffung neuer Lebewesen auf diesem Weg scheiterte aber.

Mit Loeb erhielt die Technik einer Produktion von Leben Priorität gegenüber der Erforschung natürlicher Lebensvorgänge. Er beschränkte diesen Ansatz keineswegs auf einfache Lebewesen wie Tubularien oder Seeigel, er dachte sehr bald darüber nach, seinen Forschungsansatz auf Säugetiere zu übertragen. Wegen Interviews, in denen er erklärte, er wolle mit »Leben spielen«, wurde Loeb in der Öffentlichkeit als Faust und Frankenstein tituliert. Laut Loebs Biografie von Philip J. Pauly (1987) war ein wesentliches Motiv seiner Forschung die Erstellung von neuen *Produkten*, die Befruchtung und Tod zum Gegenstand hatten, die Erzeugung von Artefakten, mit denen die Lebensprozesse wie die Entstehung des Embryos und der Tod des Individuums kontrolliert werden sollten. Die Erforschung von wissenschaftlichen Grundsatzfragen tritt dabei immer weiter in den Hintergrund. Sobald entsprechende neue Produkte vorhanden wären, sollten die Prozesse, die Tod und Befruchtung natürlicher-

13 Loeb, 1912.

14 Loeb, 1912, Seite 97, Übersetzung Then.

weise steuern, gar nicht mehr interessieren. Sein Biograf Philip J. Pauly schreibt:

> »Der Biologe handelte wie ein wissenschaftlicher Produktingenieur und analysierte die verschiedenen Teile des Arbeitsprozesses nur insoweit es notwendig war, die Effizienz zu erhöhen oder das Endprodukt zu verändern. (…) Tod und Befruchtung waren Eigenarten der Gegenwart und konnten eventuell mit technischen Mitteln umgangen werden; war das einmal geschafft, würden die Details des Prozesses, der zum Tode oder zur Befruchtung führte, uninteressant werden.«[15]

Loeb ging noch einen Schritt weiter. Er dachte auch an eine Art *technische Urzeugung* von Lebewesen. »Es gibt ein weiteres und höheres Ziel, das die Synthese und Konstruktion betrifft, das heißt, neue Kombinationen aus den Elementen der lebendigen Natur zu formen, gerade wie der Physiker und Chemiker neue Kombinationen aus den Elementen unbelebter Natur formt.«[16] 1896 kündigte Loeb gegenüber Kollegen an, dass die Wissenschaft letztlich die Frage untersuchen solle, ob Leben künstlich hergestellt werden könne. Die vielleicht wichtigste Aufgabe sei es zu bestimmen, »ob wir dazu in der Lage sind, lebende Dinge künstlich zu erzeugen oder nicht«[17].

Er ist damit erste Wissenschaftler der Moderne, der die Erschaffung von Leben aus unbelebter Materie zum wichtigsten Ziel der Biologie erklärt. In diesem Zusammenhang entwickelt Loeb auch ein Konzept der Vererbung, das wesentlich moderner ist als seine bisherigen Überlegungen: Geht Loeb bei der Arbeit an Seeigeln im Wesentlichen den Möglichkeiten nach, ihre Entwicklung von außen zu steuern, begibt er sich mit seinen Überlegungen jetzt in die Zelle hinein und spekuliert über die Erforschung und Manipulation von Prozessen, die aus dem Inneren

15 Pauly, 1987, Seite 114, Übersetzung Then.

16 Loeb 1912, Seite 103, Übersetzung Then.

17 Pauly, 1987, Seite 12/13, Übersetzung Then.

der Lebewesen gesteuert werden. In seinem Buch »The Mechanistic Conception of Life«[18] vollzieht er im Nachwort des Kapitels mit dem Titel »Experimental Study of the Influence of Environment on Animals« eine erstaunliche Wendung. Die Idee eines genetischen Programms, gestützt auf Bestandteile des Zellkerns (Nucleus), scheint für ihn hier zum ersten Male fassbar:

> »Was über die Produktion von neuen Arten mit physikalisch-chemischen Mitteln gesagt wurde, kann mit noch größerer Berechtigung in Bezug auf das zweite Problem der Transformation gesagt werden, das Herstellen von Leben aus unbelebter Materie. (…) Wir wissen, dass Wachstum und Entwicklung bei Pflanzen und Tieren durch definierte und gleichzeitig komplizierte Abfolgen von chemischen Reaktionen gesteuert werden, die in die Synthese eines bestimmten Stoffes oder einer Gruppe von Stoffen münden, nämlich den Nukleinen.
>
> Die Nukleine haben die Eigenschaft, als Fermente oder Enzyme für ihre eigene Synthese zu dienen. Wenn daher ein bestimmter Typ von Nuklein vorhanden ist, wird er fortfahren, andere Nukleine mit seinen Eigenschaften herzustellen. Das macht die Kontinuität einer Art aus, da wahrscheinlich jede Art ihr eigenes spezifisches Nuklein hat beziehungsweise ein nukleinartiges Material. Das zeigt aber auch, dass, wer immer behauptet, dass er lebendige Dinge aus unbelebter Materie schaffen kann, beweisen muss, dass es ihm gelungen ist, nukleinartiges Material zu produzieren, das als Ferment für seine eigene Synthese dient und daher sich selbst vermehrt.«[19]

Die wissenschaftliche Radikalität, mit der sich Loeb hier auf experimentellem Weg den Fragen der Biologie, der Entstehung von Leben und auch der potenziellen Unsterblichkeit genähert hat, wird zum Vorbild für die nachfolgenden Generationen der BiotechnologInnen. Die Biologie tritt mit Jacques Loeb in das Zeitalter von Manipulation und Produktion ein.

18 Loeb, 1912.

19 Loeb, 1912, Seite 210, Übersetzung Then.

Aus dem Wissenschaftler wird ein »wahrhafter Vorarbeiter der Schöpfung«.[20]

Die gewinnbringende »Sprache« der Gene

Die Grundlagen der Vererbung wurden zu großen Teilen von BiochemikerInnen entschlüsselt:[21] 1944 wurde vom Team um den Biochemiker Oswald T. Avery das Ergebnis von Experimenten veröffentlicht, die zeigten, dass Nukleinsäuren die Träger der genetischen Information sind. Deren chemische Grundstruktur war schon seit 1871 bekannt, analysiert vom Chemiker Friedrich Miescher. Der Biochemiker Erwin Chargaff zeigte, dass sich die Bestandteile der Nukleinsäuren (Basen) nach bestimmten Häufigkeitsmustern verteilten und dass jeweils zwei von vier Basen im Verhältnis von 1:1 auftreten. Rosalind Franklin, ebenfalls Biochemikerin, analysierte die 3-D-Struktur der DNA-Doppelhelix. Auf diesen Grundlagen entwickelten Francis Crick (Physiker und Biologe) und James Watson (Biologe) dann das Modell der DNA-Doppelhelix mit entsprechenden Basenpaaren, das bis heute gültig ist. 1961 gelang Heinrich Matthaei (Biochemiker) und Marshall Nirenberg (Biologe und Biochemiker) ein Durchbruch bei der Entschlüsselung des *genetischen Codes*, d. h. der Art und Weise, wie aus den vier Basenpaaren die Reihenfolge der 20 Aminosäuren in den Proteinsträngen festgelegt wird. Damit waren die Grundlagen für das erste gentechnische Experiment gelegt, bei dem es Stanley Cohen (Mediziner und Genetiker) und Herbert Boyer (Biochemiker) 1973 gelang, das Erbgut von Bakterien zu verändern. Die Wissenschaftshistorikerin Lily E. Kay schrieb im Jahr 2000:

> »Die Konzeptualisierung, Entschlüsselung und Vervollständigung des genetischen Codes in den Jahren 1953–1967 bedeutete eine der wichtigsten und dramatischsten Episoden der Wissenschaft des 20. Jahrhunderts und machte die phantastische Reichweite der Molekularbiologie deutlich. … Genetische Information bedeutete

20 Canguilhem, 1979, Seite 87.

21 Die nachfolgenden Abschnitte orientieren sich an Kay, 2000.

> eine neu entstehende Form von Bio-Macht: Die materielle Kontrolle des Lebens konnte nun ergänzt werden durch die Aussicht auf die Kontrolle seiner Form und seines Logos, seiner Information (der DNA-Sequenz oder des ›Worts‹).«[22]

Die chemische Analyse der DNA, die Entwicklung einer *Sprache des Lebens*, eröffnet neue Möglichkeiten, diese ökonomisch zu verwerten. Es ist die *Sprache der Chemie*, die die Prozesse des Lebens steuert. Und es ist der Mensch, der dank seines Wissens um die Chemie diese Prozesse nutzbar machen kann. Der Mensch kann so seine technische Intelligenz nutzen, um der belebten Natur seine Interessen einzuschreiben. Aus Organismen werden Bioreaktoren, wie Bakterien, die neuartige chemische Rohstoffe und Arzneimittel produzieren, Pflanzen, die Insektengifte speichern, und Mäuse mit dem Immunsystem des Menschen. 1973 gibt es erste gentechnisch veränderte Bakterien und Säugetiere, 1983 folgt die erste gentechnisch veränderte Pflanze.[23] Es gibt unzählige Möglichkeiten, in die komplexen Baupläne von Pflanzen und Tieren einzugreifen und biologische Reaktionen hervorzurufen. Die Komplexität der Lebensvorgänge, die über Hunderte von Millionen Jahren entstanden ist, muss sich jetzt dem Handwerkszeug der BiotechnologInnen, BiochemikerInnen und GentechnikerInnen unterwerfen, kann manipuliert werden und in bestimmtem Umfang auch programmiert beziehungsweise produktiv gemacht werden. Mikroorganismen wie Bakterien und Hefen produzieren die Enzyme, Impfstoffe, Antikörper und Treibstoffe. Im Jahr 2020 werden (nach Angaben der Industrie) weltweit gentechnisch veränderte Pflanzen auf rund 200 Millionen Hektar angebaut. Das entsprechende Saatgut war von Anfang an eine patentierte technische Erfindung von Konzernen der Agrochemiebranche wie Monsanto, Bayer, DuPont, Syngenta und Dow, die im Laufe der Zeit mehrfach ihre Namen, aber nie ihr Geschäftsmodell eines internationalen Handels mit Gentechnik-Saatgut änderten. Milliardenschwere Konzerne lieferten patentierte Gene, kauf-

22 Kay, 2000, Seite 20.

23 Nachfolgende Ausführungen siehe auch Then, 2015.

ten Saatgutfirmen auf und beanspruchten mittels Patenten die gesamte Wertschöpfung bis hin zu den VerbraucherInnen. Mögliche Märkte und Absatzwege für Gentechnik-Produkte wurden schon sehr früh systematisch analysiert, um die Gewinnstrategien der Konzerne abzusichern. 1992 veröffentlichte die OECD (Organisation für wirtschaftliche Zusammenarbeit und Entwicklung) eine Umfrage bei den Firmen, die im Bereich Agrogentechnik tätig waren.[24] Das Ergebnis:

> »Von den Unternehmen, die auf dem Gebiet der Biotechnologie der Pflanzen tätig sind, wurden drei verschiedene Strategien genannt: die erste besteht darin, als Lieferant spezieller Technologien (Genpakete) aufzutreten; die zweite basiert darauf, mithilfe der Biotechnologie Kontrolle über strategische Saatgutmärkte zu gewinnen; die dritte Strategie besteht darin, auf den nachgelagerten Märkten Fuß zu fassen, um so die industrielle Wertschöpfung für sich zu nutzen, die über die Einnahmen aus dem Verkauf von Saatgut allein nicht hereingeholt werden kann.«[25]

Die Metapher der Sprache, die für die Beschreibung des »genetischen Codes« entscheidend wurde und von Lilly Kay in ihrem Werk »Das Buch des Lebens« kritisch untersucht wurde, ist von Anfang an eng verbunden mit einer ökonomischen Verwertung der Vererbungsmechanismen und gentechnisch veränderten Organismen. Rudolf Biedermann schrieb schon 1896 zur »Methode und Kritik der Erfindungen«: »Die menschliche Vernunft betätigt sich in zwei Erscheinungen: als Sprache und als Erfindung. Beide hängen miteinander zusammen, wachsen miteinander und bilden die Summe von Besitztum, die wir als menschliche Kultur bezeichnen.«[26]

24 OECD, 1992.

25 Zitiert nach Then, 2015.

26 Zitiert nach Zimmermann, 1965, Seite 7.

Eine erste Generation von Gentechnik-Ackerpflanzen

In Nordamerika werden unter anderem gentechnisch veränderter Raps, Baumwolle, Mais und Soja angebaut. In Argentinien und Brasilien spielt insbesondere der Anbau transgener Soja für den Export eine große Rolle, während in Asien (Indien, China) vor allem Gentechnik-Baumwolle Marktbedeutung erlangt hat. Dabei herrschen einige wenige Merkmale vor: Im Wesentlichen handelt es sich um Pflanzen, die gegen Herbizide (Pflanzengifte) resistent (bzw. tolerant) gemacht wurden oder Insektengifte produzieren. Weil bei diesen Pflanzen genetische Eigenschaften aus Bakterien und Viren eingefügt wurden, werden sie auch als »transgen« bezeichnet. In die EU dürfen verschiedene transgene Pflanzen importiert und in Lebens- und Futtermitteln verwendet werden. Relevant ist vor allem der Import von Gentechnik-Soja zur Verwendung in Futtermitteln. Nur in wenigen Ländern der EU, vor allem in Spanien, wird gentechnisch veränderter Mais angebaut, der ein Insektengift produziert. Der Anbau dieser gentechnisch veränderten Pflanzen kann für Mensch und Umwelt aus unterschiedlichen Gründen problematisch sein: Manche Pflanzen können sich über den Acker hinaus unkontrolliert in der Umwelt verbreiten. Aufgrund des veränderten Stoffwechsels der Pflanzen kann es zu unerwarteten und unerwünschten Wechselwirkungen ihrer Inhaltsstoffe mit der Umwelt kommen.

Das offensichtliche Risiko transgener Pflanzen ist die Übertragung von biologischen Eigenschaften einer Art in eine andere. Zwar kommt eine Übertragung von Genen über die Artgrenzen hinweg auch in der Natur vor: Sie ist bei Bakterien häufig. Zudem wurde beispielsweise gezeigt, dass an Pflanzen fressende Käfer[27] und an Pflanzen saugende Insekten (Weiße Fliegen)[28] auch Gensequenzen aus Pflanzen in ihr Erbgut übernehmen können. Beobachtet wurde auch, dass bestimmte Gräser aus ihrer Umwelt Gene aufnehmen.[29]

27 McKenna et al., 2019.

28 Xia et al., 2021.

29 Dunning et al., 2019.

Doch abgesehen vom Befall durch Viren, deren Gene sich vielfach im Erbgut von Pflanzen, Tieren und Menschen finden lassen, sind sogenannte »horizontale Genübertragungen« bei Pflanzen und Tieren eher seltene Ausnahmen. Falls sie eintreten, unterliegen sie in der Regel lange andauernden und langsamen Prozessen, innerhalb derer sich diese Gene in den Populationen ausbreiten oder auch wieder verschwinden können (siehe auch Kapitel 5).

Die genetischen Grenzen zwischen den Arten sind bei Pflanzen und Tieren für deren Entwicklung und Erhalt entscheidend. Diese Erkenntnis wurde u. a. auch von Theodosius Dobzhansky (1900–1975), einem der Väter der modernen Evolutionstheorie, in seinem Buch »Genetics and the Origin of Species« formuliert. Er betont, wie wichtig die Grenzen zwischen den Arten für deren Entstehung und für die Bewahrung der Ergebnisse der Evolution und den Erhalt der Vielfalt sind: »(…) reproductive isolation prevents the appearance of great masses of disharmonious gene patterns, and thus preserves the integrity of the historically evolved arrays of genotypes which are the existing species.«[30] Würde genetische Information zwischen den Arten wahllos ausgetauscht, gäbe es keine stabilen Merkmale einer Art. Auf keinen Fall könnte sich die komplexe Ordnung stabiler Ökosysteme entwickeln (siehe auch Kapitel 7). Darin liegt ein offensichtliches Risiko transgener Organismen: Die Gentechnik will diese Grenzen zwischen den Arten überwinden. Und die jeweiligen Organismen sollen oft innerhalb kurzer Zeiträume großflächig und auf großen Flächen in die Umwelt entlassen werden. Tatsächlich hat das auch bereits Folgen für die Umwelt. So wurde die Invasivität transgener Pflanzen lange Zeit falsch eingeschätzt. Eine Folge: Gentechnisch veränderte Baumwolle breitet sich seit einigen Jahren rasch in den Zentren ihrer natürlichen biologischen Vielfalt aus und gefährdet deren Erhalt.

30 Dobzhansky, 1951, Seite 297.

Im Detail: Risiken transgener Nutzpflanzen für die Umwelt

Es gibt mehrere Beispiele für unerwartete Auswirkungen und Risiken transgener Pflanzen, die in der Zulassungsprüfung nicht erkannt wurden. Diese betreffen insbesondere die Merkmale der Insektengiftigkeit und Herbizidresistenz, die sich bei fast allen gentechnisch veränderten Ackerpflanzen finden:

(1) *Bt-Toxine*, so wie sie in Mais, Baumwolle und Soja produziert werden, sind grundsätzlich wesentlich giftiger als isolierte *Bt-Toxine*. Natürlicherweise sind die *Bt-Proteine* in Bodenbakterien (*Bacillus thuringiensis*) zu finden. Sie wurden bei Gentechnik-Pflanzen eingeführt, um diese giftig für bestimmte Insekten zu machen. Gleichzeitig produzieren Pflanzen wie Soja, Baumwolle oder Mais aber natürlicherweise auch Enzyme, die *Protease-Inhibitoren* (PI) genannt werden und den Abbau von Eiweißstoffen verhindern. Bereits in geringen Mengen können PI die Giftigkeit der Bt-Toxine um ein Vielfaches erhöhen.[31] Diese Effekte wurden in der Risikoprüfung jahrzehntelang übersehen. Die Risiken betreffen die Umwelt (bzw. Insekten oder andere Organismen, die von den Pflanzen fressen) ebenso wie Mischungen dieser Pflanzen in Lebens- und Futtermitteln. In der Folge kann beispielsweise die Immunwirkung von Bt-Giften, die in Pflanzen wie Mais, Baumwolle oder Soja produziert werden, wesentlich höher sein als die der natürlichen Bt-Gifte. Bei der Prüfung der Risiken von Gentechnik-Pflanzen verlangen die Behörden in der Regel aber nur Untersuchungen mit isolierten *Bt-Toxinen*, die von Bakterien produziert werden.[32]

(2) EPSPS-Enzyme (*5-enolpyruvylshikimate-3-phosphate synthase*), die in gentechnisch veränderten Pflanzen eine Resistenz gegenüber Glyphosat bewirken, verleihen diesen auch eine höhere Fitness. Man spricht von *pleiotropen* Effekten, das heißt, die gentechnische Veränderung hat mehrere Wirkungen gleichzeitig: Die zusätzlichen Enzyme wirken sich nicht nur dann aus, wenn die Pflanzen mit dem Gift Glyphosat gespritzt werden. Vielmehr können die Pflanzen, unabhängig von der

31 McIntosh et al., 1990.

32 Then/Bauer-Panskus, 2021.

Behandlung mit dem Pflanzengift, eine höhere Anzahl an Samen bilden, einen stärkeren Wuchs entwickeln oder auch Toleranz gegenüber Stressfaktoren zeigen.[33] Bei Reis wurde zudem auch festgestellt, dass die Samen im Boden länger keimfähig bleiben[34]. Dadurch erhöht sich das Risiko für eine unkontrollierte Verbreitung der Gentechnik-Pflanzen in der Umwelt. Diese multifunktionelle Wirkung von EPSPS-Enzymen blieb von der Risikoprüfung jahrzehntelang unentdeckt, obwohl die große Mehrzahl der seit etwa 30 Jahren angebauten gentechnisch veränderten Pflanzen gegen Glyphosat resistent gemacht wurde. Interessanterweise reagieren auch verschiedene Unkrautarten auf eine wiederholte und länger anhaltende Behandlung mit Glyphosat mit der Bildung zusätzlicher EPSPS-Enzyme. Dabei können sich die entsprechenden Genabschnitte im Erbgut der Pflanzen vervielfachen (siehe auch Kapitel 4).[35] Auf diese Weise führt der Einsatz der Gentechnik dazu, dass die Unkräuter nicht nur resistent gegen Glyphosat, sondern auch insgesamt vitaler (fitter) werden. Dadurch erhöht sich wiederum der Bedarf an Pflanzengiften.

Die konkreten Auswirkungen auf die Umwelt zeigen sich oft erst nach langwierigen Untersuchungen. Das ist besonders problematisch, wenn sich zu diesem Zeitpunkt die Pflanzen bereits unkontrolliert in der Umwelt vermehren. Ein Beispiel für die Risiken bietet gentechnisch veränderte Baumwolle: Schon seit einigen Jahren ist bekannt, dass sich in Mexiko gentechnisch veränderte Baumwolle unkontrolliert in Populationen von wilder Baumwolle ausbreitet.[36] Daraus entstehende Nachkommen sind oft transgen und produzieren folglich Insektengifte und/oder sind resistent gegen das Unkrautvernichtungsmittel Glyphosat. In einer jüngst veröffentlichten Untersuchung der Folgen für die Ökosysteme zeigte sich jetzt, dass die Interaktionen zwischen den transgenen Nach-

33 Fang et al., 2018.

34 Jiang et al., 2021.

35 Gaines et al., 2019.

36 Wegier et al., 2011.

kommen und ihrer Umwelt gestört sind. Dies kann u. a. erhebliche Auswirkungen auf den Erhalt der wilden Baumwollarten haben. Mexiko ist eines der Zentren der biologischen Vielfalt von Baumwolle.

Die beobachteten Wechselwirkungen sind komplex: Baumwollpflanzen produzieren natürlicherweise an ihrer Oberfläche eine Art Nektar. Werden die Pflanzen von Fraßinsekten befallen, produzieren sie höhere Mengen dieses Nektars. Das lockt räuberische Arten von Ameisen an. In der 2021 publizierten Studie zeigte sich, dass die Menge dieses Nektars bei den hybriden Nachkommen der Gentechnik-Pflanzen, die sich in Beständen von wilder Baumwolle ausbreitet, verändert ist.[37]

Im Vergleich zu den wilden Baumwollpflanzen zeigten sich deutliche Unterschiede: Bei den wilden Baumwollarten veränderte sich sowohl die Menge des Nektars als auch die Zusammensetzung der Ameisenpopulationen, wenn diese durch Schadinsekten befallen wurden. Bei den Pflanzen, die die zusätzlichen Genkonstrukte in sich trugen, zeigten sich diese Reaktionen auf den Befall durch Schädlinge nicht. Vielmehr war die Menge des Nektars bei der herbizidresistenten Baumwolle dauerhaft verringert, bei der Bt-Baumwolle war sie permanent erhöht.

Daraus ergaben sich auch Unterschiede in den Ameisenpopulationen: In den natürlichen Baumwollpflanzen waren generell mehr Ameisen zu finden. Auch die Zusammensetzung der Ameisenarten war betroffen: Spezielle Ameisenarten, die nützlich für die Abwehr von Schadinsekten sind, waren bei Baumwolle mit Herbizidresistenz seltener zu finden, während sie bei Baumwolle mit Bt-Genen häufiger waren.

Da Ameisen für die Kontrolle der Schädlinge und auch für die Verbreitung der Baumwollsamen wichtig sind, können diese gestörten Interaktionen zwischen den transgenen Pflanzen und ihrer Umwelt erhebliche Langzeitfolgen haben: So könnte eine höhere Produktion des Pflanzennektars dazu führen, dass die Nachkommen der Bt-Baumwolle invasive Eigenschaften erlangen. Dadurch können die wilden Arten verdrängt werden, was schwerwiegende Folgen für den Erhalt der Zentren der biologischen Vielfalt von Baumwolle hätte.

37 Vázquez-Barrios et al., 2021.

Dagegen scheint die herbizidresistente Gentechnik-Baumwolle eher geschwächt: Hier finden sich mehr Schädigungen durch Fraßinsekten. Allerdings zeigen andere Publikationen, dass Pflanzen, die mittels Gentechnik gegen Glyphosat resistent gemacht wurden, weitere unbeabsichtigte Eigenschaften aufweisen: Die zusätzlich in den Pflanzen gebildeten Enzyme sorgen dafür, dass diese stärker wachsen und vermehrt Samen bilden können, die möglicherweise auch länger keimfähig bleiben.[38] Damit hätten diese Pflanzen ebenfalls wichtige Merkmale invasiver Pflanzen erworben. Diese Effekte sollen jetzt in einer nachfolgenden Untersuchung geprüft werden. Die AutorInnen weisen darauf hin, dass sich die Transgene derzeit rasch in den natürlichen Populationen ausbreiten und einige Pflanzen sogar eine Kombination von Genkonstrukten aufweisen. Vor diesem Hintergrund empfehlen die WissenschaftlerInnen dringend, Maßnahmen zu treffen, um die Zentren der biologischen Vielfalt wirksamer zu schützen.

Diese und ähnliche Wechselwirkungen, die sich über mehrere Ebenen erstrecken, sind in verschiedenen Regionen ein aktueller Gegenstand der Forschung. Bereits mehrfach haben Untersuchungen an herbizidresistenter Soja und insektengiftigem Mais gezeigt, dass bei transgenen Pflanzen das Profil der volatilen Duftstoffe, die bei Befall durch pflanzenfressende Insekten ausgesendet werden,[39] verändert ist.[40] Diese Duftstoffe werden produziert, um nützliche Raubinsekten anzulocken, die die Pflanzenfresser reduzieren können.

Auswirkungen der komplexen Wechselwirkungen auf die Umwelt zeigen sich auch beim Anbau von insektengiftiger Baumwolle in China oder herbizidresistenter und insektengiftiger Soja in Brasilien: In China breiten sich beim Anbau von Bt-Baumwolle die Raupen der Baumwoll-Kapseleule (*Helicoverpa armigera*) beschleunigt aus, wenn diese

38 Siehe oben und Bauer-Panskus et al., 2020.

39 Degenhardt, 2009.

40 Dean/Moraes, 2006; Strapasson et al., 2015; Xu et al., 2019.

Raupen mit bestimmten Viren befallen sind.[41] Die Viren scheinen das Immunsystem der Raupen zu stimulieren: Die Wirkung des Bt-Giftes ist bei diesen Raupen reduziert, sie werden rascher gegen das Insektengift resistent und sind fitter als ihre Artgenossen, die nicht von diesen Viren befallen sind. Die Untersuchungen zeigen, dass die mit den Viren infizierten Raupen auf Feldern, auf denen konventionelle Baumwolle angebaut wird, kaum zu finden sind. Dagegen breiten sich die infizierten Raupen auf den Feldern aus, auf denen Gentechnik-Baumwolle angebaut wird. Nach Ansicht der AutorInnen zeigen diese Untersuchungen, dass die Wechselwirkungen zwischen gentechnisch veränderten Pflanzen, Insekten und Mikroorganismen genauer untersucht werden müssen. Bisher werden diese komplexen Interaktionen bei der Untersuchung der Umweltrisiken kaum berücksichtigt.

In Brasilien breiten sich Populationen der Weißen Fliege (*Bemisia tabaci*) beim Anbau von insektengiftiger Soja stark aus.[42] Ursprünglich hatte man vermutet, dies könnte daran liegen, dass auf diesen Feldern weniger Insektengifte gespritzt würden. Untersuchungen im Labor erbrachten jedoch ganz andere Erkenntnisse: Die Weißen Fliegen, die Flüssigkeit aus den Pflanzen saugen, scheinen von den Eigenschaften der Gentechnik-Soja zu profitieren. Dies gilt zumindest für Soja, die gleichzeitig gegen Glyphosat resistent ist und Bt-Insektengifte produziert: Die Läuse, die an diesen Pflanzen saugen, sind fruchtbarer, und die Anzahl ihrer Nachkommen ist deutlich erhöht. Sind die Pflanzen nur resistent gegen Glyphosat, treten diese Effekte nicht auf.

Das verstärkte Vorkommen der Weißen Fliege fördert die Ausbreitung von Pflanzenkrankheiten: Die Läuse übertragen beim Saugen Viren und begünstigen durch ihre Ausscheidungen das Auftreten von Pilzbefall. Nach Angabe der AutorInnen sind die Ursachen für die stärkere Vermehrung der Weißen Fliegen unklar. Eine Vermutung ist, dass das in den Pflanzen produzierte Insektengift, das bei der Weißen Fliege nicht

41 Xiao et al., 2021.

42 Almeida et al., 2021.

wirksam ist, einen stimulierenden Effekt haben könnte. Diskutiert werden auch unerwartete Wechselwirkungen im Erbgut der Sojasorten.

Viele der Risiken wurden aufgrund ihrer Komplexität bisher oft nur sehr unzureichend oder gar nicht erforscht. »Sicherheit« für Mensch und Umwelt wird angesichts der vielen offenen Fragen und Unsicherheiten oft zu einer Frage des Datenmanagements: Untersucht wird das, was operationalisiert, standardisiert und finanziert werden kann. Das »Restrisiko« wird davon säuberlich abgetrennt, verdrängt und ignoriert. Nichtwissen und deren Folgen werden auf die nächsten Generationen gebucht wie die Schulden einer *Bad Bank*.[43]

Der Anbau von Gentechnik-Pflanzen bedeutet jedenfalls eine massive Belastung der Agroökosysteme und der Lebensmittelproduktion mit Organismen, die nicht durch die Evolution angepasst wurden. Es kann keinen Zweifel daran geben, dass dadurch über längere Zeit unerwartete Veränderungen und Reaktionen der Umwelt hervorgerufen werden. Diese unerwarteten Effekte müssen nicht immer ein Grund zur Sorge sein. Es ist jedoch besorgniserregend, dass die derzeitige Risikobewertung oft unzureichend ist, um das tatsächliche Ausmaß der Veränderungen und ihrer Auswirkungen auf Mensch und Umwelt zu bestimmen.

Dass inzwischen auch gentechnisch veränderte Pflanzenschädlinge wie Herbst-Heerwürmer (die Raupen des Eulenfalters *Spodoptera frugiperda*, der aus Asien über Afrika nach Südamerika verschleppt wurde) in Freisetzungsversuchen getestet werden,[44] zeigt, wie die der Gentechnik immanente Logik immer weiter in eine Richtung führt, die noch komplexere Risiken generiert. Diese Raupen, die vor allem im Maisanbau erheblichen Schaden anrichten, haben bereits eine Resistenz gegen Bt-Insektengift entwickelt, wie es von transgenem Mais gebildet wird.

---

43 Siehe Then/Bauer-Panskus 2021.

44 https://www.nature.com/articles/s41587-021-00932-5.

Zusammengefasst zeigt sich, dass die Risiken von Gentechnik-Pflanzen mit einem Ausmaß an Komplexität einhergehen, das weit über das hinausgeht, was tatsächlich derzeit in der Risikobewertung berücksichtigt wird. Die Sicherheit dieser Pflanzen wird auf der Grundlage von Zulassungsprozessen behauptet, bei denen nur die Risiken berücksichtigt werden, die am einfachsten zu bewerten sind. Vorteile bieten diese Pflanzen unter Umständen für Landwirte, die bei der Bekämpfung von Unkräutern Zeit sparen wollen. Treten bestimmte Insekten als Schädlinge auf, kann auch die Ernte bei Gentechnik-Pflanzen höher ausfallen, die Insektengifte produzieren. Allerdings führen die derzeit zur Vermarktung zugelassenen gentechnischen Pflanzen nicht per se zu höheren Erträgen. Und mit der zunehmenden Anpassung von Unkräutern und Insektenschädlingen an den Anbau der Gentechnik-Pflanzen steigt die Giftbelastung für die Umwelt oft ebenso wie die Arbeitsbelastung für die LandwirtInnen.[45] Gentechnisch veränderte Pflanzen, die für die VerbraucherInnen einen Vorteil haben, konnten dagegen in den ersten dreißig Jahren ihrer kommerziellen Nutzung keine wirkliche Bedeutung erlangen. Auch von wichtigen Nutzpflanzenarten wie Reis, Roggen und Weizen oder Gemüse und Obst wurden auf den internationalen Märkten (fast) keine gentechnisch veränderten Varianten gehandelt.

In die EU wird die Ernte von transgenen Pflanzen wie Soja, Mais, Baumwolle, Raps und Zuckerrüben importiert. Dabei ist vor allem der Import von Soja als Eiweißfuttermittel wirtschaftlich bedeutend. Eine Sonderrolle nimmt die Baumwolle ein: Der Import von gentechnisch veränderter Baumwolle für die Herstellung von Textilien und Bekleidung unterliegt keiner Regulierung. Lediglich Baumwollöl und der bei der Ölpressung anfallende Baumwollkuchen, die auch als Futtermittel eingesetzt werden können, benötigen eine Zulassung. Erst 2017 gelangten erstmals gentechnisch veränderte Nutztiere in den Handel: Transgener Lachs, der mit zusätzlichen Genen für die Bildung von Wachstumshormonen manipuliert worden war, wurde in Kanada in einigen Supermärkten angeboten.

45 Zu diesen und den nachfolgenden Absätzen siehe auch Then, 2015.

Anbau, Vermarktung und Risikoforschung der Gentechnik-Pflanzen werden von einigen wenigen Konzernen (wie Bayer/Monsanto, DowDuPont/Corteva, ChemChina/Syngenta) über Patente kontrolliert. Sie bestimmen, wer unter welchen Konditionen Zugang zu den Pflanzen und ihrem Saatgut hat: Landwirte, die Gentechnik-Soja anbauen, haben kein Recht darauf, ihre Ernte zur erneuten Aussaat zu verwenden. Sie dürfen ihre Ernte ohne Genehmigung nicht einmal an unabhängige WissenschaftlerInnen zum Zwecke der Risikoforschung weitergeben. Zwar müssen die Konzerne für die Zulassungsverfahren in der EU bestimmte Daten offenlegen. Diese sind aber weniger auf einen umfassenden Schutz von Natur, Mensch und Umwelt ausgerichtet. Vielmehr folgen die Konzerne bei der Zulassungsprüfung einer Logik der Kostenminimierung und produzieren Daten, die für eine substanzielle Diskussion über die tatsächlichen Risiken oft ungeeignet sind. Zudem wird die Erhebung dieser Daten nicht von unabhängiger Seite überprüft.

Nach der Analyse der OECD (siehe oben) von 1992 geht es um drei Marktbereiche, die entscheidend sind: (1) Die Konzerne bieten patentierte Technologien an, (2) sie wollen die Kontrolle über die Märkte für Saatgut gewinnen, und (3) letztlich geht es um die sogenannten nachgelagerten Märkte für agrarische Produkte wie Lebensmittel, Futtermittel, Papier, Holz und Energie. Die Konzerne richteten ihr Bemühen auf die Kontrolle der Ressource, die für die gesamte Kette der Nahrungsmittelproduktion – und damit für das Überleben der Menschheit – unverzichtbar ist: Saatgut. Vor etwa 30 Jahren bot sich hier eine einmalige Option für die Großunternehmen der Agrochemie: Sie hatten eine neue Technologie entwickelt, Saatgut technisch zu verändern. Damit konnten sie nicht nur die technische Qualität des Saatguts manipulieren, sondern ihre Gentechnik-Saaten auch zum Patent anmelden. So entstanden neue Monopole bzw. Oligopole auf Züchtung und Verkauf der lebensnotwendigen Körner. Vor diesem Hintergrund begannen die Agrochemiekonzerne in den 1980er- und 1990er-Jahren systematisch, die Unternehmen in der Saatgutbranche aufzukaufen. Damit hatten die entstehenden Agrarriesen nicht nur eine neue Technologie, um das Erbgut zu manipulieren, sondern auch den Zugriff auf das Züchtungsmaterial der Zukunft: Denn mit Firmen wie Pioneer,

Holden's Seeds, DeRuiter und Seminis erwarben die Konzerne auch deren Saatgutbanken. In diesen lagern die Ergebnisse jahrzehntelanger züchterischer Arbeit, Sammlungen aus allen Regionen der Welt und Proben kommerziell gehandelten Saatguts. Konzerne wie Monsanto und DuPont kauften die Schatzkammern der Welt einfach auf, und niemand war da, der sie daran gehindert hätte. Dabei hatten Firmen wie Bayer/Monsanto und DowDuPont/Corteva, die heute den Saatgutmarkt dominieren, bis zum Ende der 1980er-Jahre tatsächlich kaum in Pflanzenzucht investiert. Die Züchtung von Saatgut erfordert ein spezifisches Wissen und einen langen Atem. Daran hatten die Agrochemiemultis wenig Interesse. Aber laut OECD (1992) hatten sie schon 1988 zweistellige Millionenbeträge in die Gentechnik investiert (siehe Tabelle 1).

Tabelle 1: Investitionen einiger ausgewählter Saatgufirmen (Pioneer, Limagrain, KWS) und Agrochemiekonzerne (Monsanto, DuPont, Ciba-Geigy) aus dem Jahre 1988, Angaben in Millionen US-Dollar. Quelle: OECD 1992

Firmen	Ausgaben herkömmliche Zucht	Ausgaben Pflanzen-Biotechnologie
Pioneer (heute Corteva)	46	7
Limagrain	22	5
KWS	18	5
Ciba-Geigy (heute ChemChina/Syngenta)	9	17
Monsanto (heute Bayer)	1	15
DuPont (heute Corteva)	0	20

Unkontrollierte Ausbreitung und transgene Bäume

Die meisten der transgenen Pflanzen sind bisher für den Anbau auf Ackerflächen vorgesehen. Allerdings haben die Pflanzen in den letzten Jahren auch immer wieder den Sprung in die Umwelt geschafft. Beispiele sind die oben genannte transgene Baumwolle, die sich in den Zentren der biologischen Vielfalt der Wildformen der Baumwolle in Mexiko ausbreitet (siehe oben), aber auch Raps (USA, Kanada, Japan, Australien), Mais (Mexiko) und Gräser (USA).[46] Erste Beispiele für transgene Organismen, die jenseits von Ackerflächen wachsen *sollen*, sind Gentechnik-Bäume. So wur-

46 Siehe Bauer-Panskus et al., 2020.

den bereits vor rund 20 Jahren transgene Pappeln in China angepflanzt. Aktuell diskutiert wird über den Anbau gentechnisch veränderter Esskastanien in den USA.

Pappeln

Die erste Freisetzung mit transgenen Pappeln erfolgte bereits 1988. Seit Anfang der 1990er-Jahre werden in China transgene Schwarzpappeln im Freiland angebaut, die ein bakterielles Insektengift (*Bt-Toxin*) produzieren, das sie gegen Raupenbefall schützen soll. In den Monokulturen, die dort im Rahmen von Aufforstungsprojekten und Plantagen (*Green Wall*) angelegt wurden, verursachen Insekten erhebliche Schäden. 2001 wurden die transgenen Bäume, ursprünglich in Deutschland entwickelt, offiziell zum kommerziellen Anbau freigegeben. Über eine Million gentechnisch veränderte Schwarzpappeln wurden gepflanzt, deren Erbgut eine verkürzte DNA für ein Bt-Toxin (Insektengift aus *Bacillus thuringiensis*) enthält, das auch in transgener Soja, Mais und Baumwolle produziert wird. Zwischen 2001 und 2003 wurden 400.000 weitere Weißpappelhybride (genannt *Hybrid Poplar 741*) ausgepflanzt, die ebenfalls mit Bt-Toxinen ausgestattet sind. Die Verbreitung der zum kommerziellen Anbau zugelassenen Pappeln erfolgte auch über regionale Märkte. Da Pappeln über Stecklinge vermehrt werden können, steht für deren Verbreitung ein mehr oder weniger unbegrenztes Potenzial zur Verfügung. Daher ist von vielen dieser gentechnisch veränderten Bäume der genaue Standort nicht bekannt.

Pappeln sind windblütig, d.h., die Pollen werden mit dem Wind verbreitet. Auch die Samen werden vom Wind verfrachtet. Daneben spielt die Ausbreitung durch Flüsse und Bäche eine Rolle, über die der Samen, aber auch Schwemmholz und »Stecklinge« (s.u. vegetative Vermehrung) weit transportiert werden können. Pappeln können über 100 Jahre alt werden und im Laufe ihres Lebens große Mengen an Pollen und Samen bilden. Eine weibliche Schwarzpappel kann pro Jahr etwa 25 bis 50 Millionen Samen erzeugen, die den Baum als sogenannte *Pappelwolle* verlassen. Vegetationsfreie Böden und genügend Feuchtigkeit begünstigen die erfolgreiche Keimung. Selbst einzelne Bäume können unter günstigen Umständen ihr Erbgut regional und sehr weiträumig verbreiten. Da sich Pappeln auch über Wurzelschösslinge vermehren, kann eine unerwünschte Ausbreitung nicht allein durch Fällung unter Kontrolle gebracht werden. Diese Erfahrung machte man auch nach den ersten Freisetzungsversuchen mit transgenen Pappeln 1996 in Deutschland. Noch Jahre nach dem Ende der Versuche hatte man damit zu kämpfen, Wurzelausläufer und -schösslinge zu entfernen, obwohl die Bäume nach dem Versuchsende »mit Wurzeln« entfernt worden waren. Anscheinend haben sich die Schösslinge aber sogar über das Versuchsgelände hinaus verbreitet. Pappeln zeichnen sich zudem durch eine ausgeprägte Fähigkeit zur Hybridisierung aus. Sie gehören auf der nördlichen Halbkugel zu den weitverbreiteten Baumarten. Eurasien, von China bis Mitteleuropa, kann als ein zusammenhängender Lebensraum der Schwarzpappel und ihrer Hybride angesehen werden. Wird in dieses Ökosystem transgenes Material eingetragen, ist der Genfluss räumlich und zeitlich nicht mehr zu begrenzen, insbesondere wenn ein Fitnessvorteil für die transgenen Eigenschaften der Bäume besteht, wie eine Resistenz gegen Fraßinsekten.[47]

Esskastanien

Rückwirkend kann man sich fragen, ob die Freisetzungen der Gentechnik-Pappeln heute noch als verantwortbar angesehen würden. Und tatsächlich stellt sich diese Frage mit neuer Aktualität: 2020 wurde in den USA ein Antrag auf Deregulierung (d.h. unbegrenzte Freisetzung) von Esskastanienbäumen gestellt. Diese sollen gegen eine weitverbreitete Pilzkrankheit tolerant gemacht werden. Dazu wurde ein Gen aus Weizen eingeschleust. Dieses soll dazu führen, dass ein Stoff, den die Pilze produzieren, nicht länger giftig für die Bäume ist. Nach ihrer Freisetzung sollen sich die Gentechnik-Bäume dann in den natürlichen Populationen ausbreiten. Die Pilzkrankheit (Kastanienrindenkrebs, *Cryphonectria parasitica*) wurde ursprünglich unabsichtlich aus Asien importiert. Der pathogene Pilz produziert ein Toxin, das zu drastischen Verlusten bei den natürlichen Beständen der Bäume geführt hat. 2018 existierten in den

47 Then/Hamberger, 2010.

betroffenen Regionen meist nur noch kleinere Bäumchen, Schösslinge, die aus den Wurzeln der abgestorbenen Bäume wachsen.

Für die Klone von Gentechnik-Bäumen, deren Freisetzung jetzt erlaubt werden könnte, fehlen spezifische Daten bezüglich Samen- und Pollenbildung, der Genießbarkeit der Kastanien und der Auswirkungen von Alterung, Fortpflanzung und Hybridisierung auf die Eigenschaften der Transgene.[48]

Esskastanien können mehrere hundert Jahre alt werden und durchlaufen dabei verschiedene Stadien von Wachstum, Blüte, Samenbildung und Alterung. Während dieser Zeit sind sie zudem vielfältigen Veränderungen ihrer Umwelt ausgesetzt wie dem Klimawandel. Zudem gibt es weitere pathogene Pilze, wie *Phytophthora cinnamomi*, von denen bekannt ist, dass sie die Bäume ebenfalls befallen. Es ist weitgehend unbekannt, wie die Gentechnik-Bäume auf diese Schadpilze oder andere Stressoren reagieren. In Reaktion auf die unterschiedlichen Stressfaktoren ist es keineswegs unwahrscheinlich, dass die Bäume oder ihre Nachkommen Eigenschaften entwickeln, die ursprünglich, in der ersten Generation der Gentechnik-Bäume, nicht beobachtet wurden.

Wenn Pollen der Gentechnik-Bäume durch Wind verbreitet wird oder ihre Samen durch menschliche Aktivität oder durch Tiere verschleppt werden, können sich die Bäume bzw. ihre Nachkommen unkontrolliert in den Wäldern ausbreiten und damit ihre Gene auch in den verbleibenden Wildpopulationen verteilen. Sollten dann Schäden an den Ökosystemen beobachtet werden, kann es längst zu spät sein, um die Bäume wieder aus der Umwelt zu entfernen. Auf diese und andere Mängel der Risikoabschätzung hat unter anderem die britische Organisation GeneWatch hingewiesen. Besonders problematisch: Es gibt Hinweise darauf, dass die Bäume dazu beitragen können, die Pilzkrankheit noch stärker zu verbreiten. Da die Pilze den transgenen Bäumen keinen Schaden zufügen, sich aber auf diesen Bäumen ungestört vermehren können, werden die trans-

48 Siehe Then, 2019.

genen Bäumen zu einem Reservoir für diese Pilzkrankheit, durch das der Infektionsdruck auf die natürlichen Bestände noch erhöht wird. [49]

Das ganz grundsätzliche Problem: Bei einer Freisetzung von gentechnisch veränderten Organismen, die in der Umwelt persistieren und sich in natürliche Populationen vermehren können, können keine ausreichend belastbaren Aussagen bezüglich der langfristigen Risiken gemacht werden. Insbesondere können in den vielen nachfolgenden Generationen Eigenschaften auftreten, die durch Wechselwirkungen mit den genetischen Hintergründen der Wildpopulationen oder durch bestimmte Umweltbedingungen verursacht werden *(next generation effects)*.[50] Zudem ist bei Bäumen die Frage, wie sich das zusätzlich eingefügte Genkonstrukt über deren gesamte Lebensdauer verhält. Dieses grundsätzliche Problem, das bereits bei transgenen Pflanzen nicht gelöst werden konnte, erhält mit den Anwendungen der Neuen Gentechnik neue Dringlichkeit: Viele der hier geplanten Anwendungen richten sich auf natürliche Populationen (siehe Kapitel 2).[51]

Synthetische Biologie

Sucht man die wahren geistigen Erben Loebs, landet man bei der Avantgarde der Biotechnologien des 21. Jahrhunderts, der *Synthetischen Biologie*. Diese entspringt dem technischen Ansatz der Gentechnologie, geht aber über diese hinaus. Lebewesen werden nicht mehr nur in ihrem Erbgut *manipuliert*, sondern eher aus einzelnen Bestandteilen neu *kreiert*. Ein Ziel ist die Schaffung von künstlichen, lebensfähigen und vermehrungsfähigen Systemen.

Neue Technologie, neuer Hype

Im Juni 2004 fand am MIT (Massachusetts Institute of Technology, Cambridge, USA) die erste große Konferenz zum Thema Synthetische Biolo-

49 GeneWatch, 2020.

50 Bauer-Panskus et al., 2020.

51 Siehe auch Then et al., 2020.

gie statt, genannt »Synthetic Biology 1.0«. Thomas F. Knight vom MIT Computer Science and Artificial Intelligence Laboratory (CSAIL) erwies sich in seiner Rede auf dieser Konferenz als geistiger Nachfolger Jacques Loebs: Während BiologInnen die Komplexität des Lebendigen bewunderten, erfreuten sich IngenieurInnen an der Einfachheit von Systemen. Die Synthetische Biologie sollte sich nach seiner Ansicht für diesen zweiten Weg entscheiden: »An alternative to understanding complexity is to remove it.«[52]

Versteht man es erst einmal, einzelne kleine funktionierende Einheiten zu schaffen, hofft man, diese wie Schaltkreise in einem Computer koppeln zu können und sich so der Komplexität des Lebens nicht über die Analyse des Bestehenden, sondern über die Konstruktion des Neuen zu nähern. Was konstruiert werden kann, ist vollständiger Manipulation und Kontrolle zugänglich:

> »Durch eine Reduzierung der Komplexität der Systeme, die untersucht werden, ermöglichen synthetische Gennetzwerke die Möglichkeit, ein detailliertes Verständnis über die Mechanismen zu erlangen, die an der Genregulation beteiligt sind. (...) wir werden in der Lage sein, Netzwerke mit wachsender Komplexität zu entwerfen und zu untersuchen. (...) dies ist eine aufregende Möglichkeit für rasche Fortschritte beim Verständnis und bei der Kontrolle des zellulären Verhaltens.«[53]

Ein ultimatives Ziel der Synthetischen Biologie ist es, biologische (biochemische) Systeme zu schaffen, die fähig zur Selbstreproduktion sind und den Mechanismen der Evolution unterworfen werden können. Diese Systeme sollen zeigen, wie die Chemie hinter den Lebensvorgängen funktioniert und wie der Ursprung des Lebens zu erklären ist. Und natürlich sollen auch vermarktbare Produkte geschaffen werden.

---

52 Zitiert nach Then, 2008.

53 Hasty, J. et al., 2002, Übersetzung Then.

Vor diesem Hintergrund legte die EU-Kommission 2005 einen Bericht einer »High-Level Expert Group« vor,[54] in dem die Synthetische Biologie definiert wird und Vorhersagen über ihre Entwicklung in den nächsten fünf bis 15 Jahren gemacht werden. Solche Berichte sind insbesondere an die Öffentlichkeit und die Mitgliedsstaaten gerichtet. Sie dienen oft der Rechtfertigung von neuen oder auch bereits laufenden Forschungsprogrammen und sind ein Hinweis auf Schwerpunkte und die mögliche Verteilung öffentlicher Gelder. Dabei werden Technologien – wie auch in diesem Fall – meist aus der Sicht der Akteure präsentiert, die sich auch um die Gelder aus entsprechenden Forschungsprogrammen bewerben.

Mit dem Bericht über Synthetische Biologie versuchte die EU-Kommission 2005, die Weichen frühzeitig auf Wettbewerb zu stellen, wobei sie sich in Konkurrenz mit anderen Wirtschaftsräumen wie den USA sah. Schon die Definition der neuen Forschungsrichtung war Programm:

> »Synthetic biology is the engineering of biology: the synthesis of complex, biologically based (or inspired) systems which display functions that do not exist in nature. This engineering perspective may be applied at all levels of the hierarchy of biological structures – from individual molecules to whole cells, tissues and organisms. In essence, synthetic biology will enable the design of ›biological systems‹ in a rational and systematic way.«[55]

Und ganz Sinne von Jacques Loeb wurde klargestellt, dass es nicht um die Erforschung der Grundlagen des Lebens, sondern um Konstruktion und Produktion geht:

> »Synthetic biology is concerned with applying the engineering paradigm of systems design to biological systems in order to produce predictable and robust systems with novel functionalities that do not exist in nature.(…) The introduction of design principles

54 EU-Kommission, 2005.

55 Siehe oben.

such as modularity of parts, standardization of parts and devices according to internationally recognized criteria, and the (reciprocal) adaptation of available abstract design procedures to biological systems, coupled to novel technological breakthroughs (such as cheap mass synthesis of large DNA segments) that allow the decoupling of design and fabrication, will fundamentally change our current concepts of how to manipulate biological systems. In this sense, synthetic biology is not primarily a ›discovery science‹ (that is, concerned with investigating how nature works), but is ultimately about a new way of making things.« [56]

Die Ziele waren ambitioniert: Innerhalb der nächsten zehn bis fünfzehn Jahre sollte eine Technologieentwicklung ähnlich der der Computertechnologien auf den Weg gebracht werden und im Bereich der Biologie disruptive Kräfte entfesseln:

> »In the same way, synthetic biology could also revolutionize the biological and biotechnology industries and maybe even biology as a science. To achieve this, it will be important: to invent, construct and test basic parts of complex synthetic systems with well controllable, programmable and robust behaviour.« [57]

Die künstliche Synthese von Erbgut

Wesentliche Grundlage der Synthetischen Biologie ist die Resynthese oder Neusynthese von natürlichen Genen und ganzen Genomen. Eine der ersten Firmen war die US Firma Blue Heron Biotechnology, die im Auftrag von Kunden DNA-Sequenzen nach deren Wünschen konfiguriert, vermehrt und so verpackt, dass die Gene in Bakterien exprimiert werden können. Die Preise für die Herstellung von Gensequenzen waren dank industrieller Anbieter von etwa 15 Dollar in den 1990er-Jahren auf

56 Siehe oben.

57 Siehe oben.

70 Cent pro Basenpaar bis 2007 gefallen.[58] Aktuell kostet die Synthese nur noch einen geringen Bruchteil davon. So ging es rasch nicht mehr darum, nur einzelne Sequenzen zu synthetisieren, sondern ganze Genome. Dafür eigneten sich vor allem Organismen mit möglichst kleinen Genomen. Zunächst gelang es, eine Virusform, die normalerweise den Stoffwechsel von Bakterien nutzt (sogenannte Bakteriophage), neu zu synthetisieren. Da diese biologischen Systeme nicht selbst vermehrungsfähig sind, sondern dafür auf den Stoffwechsel der Bakterien angewiesen sind, ist das Erbgut von Viren oft sehr viel kürzer als das anderer Organismen. Die etwa 5.000 Basenpaare des Phagen, der mit dem Kürzel *phiX174* benannt ist, wurden Stück für Stück nachgebaut, im Labor resynthetisiert und nach dem ursprünglichen Bauplan zusammengesetzt: 2003 gelang es den Wissenschaftlern Craig Venter und Hamilton Smith, das Erbgut des Phagen innerhalb von zwei Wochen komplett nachzubauen. Heute würde man dafür nur einen Bruchteil der Zeit benötigen. Das Team um den US-Forscher Craig Venter knöpfte sich auch das Erbgut von Bakterien mit kleinem Genom vor. Diese haben, wenn sie vermehrungsfähig sind, ein wesentlich größeres Genom als die oben genannten Phagen. 2010 wurde das Erbgut eines Bakteriums, *Mycoplasma mycoides*, komplett resynthetisiert und in eine verwandte Bakterienart übertragen, die sich als lebens- und vermehrungsfähig erwies.[59]

Hefen haben ein wesentlich komplexeres Erbgut als Bakterien mit mehreren und vergleichsweise komplex aufgebauten Chromosomen. 2014 wurde bekannt, dass Wissenschaftler in den USA das kleinste Chromosom einer Hefezelle resynthetisiert und dabei relativ große Abschnitte aus dem Erbgut entfernt hatten, die für das unmittelbare Überleben der Zellen nicht notwendig erschienen.[60] Derzeit arbeiten mehrere Forschungsteams daran, den kompletten Chromosomensatz der Hefe durch synthetisches Erbgut zu ersetzen. In Hefen können wesentlich komplexere Stoffwechselwege für die Produktion von Stoffen wie Enzymen genutzt werden als

58 Süddeutsche Zeitung, 29. Juni 2007, Seite 18, zitiert nach Then, 2008.

59 Gibson et al., 2010.

60 Annaluru et al., 2014.

in Bakterien. Mit der Resynthese des Erbgutes und seiner Reduktion auf »essenzielle« Bestandteile hofft man, diese kleinen »Fabriken« noch effizienter und vielfältiger einsetzen zu können.

Die künstliche Synthese von Erbgut hat sich längst zu einem internationalen Business entwickelt: Firmen wie Geneart (Thermo Fisher) beliefern inzwischen die ganze Welt mit ihren im Labor synthetisierten Nukleotiden. Diese Firmen sind in der Lage, Genome von allen möglichen Krankheitserregern ganz oder teilweise herzustellen bzw. zu verändern. Die Dienste von Firmen wie Geneart sind während der Corona-Pandemie sehr gefragt: Die Synthese des Erbguts des *SARS-CoV-2* wird von vielen Labors nachgefragt, um Infektionswege und mögliche Therapien zu erforschen sowie Nachweisverfahren und Impfstoffe zu entwickeln.

Diese technologische Entwicklung hat auch eine Kehrseite: Der technische Aufwand, um beispielsweise im Falle des *SARS-CoV-2* aus der synthetisierten RNA wieder infektiöses Material herzustellen, ist relativ gering. Für den Betrieb entsprechender Gensyntheseapparate ist kein Hochsicherheitslabor notwendig. Diese Technologie bietet damit ein nicht unerhebliches Missbrauchspotenzial (siehe unten).

Kontrovers diskutiert wurde in diesem Zusammenhang die Publikation von Details des Krankheitserregers der Spanischen Grippe, der 1918/19 über 20 Millionen Menschen getötet hatte und seitdem als ausgestorben galt. 2005 wurden Genomdaten in der Zeitschrift *Nature* veröffentlicht. Die Synthetische Biologie macht auch den Nachbau dieser Sequenzdaten theoretisch möglich. Schon im Jahr 2002 wurde berichtet, dass es Forschern an der Universität von New York gelungen sei, ein Poliovirus aus verschiedenen Bestandteilen im Labor zusammenzusetzen, die man einfach im Internet bestellen konnte.[61]

Synthetisches Leben: Top-down, Bottom-up

Synthetische Biologie ist nicht auf die Ebene der Erbsubstanz beschränkt, sondern will Zellen und Organismen auf neue Art und Weise konstruieren und technisch verfügbar machen.

61 Cello, J. et al., 2002.

Man verfolgt zwei Strategien, um künstliche Lebensformen zu schaffen: Auf der einen Seite werden Mikroben analysiert, die schon von Natur aus nur wenige Gene aufweisen. Stück für Stück werden DNA-Abschnitte entfernt, um zu untersuchen, ob sie für das Überleben des Organismus lebensnotwendig sind. Mit dieser *Top-down*-Strategie versucht man, auf das absolut minimale DNA-Gerüst vorzustoßen, das notwendig ist, um ein Lebewesen funktionieren zu lassen. Sind die Gene, die nicht nötig sind oder deren Funktion nicht verstanden wird, erst einmal entfernt, erhofft man sich ein Grundskelett des Erbgutes, von dem ausgehend man Lebewesen mit neuer Funktionalität konstruieren kann. Diese neuen Genfunktionen sollen aufgrund der reduzierten Komplexität besonders gut vorhersagbar sein.

Ein Beispiel für diesen Ansatz lieferte das Team um Craig Venter mit Versuchen an *Mycoplasma genitalium*. Venter und seine KollegInnen entfernten aus dieser Mikrobe 101 von 482 Genen, ohne dass deren Lebensfähigkeit erkennbar beeinträchtigt wurde. Daraus schlossen die ForscherInnen, dass ihr Minimalgenom nur 381 Gene ausmacht. Das Ergebnis meldeten Venter und seine KollegInnen im Jahr 2007 zum Patent an. Unter der Nummer US2007/0122826 (WO 2007047148) beanspruchen sie die genetische Minimalausstattung von *Mycoplasma genitalium* bzw. *Mycoplasma laboratorium*. Venter gründete sogar eine neue Firma, die derartige Mikroben als selbstreplizierende Fabrik nutzen wollte, die mit wechselnden Eigenschaften ausgestattet werden kann. Auch bei *Mycoplasma mycoides* wurde versucht herauszufinden, wie viele Gene entfernt werden können, ohne die Lebensfähigkeit des Bakteriums zu zerstören. 2016 wurde das Genom von *Mycoplasma mycoides* (das über mehr Gene als *Mycoplasma genitalium* verfügt und sich schneller teilen kann) auf 473 Gene reduziert, wobei aber die Funktion von 142 dieser Gene als unbekannt gilt. Der resultierende Organismus wurde JCVI-*syn3.0* getauft.[62]

Einen ähnlichen Ansatz verfolgte eine Forschungsgruppe am MIT: Sie baute einen Bakteriophagen nach, genannt *T7*, der aus 40 Kilobasenpaaren besteht, die nur 56 Gene konstituieren. Dabei sollte der Organismus

62 Hutchinson et al., 2016.

gleichzeitig »optimiert« werden: Hier wurde ebenfalls versucht, Stücke der DNA, die scheinbar keine Funktion haben oder redundant sind, zu entfernen und so einen redesignten Phagen zu schaffen, der auch in Interaktion mit Bakterien genetisch möglichst stabil sein sollte.[63]

Versuche, das Erbgut von Mycoplasmen, Phagen und Hefen nicht nur zu resynthetisieren, sondern auch zu redesignen, verfolgen also den Ansatz, das Erbgut auf eine Art technisches Grundgerüst zu reduzieren, damit von *unnötiger Komplexität* zu befreien. So soll eine *biologische Maschine* (oder auch ein *Chassis*) erschaffen werden, die mit wechselnden und neuen Funktionen ausgestattet werden kann und sich dabei in der Vermehrung genetisch stabil und in ihren biologischen Eigenschaften robust verhält.

Ein anderer Weg, künstliches Leben zu schaffen, verfolgt dagegen den Ansatz *Bottom-up*: Einzelne DNA-Abschnitte mit möglichst klar definierter biochemischer Leistung werden als sogenannte *BioBricks* synthetisiert. Ein einfacher Baustein ist beispielsweise ein Promotor und die Gensequenz eines Enzyms. Diese Elemente können zu einer Art biologischem *Baustein* kombiniert werden. Sie sind dabei ringförmig wie die Plasmide von Bakterien aufgebaut und sollen für eine definierte Funktion codieren. Werden mehrere dieser Elemente miteinander kombiniert, spricht man auch von »biologischen Schaltkreisen«.

BioBricks sind eine Art Instantsuppe zum Zubereiten neuer Organismen. Da jeder Bestandteil mit einem anderen kombinierbar ist, kann der/die BioingenieurIn theoretisch durch Austauschen und Kombination einzelner Bausteine die Eigenschaften der Organismen gezielt verändern. Die einzelnen Teile sollen sich dabei *orthogonal* verhalten, das heißt, ihre Eigenschaften sollen möglichst keine ungewollten Wechselwirkungen mit anderen biologischen Elementen zeigen und sich auch in unterschiedlichen zellulären Systemen möglichst immer gleich verhalten. Im Bericht der EU-Kommission von 2005 heißt es dazu: »The internal parts should ideally be orthogonal to the natural biological environment, in that they

63 Chan et al., 2005.

should have minimal side-effects on the host biological system and on the other hand be affected only minimally by the host.«[64]

Ähnlich wie bei elektronischen Schaltkreisen sollen Einheiten gefunden werden, die, nach jeweils neuen Bauplänen aneinandergereiht, eine vorhersagbare biologische Funktionalität entfalten. Werden diese neuen Bausteine zum Beispiel in Bakterien eingebaut, sollen sie diese ohne Schwierigkeiten nutzen können und sie zu einem Bestandteil ihres eigenen biologischen Programms machen. Tatsächlich gelang die Herstellung einfacher genetischer Schaltkreise, mit deren Hilfe Bakterien zur Aussendung von Lichtimpulsen gebracht werden konnten.[65]

Ziele verfehlt, Erkenntnis gewonnen

Biologie funktioniert nicht nach politischen Erwartungen und Plänen der Shareholder. Sie hat ihre eigenen Regeln. Die bisherigen Ergebnisse der Synthetischen Biologie liegen vor allem im Bereich der Grundlagenforschung und nicht der wirtschaftlichen Erfolge. Diese Ergebnisse stehen vielfach im Gegensatz zu den ursprünglichen Annahmen, insbesondere in Bezug auf die *Orthogonalität*: Die Vorstellung von technisch robusten biologischen Systemen, die nicht in evolutive Wechselwirkung mit anderen biologischen Systemen treten und deren Eigenschaften daher auch unter unterschiedlichen Bedingungen vorhersagbar bleiben, hat sich als wenig zutreffend und nicht als produktiv erwiesen.

(1) Die Etablierung eines minimalen Genoms, das nur auf lebenserhaltende Funktionen wie den Energiestoffwechsel und die Fähigkeit zur Reproduktion reduziert ist, stößt auf grundsätzliche Schwierigkeiten, die es fraglich erscheinen lassen, dass das *Top-down*-Konzept sinnvoll und das Ziel erreichbar ist. Diese Infragestellung betrifft insbesondere eine mögliche wirtschaftliche Nutzung dieser biologischen Systeme.

(2) Auch die *Bottom-up*-Erstellung von einfachen Bausteinen, die man in Schaltkreisen miteinander vernetzen kann, hat sich als zu wenig vorhersagbar und verlässlich erwiesen. Was als Grundlagenexperiment im

64 EU-Kommission, 2005.

65 Endy, 2005.

Labor teilweise funktioniert, hat bisher nicht dazu geführt, entsprechende Vorgänge über mehrere Generationen hinweg planbar (und verlässlich reproduzierbar) zu machen.

Diese Schwächen in Konzeption und Umsetzung des bisherigen Programms der Synthetischen Biologie bedeutet nicht, dass der Ansatz wissenschaftlich uninteressant wäre oder dass es gar keine nutzbaren Ergebnisse gäbe. Aber offensichtlich muss das Konzept gründlich überarbeitet werden. Und die Gewinnerwartungen reduziert.

Im Detail: Was ist ein minimales Genom?

Zellen sind die nicht reduzierbaren Einheiten des Lebens. Ihre DNA ist der Speicher für Informationen über Zellstoffwechsel und Teilung. Damit die DNA ihre Rolle erfüllen kann, muss sie beständig und wandelbar zugleich sein: Sie muss die von der Evolution entwickelten Erfahrungen und Problemlösungen bewahren und gleichzeitig die Anpassung der Organismen an ihre Umwelt zulassen. Dafür sind mehrere Voraussetzungen notwendig. Eine betrifft die Größe des Genoms. Dabei scheint diese von der Umwelt abhängig zu sein: Coli-Bakterien, die wahre Allrounder sind und sehr flexibel auf wechselnde Umweltbedingungen reagieren können, haben mit 4.000–5.000 Genen ein größeres Erbgut als Mikroben, die immer nur in einer bestimmten Umwelt zu finden sind. Dagegen sind Mykoplasmen ganz besondere Bakterien, die sich u.a. dadurch von anderen unterscheiden, dass sie keine Zellwand aufweisen. Sie haben sich besonders an den Körper von Wirbeltieren angepasst und können dort parasitär überdauern, aber auch schwere Krankheiten wie Lungenentzündungen auslösen. Sie haben aufgrund ihrer Spezialisierung u.a. auf das Überleben in Wirbeltieren einen Teil ihrer Anpassungsfähigkeit an veränderte Umwelten verloren. Ihr Erbgut besteht nur aus ein paar hundert Genen. Mykoplasmen gelten deswegen als die Organismen mit dem kleinsten Erbgut, das einen eigenständigen Stoffwechsel und Fortpflanzung noch zulässt. Das macht sie für die *Top-down*-Forschung besonders interessant, um die essenziellen Gene herauszufinden, die für das Leben alle Organismen entscheidend sind.

Davon zu unterscheiden sind biologische Systeme mit einem organisierten Genom wie Viren, die auf Zellen anderer Organismen angewiesen sind, um sich zu vermehren, und die keinen eigenen Stoffwechsel besitzen. Zu den Viren zählen auch die Phagen, d.h. biologische Systeme, die sich mithilfe von Bakterien vermehren können und auch gezielt zu deren Bekämpfung genutzt werden können (sie sind sozusagen die Krankheitserreger der Bakterien). Phagen weisen zum Teil ein Genom von weniger als hundert Genen auf, was sie für die Forschung ebenfalls sehr attraktiv macht. Man kann sie besonders leicht in ihre einzelnen Bestandteile zerlegen und *Bottom-up* resynthetisieren.[66]

Wie beschrieben, beruht der *Top-down*-Ansatz darauf, Erbgut von bestehenden Lebensformen auf das zu reduzieren, was essenziell für Stoffwechsel und Reproduktion ist. Die Idee: Genome mit weniger Bestandteilen sind weniger komplex, d.h., sie können untereinander weniger Wechselwirkungen eingehen. *Mykoplasma laboratorium* und JCVI-*syn3.0* sind Repräsentanten dieser Strategie. Um die *essenziellen Gene* der jeweiligen Art zu finden, verfolgt man einen relativ simplen experimentellen Ansatz: Man schädigt das Genom von Bakterien und fügt Mutationen in verschiedenen Genorten ein. Überlebt das Bakterium nicht, gilt das Gen als lebensnotwendig und wird dann auch Bestandteil dessen, was als *Minimalgenom* definiert wird. Ursprünglich hatte man erwartet, dass es sich dabei um rund 200–300 Gene handelt.[67] Der Grund: Diese Gene sind am Grundmetabolismus der Zellen beteiligt, das heißt der Bereitstellung von Energie, Wachstum und Zellteilung (Vermehrung). Doch die Anzahl der Gene, die für Mycoplasmen lebensnotwendig sind, ist nach den vorliegenden Ergebnissen immer wesentlich höher als ursprünglich angenommen. Bei *Mycoplasma genitalium* lag die Zahl bei 387 von 482 vorhandenen Genen. Dabei war bei relativ vielen Genen deren Funktion noch unbekannt. Ihr Anteil lag bei 28 Prozent.[68] 2016 wurde aus *Mycoplasma mycoides* das essenzielle Erbgut

66 Hutchinson et al., 2016.

67 Mushegian/Koonin, 1996.

68 Glass et al., 2006.

von JCVI-*syn3.0* extrahiert, das 473 Gene umfasste, auch darunter rund 30 Prozent mit unbekannten Funktionen. Viele der Genfunktionen, die zunächst als überflüssig betrachtet wurden, sind für das stabile Wachstum und die Vermehrung der Mikroben unverzichtbar. So schreiben die SchöpferInnen von JCVI-*syn3.0*:

> »The minimal cell concept appears simple at first glance but becomes more complex upon close inspection. In addition to essential and nonessential genes, there are many quasi-essential genes, which are not absolutely critical for viability but are nevertheless required for robust growth. Consequently, during the process of genome minimization, there is a trade-off between genome size and growth rate.«[69]

Die Vorhersagbarkeit des Verhaltens von Organismen mit einem »Minimalgenom« wird so durch den hohen Anteil unbekannter Genfunktionen und eine größere Anzahl essenzieller Gene erheblich eingeschränkt. Die Forschung dazu ist längst nicht abgeschlossen, allerdings bestätigen auch aktuelle Publikationen, dass der Anteil an essenziellen Genen, die der Anpassung der Bakterien auf Umwelteinflüsse dienen, hoch ist und auch bei diesen noch viele Funktionen unbekannt sind.[70] Das Minimalgenom bleibt damit ein interessantes Ziel der Grundlagenforschung, ist aber von einer breiten Anwendung für industrielle Zwecke, wie sie in den Patentanträgen von Craig Venter & Co. beschrieben wird, weit entfernt.

Was sind essenzielle Gene?
Was sind essenzielle Stoffwechselfunktionen?

Die Idee eines Minimalgenoms beruht auch auf der Vorstellung, dass der Vergleich von Genomen unterschiedlicher (Bakterien-)Arten die Identifizierung einer Gruppe von *essenziellen Genen* erlaubt, die bei

69 Hutchinson et al., 2016.

70 Danchin/Fang 2016; Reuss et al., 2020.

allen (oder zumindest vielen) Arten vorkommen.[71] Diese Gene werden offensichtlich von der Evolution immer wieder genutzt, weil sie für das Überleben der Organismen besonders wichtig und deswegen im Laufe der Zeit nicht verloren gegangen sind und von vielen Arten genutzt werden.[72] Man nimmt an, dass die essenziellen Gene bei allen Arten die gleiche (ähnliche) Basenfolge und Funktion haben, also *ortholog* sind. Ein Beispiel: Eine Funktion, die sich bei allen Organismen findet, die sich selbst vermehren können, wird von den Ribosomen erfüllt, an denen die Synthese von Proteinen aus Aminosäuren (Translation) erfolgt. Tatsächlich weisen diese Gene, die für die ribosomale RNA (rRNA) codieren, bei vielen Arten große Ähnlichkeiten auf und unterliegen im Laufe der Evolution nur relativ geringfügigen Veränderungen. Sie sind also als *essenziell* anzusehen.

Ein Vergleich von Genomen von rund tausend Arten ergab aber ein überraschendes Ergebnis:[73] Es gibt demnach auch bei der DNA der Ribosomen keine *orthologen* Strukturen, die *allen* Arten gemeinsam sind. Die unterschiedlichen Genstrukturen deuten darauf hin, dass die gleiche Funktion mehrfach erfunden wurde und nicht unbedingt auf einen gemeinsamen Ursprung zurückgeht.[74]

Die Erkenntnis, dass Gene, die grundlegende Funktionen der Replikation und Reproduktion codieren, nicht bei allen Organismen gleich sind, führte zur Entdeckung der *Archaeen*. Ihr System der Ribosomen, obwohl in der Funktionsweise gleich (Übersetzung der DNA in Struktur von Proteinen), beruht *phylogenetisch* (in Bezug auf ihre evolutionäre Entwicklung) nicht auf denselben Genstrukturen wie das der Bakterien, sondern wurde wohl unabhängig davon entwickelt. Zuvor wurden Bakterien und Archaeen aufgrund der Ähnlichkeit vieler biologischer Merkmale (u.a. das Fehlen von Zellkernen) der gleichen *Domäne* zugerechnet.[75]

71 Mushegian/Koonin, 1996.

72 Luo et al., 2015.

73 Lagesen et al., 2010.

74 Engelen et al., 2012.

75 Siehe auch Kutschera, 2015.

Die Beobachtung, dass essenzielle und vergleichbare Stoffwechselwege in unterschiedliche Arten nicht unbedingt auf gleiche Genstrukturen zurückgehen, betrifft ein für die Evolution typisches Phänomen: Es sind nicht unbedingt die Genstrukturen, sondern die Stoffwechselfunktionen, die im Laufe der Evolution konserviert werden. Es gibt viele Beispiele dafür, dass gleiche (oder zumindest vergleichbare Funktionen) auch von unterschiedlichen DNA-Strukturen erfüllt werden können. Der Evolutionsbiologe Andreas Wagner ist einer der WissenschaftlerInnen, die Ähnlichkeiten von Genotyp- und Stoffwechselnetzwerken erforschen und zeigen, dass die jeweiligen Systeme viele Veränderungen und Variationen tolerieren. Er zeigt unter anderem, dass im Laufe der Evolution bestimmte Stoffwechselfunktionen mehrfach erfunden wurden, sodass diese in mehreren Varianten vorhanden sind, die bei wechselnden Umweltbedingungen eine rasche Anpassung ermöglichen können.[76] So finden sich in allen Organismen, die sich selbstständig vermehren können, auch Gene und Stoffwechselvorgänge, die entsprechende grundlegende (essenzielle) Funktionen der Reproduktion erfüllen. Der Vergleich weit entfernter Arten zeigt aber, dass die Struktur der Gene, d.h. die jeweils zugrunde liegenden DNA-Sequenzen, deutliche Unterschiede zeigen können, auch wenn ihre Funktion vergleichbar ist.

Ein Minimalkonzept des Genoms, das von orthologen Genen ausgeht, über die vorhersagbar Funktionen in allen Arten codiert werden, beruht demnach auf einer unvollständigen Vorstellung über evolutionäre Mechanismen. Genfunktionen werden demnach nicht unbedingt über die Struktur der DNA definiert, sondern Zellen können auch unterschiedliche Strukturen von DNA für gleiche Funktionszusammenhänge nutzbar machen, sozusagen nach einer Regel *Form follows Function*. Dabei sind grundlegende metabolische Vorgänge der Energiegewinnung und der Reproduktion unter Umständen phylogenetisch stärker konserviert als bestimmte Strukturen der DNA.

76 Wagner, 2015.

Vor diesem Hintergrund schlagen verschiedene WissenschaftlerInnen vor, das Konzept des *Minimalgenoms* durch das der *persistierenden essenziellen* Gene zu ersetzen. Dabei handelt es sich um Genfamilien, die bei allen Organismen zu finden sind, die aber nicht unbedingt gleiche Strukturen der DNA aufweisen, sondern durch vergleichbare Funktionen definiert sind.[77]

Man findet tatsächlich in der Mehrzahl kleiner bakterieller Genome 400–500 »essenzielle« Gene. Die Strukturen dieser Gene sind aber nicht in allen Lebensformen gleich (ortholog), obwohl ihre Funktionen vergleichbar sind. So bilden die Gene, die für die Selbstreproduktion von Bakterien und Archaeen notwendig sind, einen gemeinsamen Pool der *persistierenden essenziellen* Gene.[78]

Ein Fazit: Die Idee, dass man einen Organismus mit einem *orthologen Minimalgenom* schaffen kann, der in seiner DNA die essenziellen Gene der Lebensvorgänge aller Lebensformen versammelt, brachte also wichtige Erkenntnisse, die nicht der ursprünglichen Annahme entsprechen und ein wesentliches Konzept der Synthetischen Biologie infrage stellen.

Wie determinierbar sind Genfunktionen?

Neben der nicht umsetzbaren Idee, *orthologe Gene* für die Konstruktion von Organismen mit einem universalen Minimalgenom zu erschaffen, gibt es auch erhebliche Probleme mit der *Orthogonalität*: Hinter diesem Begriff verbirgt sich die Vorstellung von technisch robusten biologischen Systemen, die nicht in evolutive Wechselwirkung mit anderen biologischen Systemen treten und deren Eigenschaften daher auch unter unterschiedlichen Bedingungen vorhersagbar bleiben. Zu den identifizierten essenziellen Genen und Genfunktionen gehören aber keineswegs nur die Organisation des Energiestoffwechsels und der Zellteilung. Vielmehr zeigt sich bei genauerer Analyse, dass viele der persistierenden essenziellen Gene dem Austausch von Informationen

77 Acevedo-Rocha et al., 2013.

78 Danchin, 2015.

und dem Erhalt der Zelle unter Stressbedingungen dienen. Interaktion und Austausch von Information gehören also zu Organismen genauso wie Selbstreplikation und Selbstorganisation.[79]

Dabei führen die Ergebnisse von Bakterien, die im Labor kultiviert wurden, oft dazu, die Bedeutung der Gene zu unterschätzen, die für die Anpassung an die Umwelt essenziell sind: Die Anzahl der Gene, die unter den Bedingungen des Labors zum Überleben reichen, ist niedriger als die, die unter wechselnden Umweltbedingungen benötigt werden. Der Grund: Das Labor bietet optimale Bedingungen für Wachstum und Teilung von Bakterien, während unter den wechselnden Umständen des *Real-Life* die Zellen auch hungern, ihre Zellteilung verlangsamen und ihre Genregulation anpassen müssen.[80] Wenn aber Interaktionen mit der Umwelt und der Austausch von Information mit Organismen untrennbar verbunden sind, ist dies ein erhebliches Problem für eine Ingenieurswissenschaft vom Leben, die sich zum Ziel gesetzt hat, Systeme zu schaffen, die in ihrer Entwicklung, ihrer Replikation und ihren Funktion möglichst keinen Interaktionen mit der Umwelt unterliegen sollen. Das zeigt sich auch an so einfachen biologischen Systemen wie den Phagen *T7*: Wie erwähnt, baute eine Forschungsgruppe am MIT einen Bakteriophagen (also ein Virus, das Bakterien befällt, um sich vermehren zu können) nach, der *T7* genannt wird und aus 40 Kilobasenpaaren besteht, die nur 56 Gene konstituieren. Dabei wurden die Stücke der DNA, die scheinbar keine Funktion haben oder redundant sind, entfernt, um so einen redesignten Phagen zu schaffen, der sich auch in Interaktion mit Bakterien orthogonal (vorhersagbar) verhalten sollte. Doch wie sich bei späteren Experimenten herausstellte, ist die Vorhersagbarkeit dieser auf *Orthogonalität* designten Phagen gering, wenn sie in verschiedene Umwelten eingebracht werden. In Abhängigkeit von den Laborbedingungen verloren sie unterschiedlich große Teile ihres Designs. Dabei veränderte sich auch ihre Infektiösität.[81]

---

79 Danchin, 2015.

80 Fang et al., 2005.

81 Springmann, 2012.

Dass sich gentechnisch designte biologische Systeme nicht wie geplant orthogonal verhalten, sondern in Wechselwirkung mit der Umwelt evolutiv reagieren und sich verändern, zeigt auch das Beispiel der *Schaltkreise* aus *BioBricks*. Um zu sehen, wie diese Schaltkreise funktionieren, werden sie beispielsweise in Coli-Bakterien eingeschleust. Dort werden sie aber nach wenigen Generationen instabil. Bei genaueren Untersuchungen zeigte sich, dass die Schaltkreise, die darauf angelegt waren, einfache Signale zu übertragen, ihre Funktionen nach 20 bis 100 Generationen (Teilungen) der Bakterien verloren hatten. Der Grund: Für Bakterien sind mit diesen Schaltkreisen Fitnessnachteile verbunden. Sie kosten Energie und verlangsamen beispielsweise die Teilungsrate der Bakterien. Denkbar ist auch, dass die *BioBricks* mutieren und sich neue Varianten durchsetzen, die einen Vorteil für das Bakterium darstellen, aber die Funktion der Schaltkreise stören. Hätten sich die Schaltkreise aber wie beabsichtigt orthogonal verhalten, dürften die Reproduktionsprozesse der Bakterien keinen Einfluss auf ihre Funktionsweise haben.[82]

Ein Fazit: Isolierte Gene in kontrolliertem Umfeld mögen eine stabile Funktion zeigen. Doch im Zusammenhang mit Organismen, die sich teilen und weiterentwickeln, ist die Vorhersagbarkeit der Genfunktionen wenig belastbar. Werden die genetischen Legosteine (*BioBricks*) oder deren Kombinationen in sich vermehrende Zellen überführt, ist ihre Orthogonalität, d.h. die Stabilität ihrer Funktion, gering. Das Konzept einer Konstruktion orthogonaler Organismen hat sich damit als kaum umsetzbar erwiesen.

Welche Rolle hat die Genomorganisation?

Die Bemühungen um die Identifizierung essenzieller Gene und das Design von Minimalgenomen bzw. orthogonaler Genfunktionen hat zu einer Reihe von Untersuchungen geführt, die zeigen, dass man die Komplexität der *Genomorganisation* stärker berücksichtigen muss. Diese Erkenntnis bedeutet zusätzliche Hürden für die Erschaffung von SynBio-Organismen nach im Labor designten Schaltplänen. Es zeigte

82 Sleight et al., 2010.

sich beispielsweise, dass die Prozesse, die zum Verlust der per *BioBricks* herbeigeführten Funktionen führen, nicht rein zufällig sind: Sequenzen, die mehrfach im Erbgut vorhanden waren, mutierten häufiger als die Genabschnitte ohne Wiederholungen. Gene, die aktiver waren, also eine höhere Expressionsrate hatten, mutierten ebenfalls häufiger als Gene, die weniger aktiv sind.[83] Generell sind Mutationshäufigkeit bzw. die Bereitschaft für Veränderungen keineswegs gleichmäßig im Genom verteilt. Dies hat auch Einfluss auf synthetisierte Genome. Die von der Evolution etablierten Regeln, mit denen die Zellen die Veränderungen des Genoms beeinflussen können, sind vielfältig: Unter anderem hängt die Häufigkeit der Mutationen davon ab, ob die Gene am Hauptstrang der DNA sitzen, sich in Gruppen »clustern« und wie groß die Abstände zwischen den Genen sind. Nachfolgend werden einige Faktoren beschrieben, die Einfluss auf die Genomorganisation haben:

Bakterien (*Prokaryoten*) haben keinen Zellkern wie bspw. die Zellen von Pflanzen und Tieren (*Eukaryoten*). Zudem werden die Chromosomen nicht, wie bei Eukaryoten, in *Chromatin* verpackt. Neben den Chromosomen verfügen Bakterien auch noch über ringförmige *Plasmide*, die zum direkten Genaustausch zwischen Bakterien genutzt werden. Der Aufbau der DNA bakterieller Chromosomen ist, wie bei *Eukaryoten*, doppelsträngig organisiert. Beide Stränge der Chromosomen sind im Aufbau spiegelbildlich organisiert, man unterscheidet dabei einen *Hauptstrang* und den *Folgestrang (Lagging Strand)*. Diese Unterscheidung beruht auf der Art und Weise, wie die beiden Stränge natürlicherweise synthetisiert werden: Bei der Teilung der Zellen wird der Hauptstrang in einem Stück vervielfältigt, der zweite Strang dagegen nachfolgend, komplementär und in der entgegengesetzten Richtung. Da die Zusammensetzung des *Lagging Strand* wesentlich mehr Arbeitsschritte umfasst, ist er auch anfälliger für Veränderungen. Die Gene, die abgelesen (exprimiert) werden und essenziell für das Überleben der Bakterien sind, finden sich meist im Hauptstrang; andere Gene, die Interaktionen mit der Umwelt betreffen, oft im Folgestrang. Beides

83 Sleight et al., 2010.

»macht Sinn«: Bei lebenswichtigen Genen sind zu häufige Veränderungen für das Überleben der Populationen schädlich. Bei der Anpassung an die Umwelt können häufigere Veränderungen dagegen ein Vorteil sein, weil Anpassungen dadurch auch beschleunigt werden.[84]

Die chromosomale Verteilung der Gene ist nicht rein zufällig. Vielmehr liegen Gene mit lebenswichtigen Funktionen oft in Clustern vor (sind in bestimmten Bereichen der Chromosomen konzentriert), die durch größere Abstände voneinander getrennt sind. Wie sich durch Modellierung am Computer zeigt, hilft diese Verteilung, die essenziellen Gene vor dem Verlust ihrer Funktion durch zufällige Mutationen zu bewahren. Der Erhalt lebenswichtiger Genfunktionen und die Bildung und Bewahrung der Gencluster verhalten sich synergistisch: Die Cluster begünstigen den Schutz der essenziellen Gene, damit überleben Bakterien mit entsprechenden Clustern häufiger als Bakterien ohne diese Gengruppierung. Im Ergebnis persistieren nicht nur die Genfunktionen, sondern auch die Gencluster über lange Zeiträume der Evolution.[85]

Zufällige Prozesse auf einer Ebene der Evolution (Bakterien mit zufälliger Genomverteilung haben einen Überlebensnachteil) führen so auf einer komplexeren Ebene (Synergismen zwischen Clustern und Genfunktionen) zu Prozessen und Strukturen, die nicht mehr rein zufällig sind. Das System (die Populationen der Bakterien) hat als Gesamtheit etwas aus der Evolution *gelernt*, was auch sein künftiges Überleben begünstigen kann.[86] Dies hat Folgen für SynBio-Mikroorganismen und die Konstruktion von Minimalgenomen: Bei der Resynthese werden Gendopplungen (Cluster) oft entfernt und die essenziellen Gene nicht in entsprechenden Abständen zueinander auf den Chromosomen gruppiert: Scheinbar unwichtige Genabschnitte, die zwischen den Gruppen der essenziellen Gene liegen, werden entfernt. In der Folge wird das Minimalgenom nicht robuster, sondern anfälliger gegenüber Mutatio-

84 Rocha/Danchin 2003.

85 Fang et al., 2008.

86 Rocha/Danchin 2003.

nen als das ursprüngliche Genom. Es verändert sich also rascher, als eigentlich zu erwarten wäre. Das zeigte sich auch bei der Resynthese von Phagen-DNA: Im Jahr 2005 fassten die WissenschaftlerInnen ihr Konzept so zusammen:

> »Our initial design goals were to physically separate and enable unique manipulation of primary genetic elements. Implicit in our design are the hypotheses that overlapping genetic elements are, in aggregate, nonessential for T/viability and that our models for the functions encoded by elements are sufficient.«[87]

Doch die Annahme, dass die Überlappung von Gensequenzen keine wesentliche Funktion hätte, stellte sich als fundamental falsch heraus. Auch die zwischen den codierenden Sequenzen liegenden *Nonsense-Gene* stellten sich als von großer Wichtigkeit für die Genomorganisation heraus:

> »The potential importance of sequences outside coding regions cannot be overemphasized when designing synthetic stand-alone genetic elements. Thus, some overlaps and short intergenic regions have substantial regulatory significance, but we cannot yet predict them with confidence.«[88]

Beruhend auf dem Abstand zwischen wichtigen Genen, gibt es bei Bakterien auch Mechanismen, die sie davor schützen, dass mehrere davon auf einmal verloren gehen. Große Teile des Erbgutes von Bakterienpopulationen befinden sich in stetigem Umbau. Evolutiv kann dies von Vorteil sein, ebenso wie die Aufnahme von Genabschnitten aus anderen Unterarten oder Arten: So kann eine relativ schnelle Anpassung an sich wandelnde Umweltbedingungen erfolgen. Interessanterweise ist

87 Chan et al., 2005.

88 Chan et al., 2005.

der Verlust von Genen dabei häufiger als Veränderungen, die zu einer Vergrößerung des Erbgutes führen.

Die Häufigkeit von Genverlusten bedeutet natürlich auch ein Risiko für die betroffenen Populationen: Gehen wichtige Gene zusammen verloren, ist die Überlebensfähigkeit bedroht. Statt sich anzupassen, geht die Art dann möglicherweise zugrunde. Hier gibt es also offensichtlich einen Vorteil für Bakterien, bei denen das Erbgut seltener durch den gleichzeitigen Verlust mehrerer lebenswichtiger Gene betroffen ist. Tatsächlich wurden entsprechende Hinweise entdeckt: Gene, deren paarweiser Verlust tödliche Folgen haben würde, sind im Erbgut von Bakterien häufiger weit voneinander entfernt als andere Genkombinationen. Dadurch wird das Risiko von paarweisen (»Tandem«-)Genverlusten erheblich verringert. In der Mehrheit der untersuchten bakteriellen Genome lagen mindestens 50 andere Gene zwischen den Genen, deren Verlust als Tandem das Ende der betroffenen Nachkommen bedeuten würde.[89]

Wie spezifische Untersuchungen und Modellierungen an Minimalgenomen zeigen, kann das Entstehen dieser Strukturen im Erbgut durch evolutive Mechanismen erklärt werden. Allerdings wäre auch zu erwarten, dass diese kaum erhalten bleiben, weil es beispielsweise durch Umlagerungen der DNA oder *Transposonen* (springende Gene) rasch zu einer Neuverteilung der Gene kommen müsste. Das heißt, nach mehreren Generationen würden sich diese Abstände zwischen den lebenswichtigen Genen nivellieren, während sie unter *Real-Life*-Bedingungen aber erhalten bleiben. Als Erklärung für die beobachtete Stabilität der Genomorganisation wird ein Zusammenwirken mehrerer Mechanismen vorgeschlagen. Keiner dieser Mechanismen scheint allerdings für sich alleine ausreichend zu sein, um das beobachtete Phänomen zu erklären.[90]

Ein Fazit: Die Komplexität der Genomorganisation hat Folgen für die Konzepte der Synthetischen Biologie: Organismen wie *E. coli*, die auf ihr

89 Hosseini/Wagner, 2018.

90 Hosseini/Wagner, 2018.

Minimalgenom reduziert werden, scheinen als *Chassis* bzw. Hülle für die Schaffung von SynBio-Organismen mit vorhersagbaren Eigenschaften weitestgehend ungeeignet: Linien von *E.-coli*-Bakterien mit reduziertem Genom stellten sich im Vergleich als weniger geeignet heraus als ihre natürlichen Counterparts. Sie tendierten dazu, Mutationen an unerwarteten Stellen anzuhäufen.[91]

2019 wurde der Stand des Wissens so zusammengefasst, dass lebensfähige Bakterien mit extrem reduzierten Genomen wie *Mycoplasma mycoides* zwar hilfreich sind, um die Mindestvoraussetzungen für Leben zu verstehen, diese Organismen aber für industrielle Zwecke zu fragil und deswegen nicht erfolgversprechend sind.[92] Stattdessen scheint der Trend jetzt wieder zu früheren Ansätzen zurückzugehen, nach denen auch wieder verschiedene Laborstämme für unterschiedliche Zwecke genutzt werden sollen.[93]

Neue Erkenntnisse über »das Leben«

Rund hundert Jahre nachdem Jacques Loeb die Ansicht äußerte, dass »das Problem des Anfangs des individuellen Lebens und des Todes […] restlos physikalisch-chemisch erklärt« sei, ist es offensichtlich, dass sich Zellen komplexer Mechanismen bedienen, die zwar auf Physik und Chemie beruhen, aber nicht darauf reduzierbar sind. Leben in seiner Komplexität verfügt über viele Möglichkeiten, unbelebte Natur und ihre Regeln zu nutzen, um sie für sich verfügbar zu machen, Nährstoffe zu gewinnen, sich fortzupflanzen, Staaten zu bilden, ihre Umwelt zu gestalten, Probleme zu lösen. Eine Erklärung, die sich nur physikalischer und chemischer Gesetzmäßigkeiten bedient, greift offensichtlich zu kurz.

Die Erkenntnisse, die sich aus der Synthetischen Biologie ergeben, sind auch für das Verständnis der Evolution entscheidend: Veränderungen auf der Ebene der DNA schienen bisher vor allem zufälligen Mutationen und Rekombinationen zu unterliegen. Erst auf der Ebene der Selektion, in den

91 Couto et al., 2018.

92 Martinez-Garcia/de Lorenzo, 2019.

93 Nora et al., 2019.

nächsten Generationen, kommt es demnach im *Kampf um das Dasein* zur Anpassung, die den Fortschritt in der Evolution bedeutet. Dies war bisher ein Kernstück moderner Evolutionstheorie. Jetzt zeigen sich schon in *einfachsten* Organismen komplexe Mechanismen, die den Ort, die Anzahl und das Ergebnis der Mutationen beeinflussen und für das Überleben der Organismen und ihre weitere Entwicklung entscheidend sein können. Eine *Steuerung der Anpassung* findet auf der Ebene des Erbguts also schon vor der Selektion statt. Es gibt sozusagen *flexible Leitplanken* im Erbgut. Damit stellt die Synthetische Biologie die Ansichten der bisherigen *Synthetischen Evolutionstheorie* auf den Kopf. Dieser Sachverhalt wird in den nachfolgenden Kapiteln weiter diskutiert.

Vermehrungsfähige Zellen, aber auch biologische Systeme wie Phagen sind in der Art und Weise, wie sie aus der Evolution *lernen*, das heißt Informationen filtern, abspeichern, bewahren und auslesen, wesentlich *intelligenter* als bisher angenommen. Die Evolution beruht keineswegs nur auf den blinden Mechanismen von Mutation und Selektion. Die Zellen, die Organismen sind Akteure der Evolution. Sie können ihre Zukunft mitgestalten, zumindest beeinflussen. Die Zellen brauchen dafür kein Bewusstsein, sondern nutzen die Mechanismen, Prozesse und Strukturen, die innerhalb von drei bis vier Milliarden Jahren Evolution generiert wurden.

Ein Problem der Evolutionstheorie war, dass in vergangenen Jahrhunderten das Vorhandensein von Intelligenz oft mit einer Art von Bewusstsein oder bewussten Entscheidungen verbunden wurde. Mit diesen Vorstellungen hat aber spätestens die Forschung zur künstlichen Intelligenz (KI) aufgeräumt (siehe Kapitel 3). Während es eine offene Frage ist, ob eine KI auch irgendwann ein Bewusstsein ihrer selbst erlangen kann, steht es außer Zweifel, dass Lernen und die Fähigkeit zu Problemlösungen auch unbewusst und nach Regeln erfolgen kann, die sich selbst hervorbringen und auch aus sich selbst heraus weiterentwickeln können. So ist die Organisation des Genoms, auch in seiner scheinbar einfachen Form bei Phagen, wesentlich komplexer, als zu Beginn dieses Jahrhunderts angenommen wurde, und folgt nicht den Regeln eines Lego-Baukastens.

Die EU-Kommission hatte also nicht recht, als sie in ihrem Bericht von 2005 annahm, dass es bei der Synthetischen Biologie nicht um die Erforschung der Grundlagen des Lebens, sondern nur um Konstruktion und Produktion gehe.[94] Die Idee einer Konstruktion von Leben hat zwar durch die Synthetische Biologie einen neuen Schub erhalten. Doch die Ergebnisse werfen auch ein neues Licht auf die Grundlagen des Lebens: Führt man *Schaltkreise* in Zellen ein, verlieren diese oft nach wenigen Zellteilungen ihre Funktion. Auch wenn man alle Gene aus einfachen Genomen entfernt, die man für nicht lebenswichtig hält, kann man die genaue Funktion der verbleibenden lebensnotwendigen Gene oft nicht definieren. Ein zentrales Problem bleiben die Wandelbarkeit und das *nicht lineare* Verhalten von Zellen und Organismen: Unterliegen sie den Mechanismen von Zellteilungen und Interaktionen mit der Umwelt, werden sie auch durch evolutive Prozesse geformt. Die Idee, Lebewesen *orthogonal* zu machen und ihre Genfunktionen von den Einflüssen der Evolution abzuschirmen, erscheint wenig erfolgversprechend. Ein Grund dafür ist, dass auch die Erbanlagen, die für die Anpassung an die Umwelt verantwortlich sind, zu den essenziellen Genen der Mikroorganismen gehören. Die Eigenschaften von designten Organismen sind deswegen oft weder stabil noch langfristig vorhersagbar.

Da Anpassungsfähigkeit ein notwendiges und inhärentes Charakteristikum von Leben ist, befinden sich Synthetische Biologie und Natur in klarem Gegensatz. Dieser Gegensatz kann durch systembiologische Ansätze und geeignete Algorithmen in manchen Fällen fruchtbar gemacht werden. Diese Dichotomie bleibt aber Bestandteil aller Anwendungen der Synthetischen Biologie: Auch gleiche Ausgangsbedingungen können zu unterschiedlichen Ergebnissen führen.

Was bedeutet das für unseren Umgang mit der Synthetischen Biologie? Craig Venter, der Schöpfer der *Synthia-Bakterien*, gehört zu denen, die davor warnen, diese neuen Organismen jemals in die Umwelt zu entlassen.[95] Auch im Editorial der Zeitschrift *Nature* wurde schon 2004 eine

94 EU-Kommission, 2005.

95 Ferber, 2004.

breite Diskussion der Implikationen gefordert: »Hier werden nicht mehr nur Gene ausgetauscht. Jetzt wird Leben wie Ton geformt. (…) Die Reichweite derartiger Instrumente ist viel größer als die der gentechnischen Veränderung, und es ist sicherlich viel schwerer, die tatsächlichen Risiken vorher zu sehen.«[96] Trotz aller Bedenken gelang es den WissenschaftlerInnen aber damals und auch bis heute nicht, sich auf Maßnahmen zur Begrenzung der Risiken der Synthetischen Biologie zu verständigen. Eine Konferenz in Berkeley, die u. a. in Reaktion auf den Artikel in *Nature* einberufen wurde, ging im Mai 2006 ohne konkretes Ergebnis zu Ende. Man wolle die Produktion billiger Medikamente und Treibstoffe nicht durch restriktive Sicherheitsmaßnahmen behindern, meinte ein Teilnehmer.[97]

Bisher hat die Synthetische Biologie keinen nachweisbaren Schaden angerichtet. Allerdings sind die Grundlagen der Gensynthese ein so mächtiges Werkzeug, dass es als nicht unwahrscheinlich angesehen werden muss, dass aus menschlichen Aktivitäten auch neue Viren und andere Krankheitserreger (absichtlich oder unabsichtlich) entstehen werden. Die Methoden der Gensynthese sind ein zentrales Hilfsmittel bei der Erforschung, Diagnose und möglichen Entwicklung von Impfstoffen und Therapien von Viruskrankheiten. Der technische Aufwand, um aus synthetisiertem Erbgut auch infektiöses Material herzustellen, ist bei Erregern wie *SARS-CoV-2* relativ gering. Gesetzlich bindende internationale Regelungen zur Erfassung und laufenden Kontrolle von Firmen und Forschungseinrichtungen, die Gene entsprechender Organismen erforschen und synthetisieren können, gibt es bisher nicht. Keineswegs zu Unrecht wird deswegen in Zusammenhang mit dem Ausbruch der Corona-Pandemie also auch über den Ursprung des Virus und einen möglichen Missbrauch der Gensynthese diskutiert. Man sollte diese Gefahr nicht kleinreden, sondern möglichst umfassende Maßnahme zur Vorbeugung und Kontrolle ergreifen. Die Plausibilität für in der Zukunft auftretende Schäden ist dafür einfach zu groß. So warnte die NATO Anfang 2021 laut einer Meldung von ARD online:

96 Nature Editorial, 2004.

97 Süddeutsche Zeitung, 30./31 Dezember 2006/1. Januar 2007, Seite 24, zitiert nach Then, 2008.

»Als ein Schreckensszenario gilt, dass Viren so modifiziert werden könnten, dass sie nur für ausgewählte Menschengruppen tödlich sind – also zum Beispiel nur für Schwarze oder nur für Weiße. Ein weiteres Szenario ist, dass biologische Kampfstoffe von Fanatikern eingesetzt werden, die zum Beispiel denken, dass sich die Welt nur durch eine drastische Verringerung der Bevölkerung vor ihrem Ende bewahren lässt. Vor den Gefahren von Terroranschlägen mit Biowaffen hatte auch UN-Generalsekretär António Guterres bereits gewarnt. Die Pandemie habe gezeigt, dass die Vorbereitungen auf den Katastrophenfall nicht ausreichen könnten, sagte er im Juli. Zudem forderte er, das 1975 in Kraft getretene Übereinkommen über das Verbot biologischer Waffen zu stärken. Dieses enthält bislang zum Beispiel keinen Überwachungsmechanismus.«[98]

Der bisherige Erfolg der Synthetischen Biologie liegt jedenfalls weniger in der Erschaffung neuen künstlichen Lebens, sondern eher in der Resynthese und Veränderung bestehender Lebensformen bzw. deren Erbguts. Sie wird so zu einer Wegbereiterin des *Genome Editing*, das auf möglichst vollständiger Kenntnis von Genomstrukturen (Genanalyse) und ihrer Resynthese beruht. Beispielsweise sind Anwendungen der Genschere CRISPR/*Cas* nicht nur davon abhängig, dass man die Zielregionen im Erbgut genau identifizieren kann, an denen die DNA geschnitten werden soll. Zudem müssen kurze *Oligonukleotide* synthetisiert werden, die diese Zielregion spiegelbildlich abbilden, um die Nuklease an ihren Zielort zu führen. Damit entfernt sich die Synthetische Biologie aber von ihrem eigentlichen Ansatz: Es werden keine genuin neuen Lebensformen geschaffen, sondern bestehende Organismen durch scheinbar kleine Eingriffe weitgehend verändert. Ihre Anwendungen zielen nicht auf die Schaffung von Organismen im Labor oder Produktionsprozesse in geschlossenen Systemen, sondern schließen die Veränderung natürlicher Populationen mit ein. Diese Anwendungen werden im Folgenden (Kapitel 2) ausführlicher dargestellt.

98 https://www.tagesschau.de/ausland/coronavirus-nato-biowaffen-101.html.

Ein Ausblick: Transhumanismus

In Zusammenhang mit der Diskussion von Synthetischer Biologie und künstlicher Intelligenz tauchen auch immer wieder die Ideen des Transhumanismus auf. So spricht der Vater der *Gaia-Theorie*, James Lovelock, in seinem Buch »Novozän« von einem neuen Zeitalter einer *Hyperintelligenz*. Die künstliche Intelligenz werde eine neue Art von Lebewesen hervorbringen, Cyborgs, die 10.000-mal klüger sein werden als wir. Die Intelligenz unserer Spezies werde diesen neuen Lebensformen ähnlich unterentwickelt erscheinen wie uns die Intelligenz der Pflanzenwelt. Diese werden den Planeten und auch unsere Spezies vor den Folgen des Klimawandels retten. Sie wären demnach sogar die einzige Rettung. Mit seiner Prognose, dass die Menschheit von einer technischen Hyperintelligenz beerbt werde, steht Lovelock im Einklang mit anderen Propheten eines Transhumanismus, die darauf setzen, dass technische Systeme dank KI das Bewusstsein ihrer selbst gewinnen und eine segensreiche Herrschaft übernehmen werden. Er begründet seine (nach seiner Ansicht positiven) Prognosen damit, dass insbesondere der Klimawandel die Entwicklung des natürlichen Lebens auf der Erde bedroht und dass die Erde in ihrer Vielfalt so nicht überleben kann.

Zudem geht er davon aus, dass die verbleibende Zeit im Universum kaum ausreichen wird, um diese Vielfalt und die menschliche Intelligenz noch einmal hervorzubringen. Er hält den Menschen für eine Singularität und begründet dies vor allem mit dem Faktor Zeit, die dem Anfang und dem Ende unseres Sonnensystems klare Grenzen setzt:

> »Der blind tastende Prozess der Evolution durch natürliche Selektion brauchte 3,7 Milliarden Jahre – fast ein Drittel des Alters des Kosmos –, um aus den ersten primitiven Lebensformen einen verstehenden Organismus zu entwickeln. Hätte die Entwicklung des Sonnensystems außerdem eine Milliarde Jahre länger gedauert, wäre niemand am Leben, um darüber zu sprechen. (…) Unsere Existenz ist ein verrückter Ausrutscher. (…) Ich bin ziemlich sicher, das nur

die Erde eine Kreatur hervorgebracht hat, die in der Lage ist, den Kosmos zu begreifen.« [99]

Wie zwingend ist die Vorstellung von Lovelock, dass die weitere Entwicklung des Lebens in allen Formen der biologischen und technischen Intelligenz zu langsam ist, um das Überleben zu sichern? Dass wir uns deswegen einer uns überlegenen *Hyperintelligenz* unterordnen und sozusagen von der natürlichen Entwicklung (die auch die technische Intelligenz hervorgebracht hat) auf die Überholspur des Transhumanismus wechseln *müssen*? Und was würde dann mit unserer Spezies tatsächlich passieren? Etwas kritischer als Lovelock betrachtet Yuval Noah Harari die Entwicklung. Er geht auch davon aus, dass wir in Zukunft selbstlernenden Algorithmen viele Entscheidungen über unser tägliches Leben überlassen werden. Sollten sich daraus aber eine unkontrollierbare Hyperintelligenz oder eine menschliche Spezies mit neuen Supereigenschaften entwickeln, könnte diese nach seiner Ansicht die natürliche Spezies weitgehend entrechten und ähnlich wie Haustiere bzw. Nutztiere behandeln. Er beschwört das Ende der Menschheit herauf:

> »Nach vier Milliarden Jahren organischen Lebens, das sich durch die natürliche Auslese entwickelte, tritt die Wissenschaft in das Zeitalter des anorganischen Lebens ein, das durch Intelligent Design bestimmt ist. Im Zuge dessen wird Homo sapiens selbst vermutlich verschwinden. Heute sind wir noch immer Affen aus der Hominidenfamilie. Die meisten unserer körperlichen Strukturen, physischen Möglichkeiten und mentalen Fertigkeiten haben wir nach wie vor mit Neandertalern und Schimpansen gemeinsam. (…) Binnen eines oder zweier Jahrhunderte könnte die Kombination von Biotechnologie und künstlicher Intelligenz körperliche, physische und mentale Wesensmerkmale zur Folge haben, die vollständig mit dem Hominidenmodell brechen.«[100]

99 Lovelock, 2020, Seite 18/19.

100 Harari, 2017, Seite 171.

Der Journalist Mark O'Connel hat die Zukunft der Menschheit bzw. der Transhumanisten bereist und darüber ein Buch geschrieben. Er berichtet von Investoren wie Peter Thiel, Wissenschaftlern wie Ray Kurzweil und Firmen wie Google/Calico, die der menschlichen Sterblichkeit den Kampf angesagt haben und zum Teil daraus auch eine Geschäftsidee entwickelt haben. Seine Sicht auf diese Bewegung ist ohne große Begeisterung für die Idee des Transhumanismus. So schreibt er:

> »Wenn wir überhaupt noch eine Hoffnung für die Zukunft haben – wenn wir glauben, dass wir grundsätzlich so etwas wie eine Zukunft haben –, dann basiert sie zu großen Teilen auf dem, was wir mithilfe unserer Maschinen erreichen können. (…) Der Transhumanismus stellt sich als entschieden zukunftsorientiert dar mit einer Vision für die zukünftige Welt, doch gleichzeitig beschwört er beinahe nostalgisch eine vergangene Epoche der Menschheitsgeschichte herauf, in der man, durchaus berechtigt, der Zukunft mit radikalem Optimismus begegnen konnte. Bei aller Zukunftsorientierung scheint der Transhumanismus doch auch immer rückwärtsgewandt.«[101]

Die Zukunft des *Human Enhancement* lebt von seinem radikalen Optimismus und den Erwartungen des Kapitalismus. Dass die Idee des Transhumanismus sich bisher aber nur kümmerlich in konkreten Forschungsergebnissen realisiert, zeigt auch die von Elon Musk gegründete Firma Neuralink. Eigentlich verfolgt Neuralink das Ziel, per Gehirnimplantaten elektrische Stimuli zu setzen, die u. a. verlorene Erinnerungen wieder abrufbar und Telepathie technisch durchführbar machen sollen. 2020 stellte Musk das Schwein *Gertrude* der Öffentlichkeit vor. Ein implantierter Mikrochip ermöglichte es, die Hirnaktivität des Tieres beim Fressen in Echtzeit auf einen Bildschirm zu übertragen. Der Chip hatte das Tier aber ganz offensichtlich nicht schlauer gemacht.[102]

---

101 O'Connel, 2017, Seite 17/18.

102 https://www.bbc.com/news/world-us-canada-53956683.

Tabelle 2: Überblick über die Geschichte der Gentechnik

1953	Struktur der DNA entschlüsselt
1973	Erstes gentechnisch verändertes Bakterium
	Zum ersten Mal werden Säugetiere gentechnisch manipuliert (1974 publiziert).
1975	Asilomar-Konferenz; WissenschafterInnen warnen vor Risiken der Gentechnik und fordern ein Moratorium.
1980	Patent auf einen Mikroorganismus in den USA vor Gericht bestätigt (Bakterien zum Abbau von Ölverschmutzungen, der Fall *Chakrabarty*)
	Erste erfolgreiche Übertragung von Genen in Zellen von Pflanzen mithilfe von *Agrobacterium tumefaciens*
1983	WissenschaftlerInnen aus den USA und Europa gelingt die Herstellung gentechnisch veränderter Pflanzen.
1985	In den USA erste Freisetzung von gentechnisch veränderten Bakterien (*Ice-Minus*-Bakterien)
	Erste transgene Schafe und Schweine
1986	Freisetzung von gentechnisch verändertem Tabak in Frankreich und den USA
1987	Die Enquete-Kommission des Deutschen Bundestages spricht sich für ein fünfjähriges Moratorium für Freisetzungen von gentechnisch veränderten Organismen aus.
1988	Erstes Patent auf ein Säugetier in den USA (*Krebsmaus*)
1989	Erstes Patent auf gentechnisch veränderte Pflanzen in Europa
1990	Erstes Gentechnik-Gesetz in Deutschland
1991	Erste Freisetzung von gentechnisch verändertem Mais (Frankreich); erste Freisetzung von gentechnisch veränderten Pflanzen (Petunien) in Deutschland. Die Pflanzen blühen in anderen Farben als erwartet.
1992	Erstes Patent auf Säugetiere in Europa (*Krebsmaus*)
1993	20.000 Einwendungen gegen Freisetzungen gentechnisch veränderter Pflanzen. Die Anhörungen, die laut deutschem Gentechnik-Gesetz vor Freisetzungen vorgesehen sind, werden abgeschafft.
1994	Die *Anti-Matsch-Tomate* kommt in den USA auf den Markt, findet aber keine Akzeptanz.
1996	Erste Schiffsladung mit gentechnisch veränderter Soja kommt nach Europa. Greenpeace startet in Europa eine Kampagne gegen Gentechnik in der Landwirtschaft. Monsanto erhält in Europa ein Patent auf gentechnisch veränderte Soja.
1979	Die EU schreibt erstmals die Kennzeichnung gentechnisch veränderter Pflanzen vor. Klonschaf *Dolly* wird der Öffentlichkeit präsentiert.
1998	In der EU tritt ein Moratorium für weitere Zulassungen gentechnisch veränderter Pflanzen in Kraft. Zuvor war u. a. bereits die Zulassung für den Anbau von gentechnisch verändertem Mais MON810 erteilt worden.

1998	EU-Patentrichtlinie erlaubt Patente auf gentechnische Veränderungen an Pflanzen und Tieren (Richtlinie 98/44 EC).
1999	Der Lebensmittelhandel in Europa spricht sich gegen *Gen-Food* aus.
2000	Erstes pflanzliches Genom vollständig entziffert (*Arabidopsis thaliana*).
	Das *Time Magazin* titelt zum *Golden Rice*: »This rice could save a million kids a year« (Time Magazine, 2000).
2001	Die EU erlässt eine Richtlinie zur Freisetzung gentechnisch veränderter Organismen (Richtlinie 2001/18).
2002	Die EU erlässt die Verordnung 178/2002, die die Grundlage für die Arbeit der Europäischen Lebensmittelbehörde EFSA bildet.
2003	Die EU erlässt neue Vorschriften zur Risikobewertung und Kennzeichnung von Lebens- und Futtermitteln aus gentechnisch veränderten Pflanzen (Verordnung 1829/2003).
2004	Die EFSA gibt sich Richtlinien für die Prüfung gentechnisch veränderter Pflanzen und veröffentlicht erste Prüfberichte.
	Erster internationaler Kongress zum Thema Synthetische Biologie in den USA
2009	Der Anbau von MON810 wird in Deutschland verboten.
	Auf den Cayman-Inseln finden erste Freisetzungen von gentechnisch veränderten Mücken statt.
2010	US-WissenschaftlerInnen präsentieren einen vermehrungsfähigen Mikroorganismus, dessen Erbgut komplett synthetisiert und aus einem anderen Mikroorganismus übertragen wurde.
2012	Die EFSA veröffentlicht erstmals eine Richtlinie für die Prüfung der Risiken einer Freisetzung gentechnisch veränderter Tiere.
	Das Europäische Patentamt erteilt Patente auf gentechnisch veränderte Schimpansen.
	Die Genschere CRISPR/Cas wird entwickelt.
2013	In der EU wird ein erster Antrag auf Freisetzung von gentechnisch veränderten Insekten (Olivenfliegen) gestellt.
	Die EU lässt gentechnisch veränderten Mais für den Import zu, der sechs Insektengifte produziert und gegen zwei Herbizide resistent gemacht ist.
2014	US-WissenschaftlerInnen präsentieren Hefezellen mit synthetischen Chromosomen.
2015	In den USA wird gentechnisch veränderter Lachs zugelassen. In die Regale kommt er erstmals in Kanada im Jahr 2017.
	Erstmals wird an Moskitos gezeigt, dass sich mithilfe von CRISPR/Cas Gene Drives konstruieren lassen, die sich rasch in ganzen Populationen ausbreiten können.
	Die Zahl der pro Jahr in Tierversuchen verbrauchten gentechnisch veränderten Tiere liegt in Deutschland erstmals bei mehr als 1 Million Tiere. Erheblichen Anteil haben die neuen Gentechnikverfahren wie CRISPR/Cas.

2016	In den USA werden erstmals Organismen, die CRISPR/Cas gentechnisch verändert wurden, zur Lebensmittelgewinnung freigeben. Es handelt sich um Speisepilze, die nach der Ernte nicht braun werden sollen und Mais mit veränderter Stärke-Zusammensetzung. Die Produkte gelangen allerdings zumindest bis 2021 nicht auf den Markt.
	Über hundert NobelpreisträgerInnen sprechen sich für den Anbau von Golden Rice aus.
2017	Die EU lässt Gentechnik-Soja für den Import zu, die gleich gegen drei Herbizide resistent ist.
2018	In Australien und Neuseeland wird Golden Rice zum Import zugelassen. Die Antragsunterlagen zeigen, dass ein positiver gesundheitlicher Effekt kaum zu erwarten ist.
	Der Gerichtshof der EU entscheidet, dass mit CRISPR/Cas und ähnlichen Verfahren in ihrem Erbgut veränderte Pflanzen und Tiere der Zulassungspflicht für gentechnisch veränderte Organismen unterliegen.
	In China werden angeblich Babys geboren, die in ihrem Erbgut mit CRISPR/Cas manipuliert wurden.
2019	Weltweit werden nach Angaben der Industrie rund 200 Millionen Hektar mit gentechnisch veränderten Pflanzen bebaut, der größte Anteil wächst in Nord- und Südamerika. Unter anderem in den USA, Mexiko, Kanada und Australien breiten sie sich auch unkontrolliert in der Umwelt aus.
	Erste Feldversuche mit gentechnisch veränderten Mücken in Burkina Faso zur Bekämpfung von Malaria.
2020	Der Nobelpreis für Chemie wird für die Erfindung der Gen-Schere CRISPR/Cas vergeben.
2021	Eine Publikation zeigt die rasche Ausbreitung von Gentechnik-Baumwolle im Zentrum der biologischen Vielfalt der wilden Baumwolle in Mexiko.
	Auf den Philippinen wird der Golden Rice zum Anbau freigegeben. KritikerInnen bemängeln dass die Risiken für Mensch und Umwelt nur unzureichend erforscht sind der Gehalt an Karotinen in verzehrfähigem Reis äußerst gering ist.
	In Japan werden Tomaten und Fische aus Neuer Gentechnik zugelassen.

Kapitel 2
Neue Gentechnik

»Angesichts der Tatsache, dass das Redigieren von Genen für unsere Spezies und unseren Planeten so radikale Folgen haben wird, war die Herstellung von Kommunikationsverbindungen zwischen Wissenschaft und Öffentlichkeit nie von so großer Bedeutung wie heute.« Jennifer Doudna & Samuel Sternberg[103]

CRISPR/Cas & Co.

Die Synthetische Biologie liefert auch die Grundlage zusammen mit neu entwickelten Werkzeugen wie Genscheren (*Nukleasen*). Diese können das Erbgut prinzipiell an jeder beliebigen Stelle auftrennen, wodurch die natürliche DNA verändert oder zusätzliche Gene eingefügt werden können. Sie eröffnen so, ähnlich wie die Synthetische Biologie, die Möglichkeit, das Erbgut radikal zu verändern. Eine wichtige Rolle spielt dabei die Synthese von sogenannten *Oligos*, kurzen Sequenzen von Nukleotiden, die die natürlichen Sequenzen spiegelbildlich abbilden können, zum Beispiel in Form von kurzen RNA-Abschnitten, die dafür gedacht sind, in den Genomen bestimmte Genregionen aufzuspüren, um sie dann möglichst gezielt zu verändern. Voraussetzung für den Einsatz der Oligos ist, dass man zuvor das Erbgut der Zielorganismen bereits möglichst vollständig sequenziert hat – ansonsten kann man die Zielregion nicht identifizieren. Projekte, die im Rahmen der Grundlagenforschung Daten dazu erfassten, um das Erbgut möglichst vieler Arten zu sammeln und vollständig zu sequenzieren, machen diese jetzt auch grundsätzlich verwertbar und manipulierbar. Auch das Erbgut weiterer Arten soll in den nächsten zehn Jahren durch große Sequenzierungsprojekte erschlossen werden.[104]

103 Doudna/Sternberg, 2019.

104 Lewin et al., 2018.

Im Ergebnis können die WissenschaftlerInnen dann jene Genabschnitte ausfindig machen, die sie gezielt ansteuern und verändern möchten.

Insofern baut die Neue Gentechnik auf den bisherigen Techniken der Gensequenzierung und Gensynthese auf, lenkt diese aber in eine andere Richtung: Alles, was sequenziert ist, kann auch verändert werden. Es geht aber nicht mehr darum, Lebewesen neu zu konstruieren, sondern mit möglichst gezielten und oft auch möglichst minimalen Eingriffen zu verändern. Damit scheint das Konzept der Neuen Gentechnik dem der Synthetischen Biologie in gewisser Weise entgegengesetzt: Nicht maximale Neusynthese und genuin neue Lebensformen sollen kreiert werden, sondern bestehende Lebensformen durch möglichst minimale Eingriffe tiefgreifend verändert werden.

Man spricht jetzt davon, dass mithilfe der *Neuen Gentechnik* (NGT) das Erbgut direkt in den Zellen *umgeschrieben* wird, und verwendet deswegen gerne auch den Begriff des *Genome Editing* (Genom-Editierung). Nach Ansicht von George Church, einem der Wegbereiter der Synthetischen Biologie, soll man so beispielsweise die DNA eines Elefanten in die eines Mammuts umwandeln können beziehungsweise das Erbgut des *Homo sapiens* in das eines Neandertalers.[105]

Auch wenn das Ziel, einen Neandertaler oder ein Mammut wieder zum Leben zu erwecken (man spricht hier von *resurrective genetic engineering*) in weiter Ferne liegt, gehen die Möglichkeiten der Neuen Gentechnik weit über die der herkömmlichen Züchtung und der bisherigen Gentechnik hinaus. Auch genetische Veranlagungen, die durch herkömmliche Züchtung oder bisherige Gentechnik kaum beeinflussbar waren, können jetzt verändert werden. Organismen, die aus diesen Verfahren hervorgehen, können auch dann tiefgreifende genetische Veränderungen aufweisen, wenn keine zusätzlichen Gene eingefügt wurden.

Die neuen Gentechnik-Verfahren können nicht den herkömmlichen Züchtungsverfahren und auch nicht natürlicherweise auftretenden Mutationen gleichgesetzt werden. Genscheren wie CRISPR/*Cas* sind *biotechnologische Mutagene*, mit deren Hilfe die natürlichen Mechanismen der

105 Church/Regis, 2012.

Genregulation und Vererbung umgangen werden können.[106] Diese Werkzeuge machen das Erbgut in viel größerem Umfang und in neuer Art und Weise für Veränderungen verfügbar. Die so erzielten Ergebnisse der genetischen Veränderung (Genotypen) unterscheiden sich oft deutlich von denen »spontaner« oder »zufälliger« Mutationen.[107] Dadurch unterscheidet sich diese »Neue Gentechnik« auch von der »Alten Gentechnik«: Insektengiftige oder herbizidresistente Pflanzen erzielte man durch das Einfügen zusätzlicher Gene, wobei in den Stoffwechsel der Pflanze selbst nicht eingegriffen werden sollte. Jetzt versucht man typischerweise, oft ohne die Einfügung von zusätzlichen Genen den Stoffwechsel der Zielorganismen selbst zu verändern. In vielen Fällen resultieren daraus Veränderungen der biologischen Eigenschaften, z. B. der Inhaltsstoffe von Pflanzen, die weit über das hinausgehen, was mit den bisherigen Methoden der Züchtung erreicht werden konnte. Viele Ziele sind auf die Landwirtschaft ausgerichtet, wobei aber fraglich ist, welche tatsächlich bis zur Praxisreife gebracht werden können.[108]

Beispiele wären etwa

- Weizen, der Körner ohne bestimmte Eiweißstoffe produziert, um ihn geeigneter für die menschliche Ernährung zu machen;
- Wildformen von Tomaten, die im Zeitraffer »domestiziert« werden und wie kommerziell gezüchtete Tomaten aussehen;
- Pilze oder Äpfel, die nach dem Schneiden nicht mehr braun werden;
- Pflanzen wie Leindotter, die eine besonders hohe Ausbeute an Agrosprit ermöglichen sollen;
- Nutzpflanzen, die weniger anfällig für bestimmte Krankheiten oder besser an den Klimawandel angepasst sind;
- Rinder, denen keine Hörner mehr wachsen oder deren Fell an den Klimawandel angepasst ist.
- Fische, Schweine und Rinder mit vermehrtem Muskelwachstum.

---

106 Um die Funktionsweise der Genschere und ihr technisches Potenzial zu erklären, wird in diesem Abschnitt unter anderem auf die Arbeit der Fachstelle Gentechnik und Umwelt (FGU) sowie von Testbiotech zurückgegriffen.

107 Siehe Testbiotech, 2020.

108 Siehe auch JRC, 2021.

Zu den Zielen, die mit der Neuen Gentechnik verfolgt werden, gehören aber auch transgene herbizidresistente und insektengiftige Pflanzen. Im Unterschied zu bisherigen Gentechnik-Pflanzen soll hier die Einfügung der zusätzlichen Gene gezielter erfolgen.

Die Vorhaben der Neuen Gentechnik sind aber keineswegs auf den Acker oder den Stall beschränkt. Vielmehr wird versucht, auch natürliche Populationen gentechnisch zu verändern. Besondere Aufmerksamkeit finden dabei die Gene Drives, die ebenfalls mithilfe der NGT konstruiert werden können: Mit dem Begriff *Gene Drive* werden genetische Elemente bezeichnet, die sich mit größerer Häufigkeit vererben, als das normalerweise zu erwarten wäre. Diese Genkonstrukte sollen sich in den natürlichen Populationen besonders rasch ausbreiten. Das Ziel ist, die jeweilige Art zu verändern oder sogar auszurotten. Ein häufig genanntes Beispiel sind Mücken, die die Malaria übertragen können. Aber darüber hinaus geht es auch um Bakterien und Pilze, nützliche oder »schädliche« Insekten, Korallen, Bäume, Nagetiere und den Einsatz von Viren oder von »Gentechnik-Pestiziden« (siehe nachfolgende Abschnitte). Vor diesem Hintergrund ist der Titel eines Buches von Jennifer Doudna, einer der Erinderinnen der Genschere, sehr zutreffend gewählt: »A Crack in Creation« (Eingriff in die Evolution).[109]

109 Doudna/Sternberg, 2019.

Im Detail: Was sind Genscheren?[110]

Die Neue Gentechnik (NGT) verwendet Werkzeuge wie CRISPR/Cas (*Clustered Regularly Interspaced Short Palindromic Repeats*), TALENs (*Transcription Activator-Like Effector Nucleases*) oder *Zinkfinger-Nukleasen*, um möglichst gezielt Veränderungen im Erbgut auszulösen. Diese Genscheren oder *Nukleasen* können bei Zellen von Pflanzen, Tieren oder Menschen angewandt werden.[111] Die zielgerichteten Nukleasen (*site-directed nucleases*, SDN) werden auch als »biotechnologische Mutagene« bezeichnet (im Gegensatz zu chemischen oder physikalischen Mutagenen, die ungezielte Mutationen auslösen). Sie bestehen aus Enzymen, das heißt Eiweißstoffen (Proteinen), die die DNA auftrennen können. Diese Enzyme werden an eine Art Gensonde (Guide-RNA) gekoppelt, die sich an der richtigen Stelle im Erbgut anlagern soll, bevor der eigentliche »Schnitt« erfolgt. Nachdem diese Nukleasen in die Zellen eingeführt wurden, können sie die Funktion der natürlichen Gene blockieren (Knock-out) oder auch neue Genfunktionen einfügen. Es gibt auch Anwendungen, bei denen die Aktivität von Genen (Genregulierung oder Epigenetik, siehe auch Kapitel 4) verändert wird. Dabei werden biochemische Moleküle, die mit der DNA in Wechselwirkung stehen, verändert, nicht aber die DNA selbst.[112]

Mit der Entdeckung einer progammierbaren Genschere CRISPR/Cas (zum ersten Mal 2012 beschrieben)[113] hat sich die Zahl der Anwendungen von Nukleasen deutlich erhöht. CRISPR/Cas ist in vielen Fällen flexibler und leichter anwendbar als andere Nukleasen wie TALENs oder Zinkfinger-Nukleasen. Bei CRISPR/Cas besteht die Genschere aus dem *Enzym Cas* (das es in verschiedenen Varianten gibt) und einer *Gensonde* aus RNA, die das Erbgut (DNA) in der »Zielregion« spiegelbild-

110 Zur Funktionsweise der Genschere CRISPR/Cas und zu ihren spezifischen, durch die Technik bedingten Nebenwirkungen informieren auch die Videos https://fachstelle-gentechnik-umwelt.de/videos-de/und Factsheets https://fachstelle-gentechnik-umwelt.de/hintergrund-informationen/der Informationsstelle Gentechnik und Umwelt, FGU.

111 Doudna/Sternberg, 2019; Kawall et al., 2020.

112 Kawall et al., 2020.

113 Jinek et al., 2012.

lich abbildet (»erkennt«). Durch diese Erkennungskomponente wird die Schneidekomponente an eine Sequenz im Erbgut des Zielorganismus gebracht und führt dort zu einem Bruch in der DNA. Damit lassen sich Gene im Erbgut der Zielorganismen an- oder ausschalten sowie entfernen oder einfügen. Außerdem können Gene anders abgelesen oder die Wirkung ihrer Produkte verändert werden.

Wenn dabei keine zusätzliche DNA eingeführt wird, spricht man von zielgerichteten Nukleasen vom Typ 1 (SDN-*1*). Zu dieser Kategorie, bei denen die Funktionen natürlicher Gene ausgeschaltet werden (*Knock-out*), gehören die meisten der bisherigen Anwendungen an Pflanzen und Tieren.[114] Von SDN-*2* spricht man, wenn einzelne Genbausteine (Basenpaare) mithilfe von DNA-Vorlagen ausgetauscht werden. Bei SDN-*3*-Verfahren können auch größere Genabschnitte ausgetauscht werden. Insbesondere SDN-*1*-Verfahren werden so angewandt, dass gleichzeitig oder auch in serieller Abfolge mehrere Gene in Kombination verändert werden.[115]

Wie wurde CRISPR entdeckt?

Entdeckt wurde der CRISPR-Mechanismus an Bakterien.[116] Bei der Genanalyse mehrerer Arten fiel auf, dass diese im Erbgut viele Wiederholungen von kurzen Gensequenzen aufweisen, die von anderen kurzen Gensequenzen unterbrochen werden. Das Ganze ist in Clustern in bestimmten Regionen des Erbguts angeordnet. Von diesen Regionen leitet sich der Name der Genschere CRISPR ab: Clustered Regularly Interspaced Short Palindromic Repeats.

Bei näherer Untersuchung stellte sich heraus, dass diese DNA-Abschnitte als Speicher für das Immunsystem der Einzeller dienen: Werden diese von Phagen befallen, werden Kopien von kurzen Sequenzen ihrer Gene in das Erbgut der Bakterien übernommen. Es ist eine ganz andere Verwendung von DNA als Speichermedium, als dies bisher

114 Modrzejewski et al., 2019; JRC 2021.

115 Siehe z. B. Testbiotech, 2020a.

116 Mojica et al., 2005.

bekannt war: Die Veränderungen vollziehen sich gezielt, die DNA kann direkt aus dem Angriff der Viren lernen und so eine neue biologische Eigenschaft erwerben, die das Überleben der Bakterien und ihrer Nachkommen ermöglicht: Die im Erbgut abgespeicherten Gensequenzen der Viren dienen als Erkennungsregionen für das Abwehrsystem der Bakterien: Werden diese erneut von den Viren befallen, werden diese »erkannt« und Nukleasen (Genscheren) gebildet, die das Erbgut der Viren zerstückeln und ihre weitere Vermehrung hemmen.[117] Eine dieser Nukleasen wird mit Cas9 (CRISPR associated) abgekürzt. Es stammt aus dem Bakterium *Streptococcus pyogenes*, das auch als Krankheitserreger bekannt ist. Hier zeigt sich also eine bemerkenswerte Verwendung der DNA durch Bakterien: Die Veränderung des Erbgutes, die der jeweiligen Art einen Überlebensvorteil verschafft, erfolgt gezielt und in direkter Anpassung an Umwelteinflüsse – ein Mechanismus, der der gängigen Vorstellung von rein zufälligen Mutationen diametral entgegensteht. Die Vorstellung von Jean-Baptiste de Lamarck (1744–1829), nach der Eigenschaften durch Interaktion mit der Umwelt erworben und vererbt werden können, scheint hier durchaus zutreffend, auch wenn Lamarck keine Kenntnis von diesem spezifischen Mechanismus hatte.[118]

Dieses bakterielle System wurde für molekularbiologische Anwendungen im Labor angepasst.[119] Dabei wird das CRISPR/Cas-System aus der ursprünglichen Funktion in Einzellern herausgelöst und für die Anwendung in Zellkulturen und mehrzelligen Organismen (wie Pflanzen und Tieren) nutzbar gemacht.

Wie funktioniert die CRISPR-Gentechnik?

Um das Erbgut der Pflanzen oder Tiere nach der Zielsequenz zu durchsuchen, öffnet die designte Nuklease den sonst eng gepackten Strang der DNA. Gelangt sie dabei an Stellen, für die sie durch die Gensonde »programmiert« ist, lagert sie sich an und durchtrennt die DNA in den meis-

117 Barrangou et al., 2007.

118 Koonin/Wolf, 2016.

119 Jinek et al., 2012; Doudna/Charpentier, 2014.

ten Fällen. Es gibt Mechanismen in der Zelle, die dafür zuständig sind, zerstörte Genstrukturen wieder zu reparieren.[120] Dabei kann auch der ursprüngliche Zustand wiederhergestellt werden. Das wird durch den Einsatz der Genschere aber erschwert bzw. verhindert, weil die wiederhergestellte Genstruktur von der Gensonde »erkannt« und dann erneut »geschnitten« wird. Im Ergebnis wird die DNA von der Zelle zwar repariert, aber ihre Struktur wird dabei so verändert, dass ihre ursprüngliche biologische Funktion blockiert wird. Die Genfunktion ist dann ausgeschaltet (knocked out). Diese Nukleasen können Gene also so verändern, dass, anders als das natürlicherweise der Fall ist, ihre ursprüngliche Funktion von den Zellen nicht wiederhergestellt werden kann.

Deutlich werden die Potenziale der Neuen Gentechnik (NGT) unter anderem beim Einsatz an Nutzpflanzen: Viele Pflanzenarten haben ein sehr komplexes Erbgut mit mehrfachen Chromosomensätzen, vielen Genkopien und Kombinationen von Genen, die für die Züchtung unerwünscht sind, aber zusammen mit den erwünschten Erbanlagen vererbt werden.

Zum Beispiel sind Nutzpflanzen wie Raps, Weizen, Kartoffeln, Baumwolle und Zuckerrohr *polyploid*, das heißt, sie weisen mehr als ein Paar von Chromosomensätzen auf. Die Komplexität des Erbgutes von Pflanzen stellt eine besondere Herausforderung dar, wenn verschiedene Gene oder mehrere Genkopien gleichzeitig und in Kombination verändert werden sollen. In dieser Hinsicht sind herkömmliche Züchtungsverfahren, die unter Umständen auch Bestrahlung oder Chemie zur Auslösung von Mutationen nutzen, deutliche Grenzen gesetzt: Diese physikalischen und chemischen Mutagene können zwar viele Gene verändern, führen aber oft nicht zur erwünschten Kombination von Genen beziehungsweise zum spezifischen Muster der erwünschten genetischen Veränderung.

Dabei treten bei den herkömmlichen Züchtungsverfahren genetische Veränderungen an bestimmten Orten im Erbgut häufiger auf als an anderen: Die Organisation des Genoms (d.h. beispielsweise die

120 Brinkmann et al., 2018.

Abstände zwischen den Genen auf einem Chromosom, das Auftreten von *rekombinatorischen Hotspots* (Regionen im Erbgut mit besonders häufigen Veränderungen), Gencluster, die Größe des Genoms, gekoppelte Vererbung, Reparaturmechanismen und epigenetische Effekte, (siehe auch Kapitel 4) sorgen dafür, dass manche Veränderungen und Genkombinationen häufiger auftreten, während andere als unwahrscheinlich oder sogar sehr unwahrscheinlich anzusehen sind.

Die Umgehung dieser *flexiblen Leitplanken* im Erbgut, die durch die Organisation des Genoms bedingt sind (siehe Kapitel 4), ermöglicht es der Neuen Gentechnik, Veränderungen auch bei Genabschnitten herbeizuführen, die ansonsten kaum oder nur sehr selten von Mutationen betroffen sind. Dadurch macht CRISPR/Cas das Erbgut in weit größerem Umfang für genetische Veränderungen verfügbar als die Methoden der konventionellen Züchtung.[121]

So können mit Werkzeugen wie CRISPR/Cas auch neue Kombinationen und Muster von genetischen Veränderungen, das heißt neue Genotypen, erzielt werden, die bislang nicht erreichbar waren. *Multiplexing* (gleichzeitige Veränderung mehrerer Erbanlagen) oder auch serielle Veränderungen (wiederholte Veränderung von Erbanlagen) erlauben zudem die gezielte Veränderung mehrerer Gene, die zu einer Genfamilie gehören, oder auch von Genen, die unterschiedliche Funktionen haben.[122] Diese Verfahren wurden bereits bei mehreren Nutzpflanzen erprobt. Ein Beispiel: Im Weizen wurden mit CRISPR/Cas gleich 35 Varianten einer Familie von Genen ausgeschaltet, die bestimmte Eiweiße (*Alpha-Gliadine*) produzieren.[123] Obwohl dabei keine zusätzlichen Gene eingefügt wurden, ist das eine tiefgreifende Veränderung des Erbgutes der Pflanzen. NGT kann auch die Probleme einer unerwünschten Kopplung genetischer Anlagen überwinden. Wenn beispielsweise eine als unvorteilhaft angesehene Form von Früchten mit der Anzahl der Früchte (dem Ertrag) gekoppelt ist, kann NGT verwendet werden, um

121 Kawall, 2019; Testbiotech, 2020a.

122 Kawall et al., 2020.

123 Sanchez-Leon et al., 2018.

diese Kopplung aufzubrechen, indem das nicht erwünschte Gen ausgeschaltet wird.[124] Auf das besondere Muster der Genveränderung weist auch eine Publikation hin, die gemeinsam von ExpertInnen des Bundesamtes für Verbraucherschutz und Lebensmittelsicherheit (BVL) und des US-Konzerns DowDuPont verfasst wurde.[125] Hier heißt es:

> »Genome Editing kann dazu verwendet werden, ein bestimmtes Gen zu verändern. Jedoch liegen bei Pflanzen nur wenige Gene nur in einer Kopie vor. (...) Genome Editing ist dazu in der Lage, Gene auszuschalten, die in mehreren Kopien vorliegen. Immer dann, wenn in einer Pflanze mehrere Kopien eines Gens auf dieselbe Weise ausgeschaltet wurden, ist es also fast sicher, dass Genome Editing verwendet wurde.«[126]

Dadurch lassen sich in der Regel die entsprechenden Pflanzen auch eindeutig identifizieren:

> »Für die meisten Produkte, die aus Genome Editing hervorgegangen sind, gibt es eine klare Signatur in der DNA, zum Beispiel die genaue Länge der entfernten Gensequenzen. Wenn diese Signatur vom Entwickler angegeben wird, kann die gleiche PCR-Technologie, die bisher zum Nachweis von gentechnisch veränderten Pflanzen verwendet wurde, in den meisten Fällen auch zum Aufspüren und Monitoring von genomeditierten Produkten verwendet werden.«[127]

Die Identifizierbarkeit der NGT-Organismen wird auch am Beispiel des sogenannten nicht bräunenden Pilzes deutlich:[128] In diesem Fall wur-

---

124 Kawall, 2019.

125 Duensing et al., 2018.

126 Duensing et al., 2018, zitiert nach Testbiotech, 2020a.

127 Duensing et al., 2018, zitiert nach Testbiotech, 2020a.

128 Waltz, 2016.

den mehrere Kopien eines Genes blockiert, das an der Produktion eines Enzyms beteiligt ist. Es ist sehr wahrscheinlich, dass so ein Pilz nie zuvor in den Handel gebracht wurde. Das spezifische Muster der genetischen Veränderung kann deswegen auch zu seiner Identifizierung genutzt werden. Einziges Problem: Bisher wurden keine Daten über die Gensequenzen veröffentlicht, die bei den Pilzen verändert wurden.

Wie kommt die Genschere in die Zellen?

Die Anwendung von Nukleasen wie CRISPR/Cas besteht insbesondere bei Pflanzen aus einem mehrstufigen Verfahren. Der technische Prozess kann in folgende Schritte unterteilt werden: (1) das Einschleusen der Komponenten der Genschere in die Zellen; (2) die Veränderung der Gene durch die Aktivierung der Genschere; (3) weitere Züchtung mit den Pflanzen, um transgenes Erbgut oder ungewollte Veränderungen wieder zu entfernen.[129]

Wie aus einer Liste von NGT-Pflanzen gefolgert werden kann, die bis September 2020 in den USA bereits für eine mögliche Freisetzung zugelassen wurden,[130] wird in der Regel die *alte Gentechnik* eingesetzt, um die Komponenten der Nuklease (Genschere) in die Zelle einzuschleusen. Dabei wird die DNA zur Produktion der Genschere (also für das Enzym und die spezifischen Gensonden) in das Erbgut der Pflanzen eingefügt. Die Pflanzenzelle muss dann zuerst die Komponenten der Nuklease herstellen, bevor diese dann erst im nächsten Schritt die eigentlich gewünschten Veränderungen herbeiführen kann. Das Ergebnis dieser ersten Verfahrensstufe ist eine transgene Pflanze. Die Methoden der alten Gentechnik, bei denen u. a. *biolistische Verfahren* (»Genkanone«) oder das *Agrobacterium tumefaciens* zum Einsatz kommen, können komplexe ungewollte Veränderungen im Erbgut verursachen wie den Einbau mehrerer Kopien der Gene, Umlagerungen von Genabschnitten und Veränderungen der Genregulierung.[131]

---

129 Testbiotech, 2020a.

130 www.aphis.usda.gov/aphis/ourfocus/biotechnology/am-i-regulated/Regulated_Article_Letters_of_Inquiry.

131 Kawall et al., 2020.

Es gibt Versuche, diese Verfahren abzukürzen, um die Verwendung von transgenen Pflanzen auf der ersten Stufe des Verfahrens zu vermeiden. Bisher werden diese Verfahren aber nur selten eingesetzt. So können Vorstufen und einzelne Komponenten der Nukleasen auch außerhalb der Zelle produziert werden. Gelingt es, diese vorgefertigten Bestandteile in die Zellen einzuschleusen, werden sie aber rasch abgebaut. Anders ist die Situation in den Fällen, in denen eine transgene Pflanzenzelle dazu gezwungen ist, die Nuklease selbst und kontinuierlich zu produzieren.

Welche spezifischen »Nebenwirkungen« hat die CRISPR/Cas-Technologie?

Es gibt ein breites Spektrum von *generischen* (durch die Technologie bedingten) unbeabsichtigten Effekten, die beim Einsatz der Gen-Schere CRISPR/Cas bei Pflanzen und Tieren auftreten können. Diese *spezifischen* unerwünschten Veränderungen werden u.a. durch die mehrstufige Verfahren des Genome Editing verursacht, das oft auch die Methoden der alten Gentechnik umfasst. Eine weitere Ursache für ungewollte Effekte ist die mangelnde Präzision der eingesetzten Werkzeuge wie der Gen-Schere CRISPR/Cas: Diese schneidet auch an Stellen im Erbgut, die gar nicht verändert werden sollten (*off-target*) sind nicht selten. Die Nukleasen können so ganz andere Stellen im Genom verändern, als eigentlich beabsichtigt ist. Off-Target-Effekte wurden bereits bei verschiedenen Nutzpflanzen wie Reis, Soja, Mais und Gerste und bei Tieren wie Schweinen, Mäusen und Ratten nachgewiesen.[132] Dadurch können beispielsweise Stoffwechselprozesse gestört, neue, ungewollte Inhaltsstoffe produziert oder die Interaktionen mit der Umwelt verändert werden.

Und: Auch in der Zielregion (*on-target*) kommt es oft zu ungewollten Veränderungen wie der Einfügung zusätzlicher DNA-Sequenzen. Dabei können sowohl die Gene zur Bildung der Gen-Schere eingebaut werden als auch Gene anderer Herkunft. So wurde im Fall von Soja-

132 Kawall et al., 2020.

bohnen die DNA zur Produktion der Nuklease ungewollt sowohl in der Zielregion als auch in anderen Regionen des Erbgutes eingefügt.[133] Weitere Risiken ungewollter On-Target-Veränderungen können am Beispiel des bereits erwähnten Weizens anschaulich gemacht werden:[134] Per Gentechnik wurde eine Gruppe von Gluten-Eiweißstoffen (*Alpha-Gliadine*) ins Fadenkreuz genommen, die im Verdacht stehen, entzündliche Darmkrankheiten auszulösen (*Zöliakie*). Diese Gene kommen in einer großen Genfamilie vor, die in sogenannten *Genclustern* (das heißt in mehreren Kopien) an verschiedenen Orten im Genom vorliegen. Bisher gelang es mit konventioneller Züchtung nicht, diese große Anzahl an Genen und Genkopien zu verringern. Mithilfe der Genschere CRISPR/Cas konnte man 2018 erstmals einen erheblichen Teil dieser Gene ausschalten: 35 von 45 Genen, die Alpha-Gliadine produzieren, wurden so »ausgeknipst«. In der Folge entsteht ein einzigartiges Muster der genetischen Veränderung im Weizen. Diese große Anzahl von genetischen Veränderungen führt auch zu einer Vielzahl möglicher ungewollter Veränderungen: Beispielsweise können durch die veränderten Gene auch neue, unbeabsichtigte Varianten der Gluten-Eiweiße gebildet werden, die dann ihrerseits Entzündungsprozesse auslösen können.

Wirkung und Nebenwirkung gehen also, wie so oft, Hand in Hand. Dabei sind die besonderen Potenziale der Genscheren, mit denen neue Genotypen hervorgerufen werden können, auch eine Ursache für ihre spezifischen Risiken: Die veränderten Zielgene können ungewollte neue Eiweißstoffe oder andere biologisch aktive Moleküle wie RNA produzieren. Besondere Muster der genetischen Veränderung können auch durch eine Verwechslung der Zielgene mit Genen, die eine ähnliche Sequenz aufweisen, verursacht werden. Auch können unerwünschte Veränderungen an Stellen im Genom auftreten, die ansonsten kaum von Mutationen betroffen sind.

133 Li et al., 2015.

134 Sanchez-Leon et al., 2018.

Die neue Schöpfung

Dank neuer Werkzeuge wie CRISPR/Cas können GentechnikerInnen dem Erbgut mehr oder weniger beliebig neue genetische Information hinzufügen, es verändern oder auch Genfunktionen löschen. Sie haben herausgefunden, wie man die natürlichen Regeln von Vererbung und Genregulation umgehen kann. Nach Ansicht von George Church und Jennifer Doudna, die bei der Entwicklung von CRISPR/Cas führend beteiligt waren, erlauben die neuen Methoden tiefgreifende Eingriffe in die Evolution.

Wie natürlich ist CRISPR/Cas?

CRISPR/Cas wurde ursprünglich in Bakterien (Einzellern) entdeckt, aber in der Form, in der es in der Gentechnik eingesetzt wird, kommt es natürlicherweise nicht vor. Die für die spezifische Zielregionen designten Genscheren werden im Labor synthetisiert und dann mit verschiedenen technischen Methoden (wie der »Genkanone«) in die Zellen eingebracht. Dort angekommen, können sie das Erbgut in bestimmten Regionen »schneiden«, d. h. die natürlichen Genfunktionen ausschalten oder verändern und auch zusätzliche Gene einfügen (siehe oben). Die so bewirkten Muster der genetischen Veränderung und neue biologische Eigenschaften können sich deutlich von denen unterscheiden, die die Evolution und herkömmliche Züchtung hervorgebracht haben.

Wie verschiedene Forschungsergebnisse zeigen, erfolgt natürlicherweise das Auftreten von Mutationen nicht wirklich rein zufällig, sondern wird durch Organisation und Architektur des Genoms beeinflusst (siehe auch Kapitel 4): Bestimmte Gene werden häufiger repariert als andere, durch größere Abstände zwischen wichtigen Genen können deren Funktionen bei Bakterien,[135] Pflanzen und Tieren[136] vor zu häufigem Verlust geschützt werden. Auch sehr oft vorhandene Mehrfachkopien von Genen tragen zur Stabilität des Erbguts bei: Geht eine Kopie verloren, kann eine andere die jeweilige Funktion weiter erfüllen. Die Genschere CRISPR/Cas

135 Fang et al., 2008.

136 Kawall, 2019; Monroe et al., 2020; Halstead et al., 2020.

macht dagegen fast das gesamte Erbgut gleichermaßen für gentechnische Veränderungen verfügbar.[137]

Die Genscheren können so die Schutzmechanismen durchbrechen, die im Laufe der Evolution entstanden sind, die wie *flexible Leitplanken* im Erbgut wirken können und die Gene von Pflanzen und Tieren vor zu häufigen Mutationen schützen. Die natürliche *Genregulation* und *Genomorganisation*, die zu den Grundlagen der natürlichen Vererbung gehören, sind für CRISPR/Cas kein Hindernis.

Der Begriff der *Natürlichkeit* erhält mit dem Einzug der Gentechnik und insbesondere mit der Erfindung der Genschere CRISPR/Cas eine neue Bedeutung. Eingriffe des Menschen in die natürlichen Lebensgrundlagen unseres Planeten haben diesen bereits so tiefgreifend verändert, dass man auch vom *Anthropozän* spricht. Dennoch stammen alle Lebensformen von natürlichen Vorfahren ab, die die Evolution hervorgebracht hat. Auch wenn man heute nur noch wenige Ökosysteme als *natürlich* bezeichnen kann, ist die ursprüngliche Natürlichkeit, die *Urzelle* (siehe auch Kapitel 6), noch immer in allen Lebensformen vorhanden. Erst seit wenigen Jahren sind wir dabei, das mithilfe der Gentechnik zu ändern. Die naturgegebenen Mechanismen der Genregulation und Fortpflanzung, so wie sie von der Evolution entwickelt wurden, gelten für alle Arten, unabhängig davon, ob sie domestiziert wurden oder nicht. Erst durch den Einzug der Gentechnik werden diese natürlichen Voraussetzungen des Lebens infrage gestellt.

Eingriff in die Evolution

Wie dargelegt, haben die technischen Möglichkeiten in den letzten Jahren immer weiter zugenommen und reichen von der Synthese ganzer Genome[138] über Veränderungen komplexer biologischer Eigenschaften[139] bis hin zu Gene Drives, mit denen natürliche Populationen gentechnisch verändert werden sollen.[140] Sogar der Einsatz der Gentechnik

137 Kawall, 2019.

138 Gibson et al., 2010; Fredens, 2019.

139 Zsögön et al., 2018.

140 Siehe z. B. Noble et al., 2018; Gantz/Bier 2015.

zur Wiedereinführung ausgestorbener Arten, inklusive der Auferstehung des Neandertalers, wird propagiert.[141]

Ist die Gentechnik tatsächlich geeignet, die Zukunft des Lebens auf unserem Planeten zu gestalten? Können wir die Natur durch Eingriffe in die Evolution verbessern? In jedem Fall haben Doudna & Co. in einem Punktrecht: Die Evolution funktioniert nach anderen Regeln und Gesetzmäßigkeiten als die Gentechnik. Die natürliche Artenvielfalt, die lebenden Organismen sind nicht durch bewusstes Design entstanden, sondern nach eigenen, aber unbewussten Regeln.

Mithilfe der Gentechnik können wir Organismen schaffen, die die weitere Entwicklung der bestehenden Lebensformen sowie die ökologischen Netzwerke verändern, stören oder gar zerstören. Wir können in die *Keimbahn der biologischen Vielfalt* eingreifen und die Zukunft der *Biosphäre* einem Design aus dem Genlabor unterwerfen. Insbesondere das technische Potenzial der Genschere CRISPR/Cas und der Neuen Gentechnik ermöglicht es, innerhalb kurzer Zeiträume große Mengen von Organismen in die Umwelt zu entlassen, die nicht durch die Prozesse der Evolution angepasst wurden. Anders als bei natürlichen Mutationen beruht das Auftreten dieser Organismen mit neuer genetischer Information nicht auf singulären Ereignissen. Vielmehr könnten entsprechende Freisetzungen mit ganz unterschiedlichen Organismen in rascher Folge und großer Zahl stattfinden. Statt singulärer Ereignisse kann es so zu einer mehrfachen, wiederholten und dauerhaften Überforderung der natürlichen Systeme kommen – mit unvorhersehbaren Folgen für die Umwelt.

Wie erwähnt, beschränken sich die Anwendungen der Neuen Gentechnik nicht auf die Landwirtschaft oder das Labor. Während die erste Generation von gentechnich veränderten Organismen vor allem auf Nutzpflanzen zielte, die der Mensch bereits domestiziert hatte, werden in den letzten Jahren vermehrt Populationen wild lebender Organismen ins Visier genommen wie Insekten, Nagetiere und Bäume, die in komplexe Ökosysteme eingebettet sind. Auch Mikroorganismen, Bakterien, Archaeen und Pilze sind Gegenstand von Anwendungen, bei denen Frei-

141 Church/Regis, 2012.

setzungen geplant sind. Dabei dienen die Mikroben häufig als Hilfsmittel zur Beeinflussung der mit ihnen eng verbundenen »Wirte« wie Pflanzen und Tiere. Man spricht dann von *Paratransgenese*: Beispielsweise verändert man Darmbakterien, um damit die biologischen Eigenschaften von Bienen zu beeinflussen. Nachfolgend werden einige Beispiele für aktuelle Projekte und mögliche Anwendungen angeführt.

Gentechnik-Mikroben

Die uns umgebende Welt der Mikroorganismen kann als gemeinsames Netzwerk des Lebens angesehen werden, das Pflanzen, Tiere, Pilze und Menschen miteinander verbindet und mit diesen in enger Wechselwirkung steht. Die Mikrobenwelt hat sich in *Koevolution* mit Wirten wie Pflanzen und Tiere entwickelt und besiedelt als deren *Mikrobiom* die Haut, die Blätter, den Darm, die Wurzeln, zum Teil den Raum zwischen den Zellen (sogenannte *Endophyten*) und ist oft in symbiontischer Lebensweise mit diesen verbunden. In Bezug auf das Erbgut spricht man vom *zweiten Genom* von Pflanzen und Tieren (Menschen). Die Gemeinschaft von Mikrobiom und Wirt wird auch als *Holobiont* bezeichnet. Diese Begriffe, die entwickelt wurden, um Korallen als Einheit von *Polypen* (mehrzelliger Organismus) und *Symbionten* (Einzellern) zu beschreiben, werden auch allgemein für Pflanzen oder Tiere verwandt.[142] Der Buchautor und Biologe Bernhard Kegel schreibt:

> »Als vor etwa 700 bis 800 Millionen Jahren tierisches Leben entstand, hatten Bakterien schon mindestens drei Milliarden Jahre Evolution hinter sich (…) Jeder Entwicklungsschritt der vielzelligen Neulinge erfolgte in einer von Bakterien beherrschten Welt, und was immer die Evolution sich für die komplexer werdenden Tiere und Pflanzen ausdachte, Bakterien und andere Mikroben waren dabei: als Nahrung, als Erreger von Krankheiten, aber auch als Partner, Helfer und Impulsgeber.«[143]

142 Siehe u. a. Kegel, 2015; Richardson, 2017; Sanchez-Canizares et al., 2017.

143 Kegel, 2015, Seite 15/16.

Bakterien, Pilze und Archaeen sind unverzichtbar, wenn es um den Aufschluss der Nahrung in für Pflanzen und Tiere verwertbare Bestandteile geht. Aber nicht nur das: Sie versorgen die Wirte mithilfe von speziellen Botenstoffe über Informationen aus ihrer Umwelt (u. a. kleine, doppelsträngige RNA-Moleküle) und ermöglichen Pflanzen und Tieren so eine beschleunigte Anpassung an aktuelle Umweltbedingungen (siehe auch Kapitel 5 und 7). Daher können die biologischen Eigenschaften von vielzelligen Lebewesen wie Pflanzen, Insekten oder Säugetiere (Menschen) in ihren biologischen Eigenschaften nicht isoliert von ihrem assoziierten Mikrobiom betrachtet werden. Sie stehen in engster Wechselwirkung. So ist es inzwischen vielfach beschrieben worden, wie das Mikrobiom den gesundheitlichen Zustand von Menschen, Pflanzen und Tieren beeinflussen kann.[144]

Es gibt immer mehr Projekte, bei denen gentechnisch veränderte Mikroorganismen im Fokus stehen. In vielen Fällen sollen dabei die engen Symbiosen zwischen Tier, Pflanzen und ihrem Mikrobiom genutzt werden, um Tiere und Pflanzen selbst zu verändern (*Paratransgenese)*. Durch die Vielzahl der Organismen und ihrer Wechselwirkungen ergibt sich eine ungeheure Vielzahl möglicher Anwendungen mit weitreichendsten potenziellen Auswirkungen für die biologische Vielfalt einschließlich der Menschen. Einige Beispiele für aktuelle Projekte finden sich in Kapitel 7.[145]

Korallen

Korallen oder ihre assoziierten, in *Symbiose* lebenden Mikroorganismen könnten mithilfe von CRISPR/Cas verändert werden, um ihre Anpassungsfähigkeit gegenüber dem Klimawandel und erhöhten Temperaturen zu stärken. Korallen sind komplexe Organismen, *Holobionten*, die auf die Symbiose mit Algen und anderen Mikroorganismen wie Bakterien und Archaebakterien angewiesen sind.[146] Es wird angenommen, dass auch bei der Bleichung der Korallen unter den Bedingungen des Klimawan-

144 Siehe zum Beispiel EFSA, 2020a.

145 Siehe auch Nora et al., 2019.

146 Rosenberg/Rosenberg-Ziller 2016.

dels die Störung der Symbiose zwischen dem mehrzelligen Körper der Koralle (die Polypen) und ihren endosymbiontischen Mikroalgen (*Symbiodiniaceae spp.*) eine wichtige Rolle spielt. Erste Studien entwickelten bereits Ideen, wie man durch den Einsatz neuer Gentechnik die Mikroalgen (*Symbiodiniaceae spp.*) vor Schäden schützen könnte, die durch hohe Temperaturen verursacht werden.[147]

Doch wie würden die Korallenbestände und ihre Umwelt auf derartige Eingriffe reagieren? Auch natürlicherweise finden sich bei Korallen Anpassungssysteme, die ein Überleben bei erhöhten Wassertemperaturen ermöglichen sollen: Rosenberg & Rosenberg-Ziller beschreiben, wie die Symbiosen zur genetischen Vielfalt der Korallensysteme und ihrer evolutionären Entwicklung beitragen. Sie verweisen auf Forschungsarbeiten, nach denen sich die Zusammensetzung der assoziierten Mikroorganismen unter geänderten Umweltbedingungen spontan verändern kann und so auch die Anpassung der Korallen an ein bis zwei Grad erhöhte Wassertemperaturen ermöglicht wird.[148] Auch in anderen Forschungsarbeiten wird über eine überraschende natürliche Anpassungsfähigkeit von Korallen berichtet.[149] Zudem wurde gezeigt, dass man die Resistenz von Korallen gegenüber erhöhten Wassertemperaturen schon dadurch erhöhen kann, dass man die symbiontischen Mikroorganismen im Aquarium zunächst bei hohen Temperaturen »trainiert« und diesen dann die Korallenstöcke besiedeln lässt.[150]

Die verschiedenen Mechanismen, mit denen bestimmte Korallensysteme auf den Klimawandel reagieren, werden aber längst nicht vollständig verstanden. Es ist nicht vorhersagbar, wie beispielsweise die Interaktionen zwischen den Korallen und ihren Symbionten durch gentechnische Veränderungen beeinflusst würden. Dazu kommt das Problem, dass die gentechnisch veränderten Holobionten nach einer Freisetzung wohl nicht wieder aus den Korallensystemen entfernt werden könnten.

147 Levin et al., 2017.

148 Siehe auch Oliver/Palumbi, 2010.

149 Kersting/Linares, 2019; Kenkel/Matz, 2016.

150 Buerger et al., 2020; siehe auch Kegel 2021.

Honigbienen und deren Darmbakterien

Vor allem durch die industrielle Landwirtschaft geraten Bienen erheblich unter Stress: Sie sind durch Spritzmitteleinsatz diversen Giften ausgesetzt, und ihnen fehlen oft geeignete Blütenpflanzen. Auch der zunehmende Befall mit Parasiten kann durch diese Faktoren begünstigt werden. Kurz: Der Lebensraum der Biene wurde so gravierend verändert, dass das Überleben der Bienenvölker bedroht ist. Da Bienen vor allem als Bestäuber dringend benötigt werden, gibt es zwei Strategien, um diesem Problem zu begegnen: Entweder man schafft (wieder) eine bienenfreundlichere Umwelt, oder man schafft eine neue Biene. Letzteres könnte man per Gentechnik versuchen: Bienen so zu verändern, dass sie an die veränderten Bedingungen angepasst sind und überleben können. Noch ist man zwar nicht so weit, dass gentechnisch veränderte Bienen freigesetzt werden sollen. Aber schon 2016 zeigten japanische WissenschaftlerInnen, dass man die Genschere CRISPR auch an Bienen anwenden kann.[151] 2019 erschien in Südkorea eine Forschungsarbeit, nach der Bienen mithilfe von CRISPR resistent gegen ein Insektengift gemacht wurden.[152] Ähnliche Ideen werden auch von anderen Gentechnologen diskutiert.[153] Eingriffe in das Erbgut von staatenbildenden Insekten wie Bienen sind besonders komplex. Bienenvölker sind eine Art Superorganismus: Sie beeinflussen u.a. über die Nahrung die Genaktivität ihrer Nachkommen und sorgen so dafür, dass aus weiblichen Eiern je nach Bedarf entweder Arbeiterinnen oder Könniginnen entstehen. Greift man hier in das Genom der Insekten oder deren Genregulation ein, ist immer das ganze Bienenvolk betroffen, nicht nur einzelne Tiere.

Zudem haben Bienenvölker einen Flugradius von vielen Kilometern und ein breites Spektrum von Pflanzen, das sie bestäuben. Sie können so auch zum Überträger von Bakterien und Parasiten werden, die aufgrund des Eingriffs in die Genetik unbeabsichtigte Veränderungen aufweisen.

---

151 Kohno et al., 2016.

152 Lee, 2019.

153 McAfee et al., 2019.

ForscherInnen von der Universität in Austin (Texas) haben das Erbgut von Bakterien, die natürlicherweise im Darm von Bienen und Hummeln vorkommen, so verändert, dass diese einen zusätzlichen Botenstoff (sogenannte *doppelsträngige Ribonucleinsäure, ds*RNS) produzieren. Diese Botenstoffe können über die Artgrenzen hinweg in die Genregulation eingreifen. Die künstliche RNA wurde aus dem Darm aufgenommen, verteilte sich im Körper der Biene und gelangte so bis in deren Gehirn. Die Moleküle veränderten unter anderem das Verhalten der Bienen und sollen Parasiten wie die Varroa-Milbe abtöten, die an der Biene saugen.[154] Eine weitere Anwendung zielt laut einer auf die Mikroben und Bienen angemeldeten Patentanmeldung (US-Patentanmeldung US 2019/0015528 A1) darauf ab, den Abbau von Pestiziden zu beschleunigen, denen Bienen ausgesetzt sind. Falls Bienen mit diesen Mikroben freigesetzt würden, ist nicht auszuschließen, dass sich die Bakterien auch bei anderen Bienenvölkern oder sogar bei wilden Verwandten wie Hummeln einnisten. Zudem können die synthetischen Gene auch auf andere Bakterienarten übertragen werden. Im Ergebnis könnte nach einer Freisetzung die Ausbreitung der Organismen und ihrer Gene nicht wirksam begrenzt werden.

Bäume

Bei Bäumen kommen bisher insbesondere die Methoden der alten Gentechnik zum Einsatz. Gentechnisch veränderte Waldbäume gehören zu den ersten gentechnisch veränderten Organismen, die freigesetzt wurden (siehe Kapitel 1). Mit der bisherigen Gentechnik wird insbesondere an Pappeln, aber auch an Eukalyptus und Esskastanien gearbeitet. Allerdings ist die Anwendung der Genschere an Bäumen nicht einfach: Es gibt erhebliche Probleme mit dem Erbgut der Bäume, das viele unterschiedliche Genvarianten aufweist. Auch die Anzucht der Bäume aus Zellklonen ist kompliziert.[155] CRISPR/Cas wurde bisher an verschiedenen Gehölzern wie Apfelbäumen, Kakaopflanzen, Zitrusbäumen, Kaffeesträuchern, Trauben, Kiwipflanzen, Granatapfelbäumen und Pappeln versucht. In einer Liste

154 Leonard et al., 2020.

155 Wang et al., 2020.

der Landwirtschaftsbehörde der USA mit rund 80 Organismen aus Neuer Gentechnik, die bis September 2020 zur Freisetzung erlaubt werden, finden sich Zitrusbäume mit Resistenz gegen eine bakterielle Krankheit (*Xanthomonas citri ssp. citri*) und zwei Anwendungen bei Avocadobäumen.[156]

Die giftige Monarchfliege

Ein experimentelles Beispiel für Risiken der Neuen Gentechnik ist die sogenannte *Monarchfliege*: Bei Taufliegen (*Drosophila melanogaster*) wurden per CRISPR/Cas drei Veränderungen an einem Gen vorgenommen.[157] Dabei wurde das sogenannte ATP-*alpha*-Gen, das an vielen biologischen Prozessen beteiligt ist, so »editiert«, dass es der Struktur des entsprechenden Gens beim Monarchfalter angeglichen wird. Eingesetzt wurden sogenannte SDN-2-Verfahren, bei denen zwar keine zusätzlichen Gene in das Erbgut eingefügt werden, dieses aber an drei Stellen gezielt so umgebaut wurde, dass daraus neue biologische Eigenschaften resultieren. Die biologische Wirkung ist komplex: Ohne dass zusätzliche Gene eingefügt wurden, erhalten die Fliegen dadurch eine höhere Fitness und einen evolutionären Vorteil: Sie sind jetzt wie der Monarchfalter (und einige andere Insektenarten) immun gegenüber giftigen Herzglykosiden, die verschiedene Pflanzen produzieren, und können so für sich beziehungsweise ihre Larven das potenzielle Nahrungsangebot erweitern und sich und ihren Nachwuchs durch die Aufnahme und Speicherung des Giftes gegen Fressfeinde schützen. Letztlich waren nur geringfügige Veränderungen an drei Stellen des Erbguts notwendig (weniger als zehn Basenpaare), die allerdings in Kombination auftreten müssen und nur dann die erwünschte Resistenz gegen das Gift bewirken: Wie sich zeigte, führten manche der Genvarianten zu einer Schwächung der Fliegen nach einem Belastungstest. Das liegt daran, dass das betroffene Gen an mehreren biologischen Prozessen beteiligt ist, es zeigt sogenannte pleiotrope Wirkungen. Erst als die Kombination der genetischen Veränderungen in ihrer

156 www.aphis.usda.gov/aphis/ourfocus/biotechnology/am-i-regulated/Regulated_Article_Letters_of_Inquiry.

157 Karageorgi et al., 2019.

Gesamtheit »optimiert« wurde, zeigten die Fliegen die Kombination aus normaler Vitalität und Resistenz gegen das Gift der Pflanzen sowie die daraus folgende Ungenießbarkeit gegenüber Fressfeinden.

Sollten sich entsprechende Kombinationen bei der Taufliege tatsächlich spontan ereignen, ist keineswegs gesagt, dass sich diese Eigenschaften auch in den natürlichen Populationen ausbreiten würden. Dazu müsste der Effekt so deutlich sein, dass aus einzelnen Individuen große, stabile Populationen entstehen können. Und würden sich die neuen Genkombinationen durchsetzen, würde dies wohl lange Zeiträume in Anspruch nehmen, wodurch sich auch die Ökosysteme anpassen könnten. Taufliegen und ihre Larven dienen vor allem anderen Insekten, aber auch Amphibien als Nahrung. Zwar gibt es die Eigenschaft einer Resistenz gegen Herzglykoside auch bei anderen Insekten, hier hatten die ökologischen Netzwerke aber Gelegenheit, sich anzupassen. Neben den Raupen des Monarchfalters gibt es beispielsweise auch bei einigen anderen Arten mit einer Resistenz gegenüber giftigen Herzglykosiden auffällige Färbungen (*Oncopeltus fasciatus B.*; *Aphis nerii*; *Myzus persicae*). Treten aber auf einmal massenhaft Taufliegen mit den neuen genetischen Eigenschaften in der Umwelt auf, könnte das die Anpassungsfähigkeit der Ökosysteme überfordern. Die tatsächlichen Auswirkungen könnte man aber erst nach einer (möglicherweise nicht mehr umkehrbaren) Freisetzung erforschen. Im Falle der Monarchfliegen ist eine Freisetzung zwar nicht geplant, aber in vielen anderen Fällen ist durchaus vorgesehen dass sich die gentechnisch veränderten Organismen in den natürlichen Populationen ausbreiten sollen.

Die Wiederauferstehung des Mammuts

Als eine mögliche Anwendung der Neuen Gentechnik wird auch ihr Einsatz zur Wiedereinführung bereits ausgestorbener Arten propagiert. George Church will so gleichermaßen Mammuts und Neandertaler wiederauferstehen lassen:

> »A later technique under development in my Harvard lab will allow us to resurrect practically any extinct animal whose genome is known or can be reconstructed from fossil remains, up to and including

> the woolly mammoth, the passenger pigeon, and even Neanderthal man. (…) the genome sequence of both the wooly mammoth and Neanderthal man have been substantially reconstructed; the genetic information that defines those animals exist, is known, and is stored in computer databases. The problem is to convert that information – those abstract sequence of letters – into actual strings of nucleotides that constitute the genes and the genomes of the animals in question. This could be done by MAGE technology – multiplex automated genome engineering.«[158]

Dabei verweisen die Autoren auf ein Verfahren mit dem Namen *Multiplex Automated Genome Engineering* (MAGE), mit dem keine großen Genabschnitte übertragen werden sollen, sondern ein bestehendes Erbgut (im Falle des Mammuts ausgehend von der Erbinformation des Elefanten) Schritt für Schritt »umgeschrieben« werden soll (*Genome Editing*): Dabei sollen nach und nach die einzelnen Basenpaare der DNA ausgetauscht werden, bis die genetische Information weitgehend so verändert ist, dass das Erbgut eines Elefanten dem eines Mammuts angeglichen ist. Jeder einzelne Schritt scheint dabei übersichtlich und einfach. In ihrer Gesamtheit summieren sich diese vielen Schritte zu einem neuen Organismus (Mammut), der aber im Vergleich zur ursprünglichen Art (Elefant) ganz andere biologische Eigenschaften und Verhaltensweisen aufweist und dessen Wechselwirkungen mit der Umwelt ebenfalls grundlegend verschieden sind. Auch wenn es auf diesem Weg wohl kaum gelingen wird, eine ausgestorbene Art tatsächlich zurückzuholen, lassen sich so doch große Abschnitte des Erbgutes verändern.

Würde sich die Utopie von George Church auf der Ebene der DNA-Sequenz tatsächlich realisieren lassen, wäre allerdings noch nicht viel erreicht: Das so umgeschriebene Erbgut müsste auch in seiner Epigenetik (siehe dazu auch Kapitel 4), also seiner Genregulation, dem des Mammuts angeglichen werden. Nur dann könnte man erwarten, dass die Tiere auch lebensfähig sind und in ihrem Aussehen und möglicherweise sogar

158 Church/Regis 2012, Seite 11.

in ihrem Verhalten den ursprünglichen Mammuts entsprechen. Fehler in der Genregulation wirken sich unter anderem auf die embryonale Entwicklung und die Gesundheit der Tiere aus. Welche schwerwiegenden Folgen eine fehlerhafte Epigenetik (Genregulation) bei Säugetieren hat, zeigt sich regelmäßig bei Versuchen, Rinder, Schafe und Schweine zu klonen.[159] Und aktuelle Forschungsergebnisse zeigen, dass ein früherer Klimawandel eine entscheidende Rolle beim Aussterben der Mammuts spielte. Es spricht also wenig dafür, dass diese Tiere sich in der heutigen Umwelt wohlfühlen würden.

Gene Drives

Mit den neuen Gentechnik-Verfahren sollen auch natürliche Populationen verändert werden. Dafür wurden sogenannte Gene Drives entwickelt, die es ermöglichen sollen, natürliche Populationen, insbesondere »Schädlinge«, gegen Gentechnik-Varianten auszutauschen oder die Populationen zu dezimieren oder auch auszurotten. Wesentliches Merkmal des Gene Drive: Er kann die Regeln der Vererbung nach Mendel umgehen, nach der zu erwarten ist, dass bestimmte Erbanlagen jeweils nur an die Hälfte der Nachkommen weitervererbt werden. Um das zu erreichen, wird insbesondere die Genschere CRISPR/Cas verwendet: Das Erbgut für die Genschere wird im Erbgut des manipulierten Organismus fest verankert und kopiert sich in den nachfolgenden Generationen selbst immer wieder. Alle Nachkommen tragen dann das zusätzliche Gen – natürlicherweise wäre es in jeder Generation durchschnittlich nur die Hälfte.

Eingesetzt werden soll die Technologie unter anderem an Fruchtfliegen, die in der Landwirtschaft als Schädlinge angesehen werden, bei Mücken, die Krankheiten übertragen können, oder auch bei unerwünschten Nagetieren, und zur Bekämpfung von invasiven Arten oder von Pflanzen, die als Unkräuter gelten.[160] Das Problem: Einmal freigesetzt, kann das Experiment kaum noch gestoppt werden. Auch wenn Schäden an Mensch und Umwelt eintreten, würde es in vielen Fällen keine effektiven Methoden

159 EGE, 2008.

160 Siehe beispielsweise CSS, 2019.

geben, um die Gentechnik-Organismen wieder aus der Umwelt zu entfernen. Dabei lassen sich die tatsächlichen Eigenschaften der nächsten Generationen und die Langzeitfolgen für die Ökosysteme nicht verlässlich abschätzen.[161]

Gentechnisch veränderte Viren

Viren bieten die Möglichkeit, das Erbgut von Tieren und Pflanzen auch außerhalb des Labors und bei ausgewachsenen Pflanzen oder Tiere zu verändern. Ähnlich wie Viren als Impfstoffe genutzt werden, können sie dazu verwendet werden, zusätzliche Gene auf Tiere oder Pflanzen zu übertragen und so auch Populationen von nicht domestizierten Arten gentechnisch zu verändern.

Entsprechende Verfahren werden u. a. bereits bei Versuchstieren eingesetzt. Ein Beispiel: Mithilfe von Adenoviren wurde die Genschere CRISPR/Cas in die Gehirnzellen von Mäusen eingeschleust. Die Genschere war auf mehrere Gene gleichzeitig programmiert und sollte die Funktion von Genen stören, die an der Steuerung des Tag-Nacht-Rhythmus bei Mäusen beteiligt sind. Wurden diese Mäuse dann über längere Zeit im Dunkeln gehalten, zeigten sie, anders als ihre Artgenossen, ein gestörtes Bewegungsverhalten und hatten Probleme mit der Steuerung der Körpertemperatur.[162]

Auch Anwendungen an Tieren und Pflanzen in der freien Umwelt werden entwickelt (siehe auch Kapitel 7): Mithilfe von gentechnisch veränderten Viren könnte man versuchen, natürliche Populationen wie Fledermäuse oder Menschenaffen gegen Erreger wie Ebola oder *SARS-CoV-2* zu immunisieren, die auf den Menschen übergehen könnten.[163] Man würde Viren freisetzen, die sich in den Populationen von Wildtieren ausbreiten können, und diese sozusagen »impfen«, damit diese nicht länger von Viren befallen werden, die den Menschen gefährden können. Da die Effektivität und Verteilung des »Impfstoffes« in der Umwelt wenig kon-

161 Then et al., 2020.

162 Kim et al., 2021.

163 Nuismer/Bull, 2020.

trollierbar wäre, steht wohl zu erwarten, dass sich viele der Viren rasch anpassen könnten und sich möglicherweise auch neue Erreger bilden.

Auch bei Nutzpflanzen gibt es Pläne, gentechnisch veränderte Viren einzusetzen: Bei Pflanzen testet man den Einsatz von Viren u. a., um bei Zitrusfrüchten bestimmte Gene stillzulegen und den Befall mit Krankheitserregern zu reduzieren.[164] Diskutiert wird auch, Insekten mit dem Ziel einzusetzen, gentechnisch veränderte Viren in der Umwelt zu verbreiten, um in das Erbgut von Pflanzen auf dem Feld einzugreifen (man spricht hier auch von *Insect Allies*).[165] Die Forschung wird über den Militärhaushalt der USA finanziert.[166] Die Idee: Man könnte auf dem Acker je nach Bedarf in die Genregulierung der Pflanzen eingreifen und diese bspw. beim Auftreten einer Dürre an die aktuellen Umweltbedingungen anpassen. Dazu schreibt die US Defense Advanced Research Projects Agency (DARPA) auf ihrer Website:

> »National security can be quickly jeopardized by naturally occurring threats to the crop system, including pathogens, drought, flooding, and frost, but especially by threats introduced by state or non-state actors. Insect Allies seeks to mitigate the impact of these incursions by applying targeted therapies to mature plants with effects that are expressed at relevant timescales—namely, within a single growing season.«

Gentechnisch veränderte Viren, um die durch den Klimawandel verursachten Schäden und gleichzeitig Terrorakte abzuwehren? Das klingt technisch wenig plausibel, unter anderem sind die zu beeinflussenden Eigenschaften wie Trockenheitstoleranz dafür zu komplex. Gentechnisch hergestellte Viren, um die Ernte anderer Staaten zu vernichten? Leider durchaus denkbar.

---

164 Killiny N., 2020.

165 Reeves et al., 2018.

166 www.darpa.mil/program/insect-allies.

Gentechnik-Pestizide

Spätestens seit RNA-Impfstoffe zur Bekämpfung der Corona-Pandemie eingesetzt werden, sind diese biologisch wirksamen Moleküle auch einer breiteren Öffentlichkeit bekannt geworden. Dagegen versucht die Agrarlobby schon seit Jahren und eher unbemerkt, den Einsatz von RNA-Molekülen auch auf dem Acker voranzutreiben.

Mais, der insektengiftige RNA produziert, wird in den USA bereits angebaut (*Mon87411*). Er soll den Mais gegen den Wurzelbohrer schützen: Fressen die Käferlarven an den Pflanzen, nehmen sie eine RNA auf, die so designt ist, dass sie lebenswichtige Stoffwechselprozesse blockiert und die Larven zugrunde gehen oder verkümmern.

Es gibt generell verschiedene Typen von RNA-Molekülen, die hier eine Rolle spielen. Ihnen gemeinsam ist, dass sie, anders als beispielsweise die Corona-Impfstoffe, keine Proteine produzieren. Man spricht deswegen auch von *non-coding* RNA*s* (*nc*RNA*s*). Die biologische Wirkung dieser Moleküle beruht auf RNA-Interferenz (RNA*i*). Diese wirkt sich – allgemein gesprochen – auf die Genregulierung aus (siehe auch Kapitel 4 und Kapitel 5). Meist wird die Aktivität der betroffenen Gene gedrosselt oder unterdrückt. Diese Mechanismen liegen auch der Idee zugrunde, gentechnisch veränderte Bakterien, die gentechnisch designte ncRNA produzieren, bei Bienen einzusetzen (siehe oben).

Konzerne wie Bayer wollen schon bald auch isolierte RNA-Moleküle auf dem Acker versprühen. Die Pflanzen sollen die RNA über ihre Blätter aufnehmen, wodurch u. a. Viren- und Pilzkrankheiten bekämpft werden sollen. Auch Schädlinge wie der Kartoffelkäfer sollen so bekämpft werden. Das Ganze ist angeblich passgenau und ohne Nebenwirkungen.[167] Grundsätzlich macht sich diese Art der Gentechnik RNA-Effekte zunutze, wie sie auch in der Natur weit verbreitet sind: Beispielsweise kommunizieren Pflanzen über RNA-Moleküle mit symbiontischen Mikroorganismen im Wurzelbereich (Mykorrhiza) (siehe auch Kapitel 5). Die Einsatzmöglichkeiten sind vielfältig: Die Firma Monsanto (jetzt Bayer)

167 https://www.deutschlandfunk.de/mit-rna-gegen-schadinsekten-gift-und-gene.740.de.html?dram:article_id=494879.

hatte beispielsweise schon 2015 und 2016 Patente auf ncRNAs angemeldet (WO201506681 und WO2016179180). Laut der Patentanmeldung ist das Arsenal dieser »biologischen Kriegsführung« beeindruckend: Demnach könnten u. a. Schlupfwespen, Krebstiere, Fliegen, Flöhe und Läuse zu den Insekten gehören, die auf diese Weise bekämpft oder auch in ihrer Vermehrung gefördert werden. Bei ihrem Einsatz als Spray könnten sich die ncRNA-Pestizide in der Umwelt verteilen und zudem auch über die Wurzeln der Pflanzen in den Boden gelangen. Damit würden die künstlichen Botenstoffe großflächig in der Umwelt verteilt, ohne dass man ungewollte Interaktionen (bspw. mit der *Mykorrhiza,* Bodenorganismen, die mit den Pflanzen in Symbiose leben) definitiv ausschließen kann.

Die Botenstoffe der ncRNAs sind in ihren Wirkungsweisen vielfältig und an unterschiedlichen Prozessen beteiligt (siehe Kapitel 5). Ihre Struktur kann zudem, in Abhängigkeit von der jeweiligen Art, von den Zellen nach ihrer Aufnahme aus der Umwelt weiter verändert werden, sodass die Wirkung je nach betroffener Art auch unterschiedlich sein kann. Auch mögliche Auswirkungen auf Menschen werden diskutiert.[168] Bislang sind RNA-Sprays noch nicht zum Einsatz zugelassen. Dass es aber großes Interesse an diesen Gentechnik-Pestiziden gibt, zeigte beispielsweise eine Konferenz der OECD, die 2019 zu diesem Thema durchgeführt wurde.[169] Zudem wird auch darüber diskutiert, gentechnisch veränderte Insekten, Mikroben oder Viren als Pestizide einzusetzen (siehe Kapitel 7).

Vorsorge

Es ist zu befürchten, dass durch die Freisetzung gentechnisch veränderter Organismen und deren Ausbreitung in natürlichen Populationen die Anpassungsfähigkeit der Ökosysteme überschritten werden könnte. Der Einsatz von Gentechnik kann – zusätzlich zu den vom Menschen gemachten Effekten wie dem Klimawandel – so erheblich zu einer Destabilisierung der Ökosysteme beitragen beziehungsweise entsprechende Effekte noch verstärken. Zu befürchten sind unter anderem *Mismatch-Effekte,*

---

168 Siehe z. B. Fletscher et al., 2020.

169 Mendelsohn et al., 2020; Székács et al., 2021.

durch die Kommunikation und Interaktion in den Ökosystemen und deren weitere gemeinsame Entwicklung gestört werden (siehe Kapitel 7). Mit mehreren gentechnisch veränderten Organismen, die in der Umwelt überdauern und sich fortpflanzen können, sind Freisetzungen geplant oder werden bereits durchgeführt. Dabei können sich auch ohne Einfügung zusätzlicher Gene aus wenigen kleinen genetischen Veränderungen neue komplexe biologische Wirkungen ergeben.

Das betrifft auch die Landwirtschaft und unsere Nahrungspflanzen: Wie ein Blick auf die bis September 2020 erfolgten Deregulierungen von Gentechnik-Pflanzen in den USA zeigt,[170] könnten dort viele Nutzpflanzen in Freisetzung und Anbau gelangen, die unter anderem mit Neuer Gentechnik bearbeitet wurden. Viele von ihnen weisen Eigenschaften auf, die so weder aus herkömmlicher Züchtung noch aus evolutionären Prozessen zu erwarten sind. Einige Arten können in der Umwelt überdauern, sich vermehren und ausbreiten. Welche Belastung das langfristig für die Ökosysteme mit sich bringen kann, wurde bisher nicht untersucht. Grundsätzlich reichen die technischen Charakterisierungen von gentechnisch veränderten Organismen oder Versuche im Labor und Gewächshaus nicht aus, um alle relevanten Risiken abzuschätzen, die in nachfolgenden Generationen und in Wechselwirkung mit der Umwelt auftreten können. Dabei können auch neue, ungewollte Eigenschaften *(next generation effects)* auftreten, die zwar durch die gentechnischen Veränderungen verursacht sind, aber im Labor und danach folgenden Experimenten nicht beobachtet wurden.[171] Hier ergibt sich ein grundlegendes Problem: Wenn die räumlich-zeitliche Dimension nicht ausreichend definiert werden kann, müsste die Risikobewertung evolutionäre Dimensionen berücksichtigen. Evolutionäre Prozesse machen es aufgrund ihrer oft langen Dauer aber möglich, dass sich auch Ereignisse, für deren Eintreten nur eine geringe Wahrscheinlichkeit besteht, tatsächlich ereignen.[172] Dadurch wird eine zuverlässige, belastbare Risikobewertung prinzipiell

170 www.aphis.usda.gov/aphis/ourfocus/biotechnology/am-i-regulated/Regulated_Article_Letters_of_Inquiry.

171 Bauer-Panskus et al., 2020.

172 Breckling, 2013.

unmöglich gemacht. Jegliche Freisetzung von gentechnisch veränderten Organismen ohne ausreichende räumliche und zeitliche Kontrolle gleicht daher einem russischen Roulette mit der biologischen Vielfalt. [173]

Vor diesem Hintergrund muss das Vorsorgeprinzip gestärkt werden: Es erlaubt die Freisetzung von Gentechnik-Organismen nur dann, wenn im Falle von Schäden an Mensch und Umwelt wirksam eingegriffen werden kann, um die Organismen wieder aus der Umwelt zu entfernen. In der EU ist das Vorsorgeprinzip insbesondere in der *Freisetzungsrichtlinie 2001/18* und im Vertrag über die Arbeitsweise der Europäischen Union (AEUV, Art. 191) festgeschrieben. Es wird in Zukunft darauf ankommen, das Vorsorgeprinzip auch konsequent anzuwenden.

173 Then et al., 2020.

Kapitel 3
BI und KI und die »Wunder der Natur«

> *»Ein System heißt intelligent, wenn es selbstständig effizient Probleme lösen kann. Der Grad der Intelligenz hängt vom Grad der Selbstständigkeit, dem Grad der Komplexität des Problems und dem Grad der Effizienz des Problemlösungsverfahrens ab.«* *Klaus Mainzer* [174]

Die Intelligenz von Viren, Kraken und Tintenfischen

In den ersten drei bis vier Milliarden Jahren der Evolution ist viel passiert. Während die biochemische Basis für das Grundgerüst der Moleküle mehr oder weniger konstant blieb, bildeten sich eine Vielzahl unterschiedlicher Typen von Organismen, Phänotypen und die Vielfalt der Arten.

Aus einfachen Ausgangsbedingungen, bestimmten Molekülen, die sich in Zellen organisierten und in ihrer Umwelt überdauern und vermehren konnten, entstand ein selbstlernendes System, das immer kompliziertere Probleme lösen und Problemlösungen auch speichern konnte. Getrieben scheint die Entwicklung letztlich vom Impuls zu überleben. Auf dieser Grundlage entwickelten sich so intelligente Systeme wie Kraken und Krähen, Delfine und Haie, Raubvögel und Zugvögel, Bienen und Ameisen, Katzen und Hunde, Schimpansen und Menschen, wobei zur Liste der intelligenten Systeme auch Mikroben, Pilze, Flechten und Pflanzen gehören, auch wenn uns ihre Intelligenz schwerer verständlich ist als jene von mit uns näher verwandten Arten.

In der *Süddeutschen Zeitung* wurde im Februar 2021 über die Mutationen des SARS-CoV-2 berichtet.[175] Dabei erklärten die VerfasserInnen auch, wie es zu den neuen Mutanten kommt: »Klar ist, die Viren passen

174 Mainzer, 2018, Seite 3.

175 Berndt Christina/Charisius Hanno/Endt Christian (2021) Coronavirus-Mutationen: Unsichtbare Gegner, Süddeutsche Zeitung, 3.2.2021.

sich nicht an. Es sind die Kräfte der Evolution, die dafür sorgen, dass sie neue Eigenschaften bekommen.« Und die Virologin Ulrike Protzer erklärt im Artikel: »Wenn Sie uns reden hören … klingt das immer so, als würden Viren leben. Und denken. Und wären intelligent, was alles Schmarrn ist.« In dieser journalistischen Darstellung, die keineswegs ungewöhnlich ist, werden verschiedene Aspekte miteinander vermischt, die man besser trennen sollte. Tatsächlich kann man die Viren durchaus als intelligent bezeichnen, auch wenn sie nicht »denken«.

Wie andere Coronaviren hat auch *SARS-CoV-2* im Laufe der Evolution gelernt, die Anpassung an seine Wirte wesentlich effizienter zu machen, als dies bei rein zufälligen Mutationen der Fall wäre: Insgesamt zeigt das Virus eine geringere Mutationsrate, als rein statistisch zu erwarten wäre. Dafür verantwortlich sind Proteine, die die korrekte Zusammensetzung des Erbguts des Virus bei seiner Vervielfältigung prüfen und ggf. auch reparieren können, ein sogenanntes *Proof Reading.*[176] Ohne diese Kontrollmechanismen könnten zu viele Mutationen die Vermehrung und Infektiösität des Virus stark beeinträchtigen. Dann könnte sich das Virus in seiner krank machenden Wirkung rasch abschwächen und wieder verschwinden. Dagegen kann die Mutationsrate in bestimmten Regionen seines Erbguts wesentlich höher sein. Das sind die Bereiche, die für die Immunabwehr des Virus durch die menschlichen Zellen besonders wichtig sind. Das Virus »lernt« in der Auseinandersetzung mit dem Immunsystem, wie dieses zu überwinden ist.[177] Systeme, die dazu in der Lage sind, Probleme mit einer höheren Erfolgsrate zu lösen, als durch Zufall zu erwarten wäre, kann man durchaus als intelligent bezeichnen, auch wenn Viren nicht denken und planen. Das soll in diesem Kapitel noch genauer betrachtet werden.

Die auffällige Intelligenz von Kraken

Schon Aristoteles befasste sich mit dem komplexen Verhalten von Kraken. Sie sind als intelligente Tiere bekannt, die es in Gefangenschaft

176 Denison et al., 2011.

177 Di Giorgo et al., 2020.

verstehen, aus Aquarien zu klettern, Schraubgläser zu öffnen und sich in Labyrinthen zurechtzufinden. Sie haben Augen, die in ihrem Aufbau an die von Säugetieren erinnern (mit Hornhaut und Netzhaut), aber auf einem anderen evolutionären Weg entstanden sind. Sie haben acht Extremitäten, die sie koordiniert nutzen, um zu tasten, sich fortzubewegen und vor allem um zu jagen: Mit ihren Fangarmen und deren Saugnäpfen fassen sie die Beute und manövrieren sie ins Zentrum des Körpers, wo ein mit scharfen Kauwerkzeugen gerüsteter »Mund« sitzt, der auch Seeigel, Krabben, Seespinnen und Muscheln öffnet. Kraken verwenden ihre Arme auch zur Verteidigung: Sie sammeln Steine, Muscheln und Glasscherben als Schutzschild vor ihrer Höhle. Zudem können sie ihre Verfolger mit einer Wolke dunkler Tinte die Sicht nehmen. Weil sie keine Schale haben, scheinen sie extrem verwundbar. Aber ihr Körper ist dadurch auch extrem anpassungsfähig: Er kann Farben und Strukturen der Umgebung imitieren und sich so fast unsichtbar machen. Dieser Körper passt auch in enge Felsspalten und kleine Höhlen, in denen sie ihre Opfer wie Krebse und Krabben finden und sich auch selbst verstecken können.

Auch an der Fortpflanzung sind die Beine beteiligt – hier gibt es wie beim Menschen eine Art Geschlechtsdimorphismus. Die Fortpflanzung ist eine der wenigen bekannten sozialen Events bei Kraken, und diese folgt festgelegten Regeln: Bei der Mittelmeerkrake (*Octopus vulgaris*) findet die Paarung im Alter von zwei bis drei Jahren statt. Das Männchen stirbt danach. Das Weibchen lebt etwas länger, legt die Eier an langen Fäden und bewacht diese. Ihre Nachkommen lernt sie allerdings nie kennen. Kurz vor dem Schlüpfen des Nachwuchses ist ihr Leben vorbei. Sie kann ihre individuelle Erfahrungen also nicht an die nächste Generation weitergeben. Das verursacht Probleme: Auch der dümmste Sporttaucher, ausgerüstet mit einer einfachen Harpune, kann darauf hoffen, diese intelligenten Tiere aufzuspießen. Die Kraken erkennen einen Raubfisch, aber nicht unbedingt die Absicht bestimmter Menschen mit Harpunen. Wären auch Kraken sozial lebende Tiere, die ihre schlechten Erfahrungen austauschen und weitergeben könnten (wie Menschen dies u.a. mit Aufzeichnungen von Aristoteles geschafft haben), würde die erwähnten Freizeitbeschäftigung der Sporttaucher wohl seltener mit Erfolgserlebnissen einhergehen. Damit ist aber nicht gesagt, dass Kraken nicht doch auch durch Beobachtung voneinander lernen können. Zahlreiche Experimente zeigen, dass sich die Tiere in Aquarien gegenseitig genau beobachten und so voneinander lernen, mit einer technisch determinierten Umwelt umzugehen. Auch wurde im Mittelmeer vor Capri beobachtet, wie frei lebende Kraken durch gegenseitige Beobachtung dazu angeleitet werden, bestimmte Verhaltensweisen zu übernehmen.

Aufgrund ihrer hohen Flexibilität, ihrer Fähigkeit zu lernen und ihrer Problemlösungskompetenz sind Kraken zu einem Sinnbild einer Intelligenz geworden, die sich mit der neuronalen bzw. kognitiven Intelligenz von Wirbeltieren messen kann, ohne ihr organisch und phylogenetisch ähnlich zu sein. Dabei kann man bei Kraken verschiedene Formen oder Ebenen der Intelligenz unterscheiden: Beispielsweise drückt sie sich morphologisch aus, in Fangarmen, Augen, veränderbaren Hautzellen und Tintenbeutel, einem komplexen Nervensystem und einem phänomenalen Tastsinn. Auf einer anderen Ebene läuft ein festgelegtes Programm ab: Fortpflanzung, Brutpflege, Fluchtreflexe, fixiert in zum Teil hochkomplexen Instinkten. Eine dritte Ebene lässt Entscheidungen und Lernprozesse in neuronalen Netzwerken zu und ist nicht determiniert: Erkundungsverhalten, Orientierung, Jagdstrategien und besondere Problemlösungen wie die Verwendung von Muscheln, Steinen oder auch von Glasscherben als äußeres Schutzschild gehören in diese Kategorie.

Die molekulare Intelligenz von Tintenfischen

Neben diesen offensichtlichen Formen der Intelligenz von Kraken sollte man auch die besondere Intelligenz der Kopffüßler auf molekularer Ebene erwähnen: Tintenfische verfügen über besondere Fähigkeiten zur Genregulation: Normalerweise wird im Zellkern die DNA von der mRNA (messenger-RNA) abgelesen, um nachfolgend von den Zellen in Proteine umgesetzt zu werden (siehe auch Kapitel 4). Der Ursprung der Information liegt dabei immer im Kern in Form von DNA vor, von hier aus wird das Programm, der Ablauf der weiteren biologischen Funktionen, dirigiert. Was im Zellkern nicht festgelegt ist, kann gemäß dieser Theorie auch nicht stattfinden.

Nun ist auch bekannt, dass die mRNA, so wie sie von der DNA abgelesen wird, oft nicht direkt in Proteine umgesetzt wird. Sie wird vielmehr oft modifiziert, editiert – man spricht auch von *Alternative Splicing*: Damit ist gemeint, dass ein und dieselbe Struktur der DNA in unterschiedliche Proteine umgesetzt werden kann. Das ist wichtig für uns Menschen: Wir haben nur rund 20.000 sogenannte codierende Gene (also Gene, die in Proteine umgesetzt werden) aber in unserem Körper gibt es Bedarf an einigen hunderttausend Proteinen. Von Taufliegen (*Drosophila*), Mäusen und Menschen weiß man, dass dieses natürliche Editing der mRNA bereits im Zellkern stattfindet und die jeweilige Information der mRNA außerhalb des Zellkerns nicht mehr verändert wird.

Beim Tintenfisch (zumindest bei der Art *Doryteuthis pealeii*) scheint es anders zu sein. Bereits seit einigen Jahren ist bekannt, dass Tintenfische rund zwei Drittel ihrer neuronalen Signale durch das Editing der mRNA übermitteln und steuern. Das Ausmaß des Editing von mRNA übersteigt das von anderen Organismen bei Weitem. Beobachtet man die extreme und rasche Anpassungsfähigkeit der Tiere durch Farbwechsel und Oberflächenstruktur, scheint es naheliegend, dass es dafür besonderer, fallspezifischer Steuerelemente bedarf.

Bei genaueren Untersuchungen zeigte sich, dass das Editing der mRNA bei Tintenfischen nicht nur im Zellkern der Neuronen, sondern auch außerhalb des Zellkerns und entlang der Ausläufer der Nervenzellen erfolgt. Ein und dieselbe Geninformation kann in unterschiedlichen Abschnitten des Verlaufes der langen Nervenfasern unterschiedlich abgelesen werden.[178] Wie die ForscherInnen schreiben: »This is the first time that edits to genetic information have been observed outside of the nucleus of an animal cell.«[179] Die Experimente konnten auch zeigen, dass die mRNA entlang der Ausläufer der Nervenzellen in viel höheren Raten als in den Zellkernen verändert wird: »(…) we thought all the RNA editing happened in the nucleus, and then the modified messenger RNAs

178 Vallecillo-Viejo, I. C., et al., 2020.

179 NEWS RELEASE 23-MAR-2020, New genetic editing powers discovered in squid, https://www.eurekalert.org/pub_releases/2020-03/mbl-nge032320.php.

are exported out to the cell«, wird der Forscher Joshua Rosenthal zitiert. »Now we are showing that squids can modify the RNAs out in the periphery of the cell. That means, theoretically, they can modify protein function to meet the localized demands of the cell. That gives them a lot of latitude to tailor the genetic information, as needed.«[180] Die genetische Information kann also den aktuellen Bedürfnissen der Zelle in Reaktion auf die Umwelt sehr rasch angepasst werden. Die molekulare Intelligenz in den Zellen, die sich in diesen Mechanismen zeigen, scheint der Intelligenz der neuronalen Netzwerke von Kopffüßlern durchaus ebenbürtig.

Intelligenz löst Probleme

Die Art und Weise, wie das Wort »Intelligenz« in Zusammenhang mit biologischen Phänomenen verwendet wird, kann verwirrend sein. Deswegen hier zunächst eine Definition von intelligenten Systemen. Es stammt aus einem Standardwerk über künstliche Intelligenz von Klaus Mainzer und ist auch auf den Bereich der Biologie und Organismen anwendbar: »Ein System heißt intelligent, wenn es selbstständig effizient Probleme lösen kann. Der Grad der Intelligenz hängt vom Grad der Selbstständigkeit, dem Grad der Komplexität des Problems und dem Grad der Effizienz des Problemlösungsverfahrens ab.«[181] Der KI-Experte Mainzer schreibt weiter: »Auch biologische Organismen sind Beispiele von intelligenten Systemen, die wie der Mensch in der Evolution entstanden und mehr oder weniger selbstständig Probleme effizient lösen können.«[182]

Kraken sind ein Beispiel für extrem hohe Problemlösungskompetenz, wobei sich neuronale und genetische Netzwerke der Informationsspeicherung und Verarbeitung gegenseitig ergänzen: Durch neuronales Lernen, gestützt auf Versuch und Irrtum und ggf. auch durch Beobachtung, können auch neue, bisher unbekannte Probleme gelöst werden, wie der Verschluss von Schraubgläsern.

180 S. o.

181 Mainzer, 2018, Seite 3.

182 Mainzer, 2018, Seite VII aus dem Vorwort.

Zudem stehen Kraken, wie erwähnt, eine Vielzahl von angeborenen, intelligenten Lösungsmöglichkeiten für Probleme wie Jagd, Flucht, Tarnung und Fortpflanzung zur Verfügung. Die Vererbung liefert dabei die »Erinnerung« an Vorfahren, die bestimmte Problemlösungen über ihre Gene weitergegeben haben. Auch heute lebende Exemplare, die trotz natürlicher Feinde, Klimawandel, Umweltverschmutzung und Sporttaucher überleben, geben diese genetischen Erinnerungen, die sich über einen Zeitraum von mehr als 250 Millionen Jahren angesammelt haben, an die nächste Generation weiter – über einen so langen Zeitraum ist die Entwicklung der heutigen Kraken zurückverfolgbar. Dabei verändert sich auch der Ausschnitt der Erinnerungen: Unter geänderten Umweltbedingungen sind neue Problemlösungskompetenzen gefragt. Diese können ggf. aus dem bestehenden Genpool der Art ausgelesen, selektiert werden. Auch neue genetische Informationen, die durch spontane Mutationen entstanden sind, können dabei hilfreich sein.

Für all diese evolutionären Prozesse gilt: Werden die jeweiligen Lösungen nicht rasch genug gefunden, geht die Art zugrunde. Die Kraken hatten mehrere hundert Millionen Jahre, um sich zu dem zu entwickeln, was wir heute in den Meeren antreffen können. Sie haben aber nur wenige Jahre Zeit, um auf die Veränderungen der Umwelt zu reagieren, die der Mensch schon verursacht und die er in den kommenden Jahren noch zu verantworten hat. Doch die Kraken könnten trotzdem ganz gute Chancen haben: Das Ergebnis ihrer Evolution ist keineswegs nur Spezialisierung, d. h. beste Anpassung an eine bestimmte Umwelt, sondern eine extrem hohe Kompetenz für das Lösen von Problemen. Das ist eine gute Option auf die Zukunft.

Die Intelligenz der Arten

Sind die Populationen einer Art groß und vielfältig, arbeiten gleichzeitig viele Individuen an den spezifischen Problemkreisen von Kraken oder Tintenfischen, Regenwürmern oder Schraubenwürmern, Löwenzahn oder Löwen, Gorillas oder Gekkos, Coli-Bakterien oder Kolibris. Jede Art ist nicht nur durch ihre Gene und ihren Phänotyp, sondern auch durch ihre spezielle Umwelt und deren Problemstellungen und Interaktionen charakterisiert. Grundprobleme sind Beschaffung von Nahrung, Nutzung von Energie und die Reproduktion der Art. Die Lösungen dafür sind aber extrem vielfältig. Die Geosphären der Erde schaffen dabei bestimmte Rahmenbedingungen für das Entstehen und die Weiterentwicklung der Biosphären. Innerhalb dieser Rahmenbedingungen schaffen die Arten immer neue Umwelten, sie fächern die physikalisch-chemischen Ausgangsbedingungen weiter auf und schaffen neue Lebenswelten oder, wie der Biologie Jakob von Uexküll (1864–1944) sie genannt hatte, »Funktionskreise«. Diese haben in ihrer speziellen Beschaffenheit nur so lange Bestand, wie die Art existiert. Die Welt der Säugetiere ist aus anderen Umwelten zusammengesetzt als die Welt der Dinosaurier oder die Welt der Kraken. In diesen Umwelten und aus deren Wechselwirkungen werden ständig neue Informationen über Probleme gesammelt und ausgetauscht, die ggf. im Laufe der Evolution akkumulieren und zu höherer Komplexität mit noch größerer Problemlösungskompetenz führen können.

Jede Art lebt so in ihrer Blase von alten und neuen Problemen und den Lösungen, die sie gefunden oder erfunden hat. Indem jede Art mit spezifischen Antworten auf spezifische Probleme reagiert, schafft sie sich auch ihre ganz spezielle, eigene Umwelt. Die heutige Vielfalt an ökologischen Nischen würde es ohne die verschiedenen Arten gar nicht geben. Dass Kraken extrem »anpassungsfähig« sind, heißt eigentlich nicht nur, dass sie rasch auf aktuelle Veränderungen in ihrer Umwelt reagieren können, sondern auch, dass die von ihnen hervorgebrachten Umwelten besonders vielfältig sind. Ob Sand oder Seegras, Moose oder Felsen, in ihrer Fortbewegung, ihrer Tarnung und ihrer Art, Beute zu machen, haben sich Kraken große Flexibilität und Spielräume geschaffen. Im Laufe der Evolution sind sie auch in ihrem gesamten Körperbau flexibler geworden: Die Kraken haben ihre eigene fixe Schale, ihre Schutzpanzer, aufgegeben, wie sie für frühere Arten typisch waren (siehe auch Kapitel 4). Gleichzeitig können sie aber die harten Schalen von Muscheln und Schnecken zielgerecht aufbohren. Ihr Körperbau ist ebenso wie ihre Funktionskreise bzw. ihre Interaktion mit den Ökosystemen von denen ihrer Vorfahren verschieden.

In der existierenden biologischen Vielfalt sind die vielfältigen Lösungen und die Erinnerungen an frühere Umwelten gespeichert, die oft ganz andere Rahmenbedingungen hatten als die heutigen. Dieser Speicher an Erfahrungen kann auch für die künftige Entwicklung der Arten wichtig werden. Im Ergebnis verfügt das System Leben in seiner Gesamtheit trotz relativ einfacher Ausgangsbedingungen über eine vermutlich (fast) unendlich große Zahl von unterschiedlichen und einzigartigen Problemlösungen, die in den Netzwerken von Gen-, Molekül- und Stoffwechselabläufen der verschiedenen Arten gespeichert sind. Sterben Arten aus, gehen auch ihre spezifischen Umwelten und die sie enthaltenden Problemlösungen verloren und kehren wohl niemals in der gleichen Gestalt wieder zurück. Durch die Entstehung und den Untergang der Arten und ihrer Umwelten gibt das Leben der Zeit eine unumkehrbare Richtung. Solange das Artensterben ein bestimmtes Ausmaß nicht überschreitet, nimmt die Biologische Intelligenz im Laufe der Evolution zu und damit auch seine Komplexität und Problemlösungskompetenz. So kann das System Leben beständig neue Lösungen, aber auch neue Wege der Problemlösung hervorbringen. Leben in seiner Gesamtheit wird damit gegenüber seinen Ausgangsbedingungen autonomer und selbstbestimmter. Ein anschauliches Beispiel sind die Eigenschaften eines gleichwarmen Tieres gegenüber denen eines wechselwarmen Tieres, das bei Kälte in eine Starre fällt. Ausgehend von definierbaren physikalischen und chemischen Grundbedingungen, entsteht so etwas Neues, eine Emergenz mit einer spezifischen Dynamik und Entwicklungsfähigkeit.

Die Verkörperung von Intelligenz

Wir stellen uns Intelligenz oft als etwas vor, das zwar auf biologischer Grundlage beruht, aber in ihrer Erscheinung von dieser losgelöst ist. Bei einer intelligenten Unterhaltung werden ja keine Nervenenden ausgetauscht, sondern Worte und Gedanken, die kein morphologisches Korrelat haben. Impulse unserer Nerven werden übersetzt in Symbole mit Bedeutung, Sprache, die es uns ermöglicht, Informationen auch über Gegenstände und Zusammenhänge auszutauschen, die nicht haptisch sind. Haben diese Informationen ein räumliches Korrelat (ein Buch, einen Datenstick), entspricht die Form nicht ihrem speziellen Inhalt. Diese Form des Austausches von Information beruht auf einer Übersetzung der eigentlichen Inhalte in Zeichen und Symbole (in analoger oder digitaler Form). Diese Art des mittelbaren Informationsaustausches ist für uns Menschen spezifisch und beruht auf unseren enorm leistungsfähigen neuronalen Netzwerken und deren Problemlösungskompetenz. Für die Welt der Biologie ist diese Erscheinungsform einer mittelbaren Intelligenz aber eine seltene Ausnahme. Man spricht bei der DNA zwar oft von einem genetischen »Code«. Doch diese Analogie ist irreführend.

Beim Ablesen von DNA, dem Editing von mRNA, den Instinkthandlungen von Insekten oder den Interaktionen von Krakenarmen können Information, Kommunikation und die Intelligenz des Systems nicht von deren biologischen Phänomen und morphologischen Substraten getrennt werden. Unsere Körper, die Körper von Tieren, Organismen wie Bakterien, Pilze und Pflanzen, sind vielmehr verkörperte Information, morphologische Manifestation von Intelligenz, haptische Kommunikation. Die hier ausgetauschte Information, die hier stattfindende Kommunikation wird nicht »übersetzt«. Umwelt und Organismus verstehen sich ohne Worte. Werden Signale ausgetauscht, ist ihre Botschaft vom Vorhandensein passender Rezeptoren abhängig und nicht von einer Übersetzungsleitung einer Großhirnrinde. Es ist Wissen ohne Repräsentanz und Symbolik. Die Organismen sind sich selbst verkörperndes Wissen. In den biologischen Funktionskreisen sind Organismus und Information eine Einheit.

Damit wurde die BI auch zum Vorbild der KI. Das ursprüngliche Modell der lebenden Automaten zielte auf eine Reduzierung des Lebens auf technisch konstruierbare Funktionen. Das Ziel war zu zeigen, dass Leben vollständig aus mechanischen Prozessen erklärt werden könne. Das aktuelle Konzept der KI für Automaten zielt darauf ab, technische Prozesse »lebensähnlich« oder »lebensfähig« zu machen. Anstatt zu versuchen, Leben auf Mechanik zu reduzieren, geht es jetzt eher darum, die künstlichen Systeme dem Leben anzunähern. Und insbesondere Möglichkeiten zu finden, wie KI neue Problemlösungen aus sich heraus entwickeln kann – ohne äußeres Design, ohne Bewusstsein. Und eben auch den Austausch von Informationen, der unabhängig ist von Zeichen und Symbolen. Unter anderem bei der Entwicklung künstlicher Bewegungsabläufe werden die Vorzüge der BI besonders deutlich: Auch »Tausendfüßler« stolpern ja nicht. Und insbesondere die Abläufe von Jagd und Flucht machen fehlerfreie Bewegungsabläufe in unebenem Gelände zur Notwendigkeit. Dagegen wirken Roboter doch sehr unbeholfen, hier gehört das Stolpern auf einem Kiesweg zum Programm. Das liegt auch am Datenmanagement: Informationen aus der Umwelt müssen erst in Symbole übersetzt werden, die für den Computer verständlich sind. So schreibt Mainzer:

> »Hier wird der Unterschied von Technik und Natur deutlich. Um stabile Fortbewegung des Menschen zu realisieren, bedurfte es in der Evolution keineswegs eines Hochleistungsrechners, der nichtlineare Bewegungsgleichungen in Echtzeit lösen kann, um die Bewegungen nach den Lösungsmustern zu realisieren.«[183]

Für die KI folgt daraus ein Wechsel vom »Funktionalismus«, der mit der Umsetzung in Befehlssymbole arbeitet, hin zum »konnektionistischen« Ansatz, der direkte Interaktion erlaubt:

> »Der konnektionistische Ansatz betont deshalb, dass Bedeutung nicht von Symbolen getragen wird, sondern sich in der Wechselwirkung zwischen verschiedenen kommunizierenden Einheiten eines komplexen Netzwerkes ergibt. Diese Herausbildung bzw. Emergenz von Bedeutungen und Handlungsmustern wird durch die sich selbst organisierende Dynamik von neuronalen Netzwerken möglich.«[184]

Unter anderem der Ausbau des Funknetzwerkes in *5G* soll in Zukunft diesen konnektionistischen Ansatz für selbstfahrende Roboter und Autos nutzbar machen.

183 Mainzer, 2018, Seite 141.

184 Mainzer, 2018, Seite 144.

Kompetenz ohne Verständnis

Im Gegensatz zu einem technischen Top-down-Ansatz der Design und Funktionskreise einem bestimmten Zwecken unterwirft, entstand die Biologische Intelligenz ohne bestimmten Zweck. Die Ursache für die Entstehung von BI scheint der Impuls der Zellen zu sein, in der Umwelt zu überdauern. Der ganze »Rest« scheint letztlich nur diesem ersten Impuls zu folgen. Allgemein ausgedrückt: Das Lernen, die Akkumulation von Information in Organismen, die sich in unterschiedliche Arten entwickeln, erfolgt über die Auseinandersetzung mit den vielfältigen Problemen, die gelöst werden müssen, damit diese überleben und sich weiterentwickeln können. Zur Lösung der Probleme war aber keine analytische Fähigkeit, kein Verständnis der Probleme nötig. Der Bewusstseinsforscher Daniel C. Dennet spricht deswegen von »Kompetenz ohne Verständnis«.[185] Die Organismen, die lebensnotwendige Problemlösungen finden, können überleben und diese Information weitergeben (vererben). Die komplizierten Mechanismen und Prozesse der Evolution sind ein Kapitel für sich (siehe auch Kapitel 4).

Gerade durch dieses nicht determinierte, nicht zielgerichtete Lernen ist die BI zu einem Vorbild der KI geworden. Die KI versucht nach diesem Muster selbstlernende, sich selbst optimierende Systeme insbesondere in Form von Algorithmen zu schaffen. Die KI erforscht evolutionäre Prozesse, um ganz allgemein besser verstehen zu können, wie selbstlernende Systeme zu kompetenten Problemlösern werden können. Dabei geht es nicht um die Lösung eines bestimmten Problems, sondern um die Kompetenz und das Potenzial zum Lösen von Problemen generell: Aus einem vereinfachten Evolutionsmodell (Reproduktion, Mutation und Selektion) werden sowohl Algorithmen entwickelt, um Probleme zu lösen oder optimale Computerprogrammme zu entwickeln.[186] Ein Lernalgorithmus erkennt neue Muster und Korrelationen, ohne dabei auf vorgegebene bzw. eintrainierte Prototypen zurückzugreifen. Er entwickelt sich in Selbstorganisation und darf dabei – wie die Evolution – auch Feh-

185 Dennett, 2018.

186 Mainzer, 2018, Seite 93.

ler machen. So nähern sich KI und BI in ihren Methoden und Ergebnisse gegenseitig an: 2020 verkündete die Google-Firma DeepMind einen Durchbruch bei der Vorhersagbarkeit von Proteinstrukturen. Der Hintergrund: Die dreidimensionalen Strukturen der Eiweiße ergeben sich aus der Abfolge der Aminosäuren, aus denen sie zusammengesetzt sind. Die Abfolge der Aminosäuren wird wiederum durch die DNA vorgegeben. Die einzelnen Bestandteile der Proteine und deren Reihenfolge sind also bekannt. Doch bei ihrer Faltung zum dreidimensionalen Eiweiß gibt es so viele verschiedene Möglichkeiten, dass es in der Regel nicht möglich ist, aus diesen bekannten Daten die Struktur der tatsächlichen Proteine exakt vorherzusagen. Diese Strukturen sind es aber, die für die spezifische biologische Aktivität beispielsweise eines Enzyms entscheidend sind. Bisher gab es hier nur die Möglichkeit, die tatsächlich gebildeten Proteine nachträglich in ihrer Struktur zu analysieren, was einen relativ großen Aufwand bedeutet und nicht in allen Fällen vollständig möglich ist. DeepMind ist es gelungen, eine KI zu schaffen, die aus den Eigenschaften der Aminosäuren zunächst verschiedene Optionen berechnet, die dann in einem zweiten Schritt in die wahrscheinlichste Form des tatsächlichen Proteins gebracht wird. Wie genau das Programm dabei zu seinem Ergebnis kommt, scheint nicht in allen Details nachvollziehbar. Das Ergebnis stimmt aber überraschend gut mit den Daten zur tatsächlichen Struktur der Proteine überein.[187]

Vielfalt und Komplexität

Im Rahmen der Evolution nimmt die Komplexität der Organismen tendenziell zu. Dadurch steigt auch die Kompetenz zur Problemlösung. Gene, Genome, Zellen, Organismen, Populationen, Arten: Jede Ebene hat unterschiedliche Interaktionsmuster, gebiert neue Netzwerke und repräsentiert eine andere Stufe des »Lernens« und der erlernten Kompetenz. Das Beispiel von Krake und Tintenfisch zeigt, dass die Problemlösungskompetenz dabei aus verschiedenen Intelligenzformen zusammengesetzt ist: Molekulargenetisches Finetuning, körperliche Spezialisierung, kom-

187 Callaway, 2020.

plexe Instinkthandlungen und neuronales Lernen machen die BI einer Art aus, deren einzelne Bestandteile nicht ausreichen, um ihre Gesamtheit zu erklären. Auch hier kann ein weiterer Querverweis auf die KI dem besseren Verständnis dienen. Die modulare Zusammensetzung von genetischen und neuronalen Systemen, die zu immer neuen Kombinationen von komplexen Systemen kombiniert werden, ist auch in der KI ein elementarer Ansatz. Basierend auf vergleichsweise einfachen Bausteinen, entwickelt sich eine KI mit komplexer Dynamik:

> »Dabei ist die Grundidee komplexer dynamischer Systeme immer dieselbe: Erst die komplexen Wechselwirkungen von vielen Elementen erzeugen neue Eigenschaften des Gesamtsystems, die nicht auf einzelne Elemente zurückführbar sind. ... Wir unterscheiden daher bei komplexen dynamischen Systemen die Mikroebene der einzelnen Elemente von der Makroebene ihrer Systemeigenschaften.«[188]

Dass sich diese Komplexität, auf der die eigentliche Problemlösungskompetenz der BI beruht, nicht beliebig auf einzelne essenzielle Elemente reduzieren lässt, zeigen u. a. auch die Versuche mit Minimalgenomen (siehe Kapitel 1). Entscheidungen über Problemlösungen können auf ganz unterschiedlichen Ebenen stattfinden: im Molekül, in einer Zelle, im Organismus, in der Population. Die im Laufe der Evolution zunehmende Komplexität ermöglicht es den Organismen auch, Probleme in mehreren parallelen Lösungsansätzen gleichzeitig anzugehen und so neue Problemlösungen in kontinuierlicher Wechselwirkung mit der Umwelt zu testen.

Das bekannteste Beispiel für einen Innovationsschub in der Geschichte des Lebens ist wohl die *kambrische Explosion* vor etwa 540 Millionen Jahren, aus der innerhalb relativ kurzer Zeiträume eine Vielzahl neuer Organismen mit deutlich erhöhter Komplexität hervorgegangen sind.[189] Schwämme, Gliederfüßer und Stacheltiere, Trilobiten gehören zu den im Kambrium entstandenen Lebensformen, alle waren Meeresbewohner.

188 Mainzer, 2018, Seite 186.

189 Siehe beispielsweise Gould, 1994.

Viele Organismen hatten ein Kalkskelett, was ein Grund dafür ist, dass aus dieser Periode auch besonders viele Fossilien erhalten sind. Die Mehrheit dieser Lebensformen ist längst wieder ausgestorben. Andere überlebten und entwickelten sich weiter. Die noch heute lebenden Gliederfüßer, also Spinnen, Insekten und Krebstiere, sind Nachfahren der damals entstandenen Arten. Auch wenn es damals noch keine Vertebraten gab, wurden wesentliche Bestandteile ihrer Baupläne damals entwickelt und haben überdauert.

Sieht man sich die Abbildungen von Fossilien an, ist die Vielfalt an Lebensformen erstaunlich. Die Natur scheint sich selbst in einer Vielzahl von oft einfachen, aber auch ganz unterschiedlichen experimentellen Bauplänen getestet zu haben. Die Ursache für diesen sprunghaften Anstieg ist nicht klar. Man geht davon aus, dass sich Umweltbedingungen wie der Sauerstoffgehalt der Meere veränderte, was bei den damals vorhandenen Arten einen Entwicklungsschub auslöste.

Gegen Ende des Ordoviziums, ca. 100 Millionen Jahre nach dem Kambrium, starben nach verschiedenen Schätzungen 85 Prozent der marinen Arten aus, viele Gattungen überlebten aber. Bis dahin hatten sich aber nicht nur Lebensformen wie Seesterne, Seeigel, Schnecken entwickelt, sondern auch die ersten mehrzelligen Landbewohner, Pilze, Flechten und Lebermoose. Die Gemeinschaft ihrer Nachkommen veränderte die Zusammensetzung der Atmosphäre, sodass der Sauerstoffgehalt weiter anstieg und die Entwicklung terrestrischer Lebensformen und damit einer Vielfalt neuer Arten ermöglichte. Unter sich ändernden Umweltbedingungen, die von den Lebewesen zu ganz wesentlichen Teilen selbst herbeigeführt wurden, ergaben sich neue Probleme und neue Lösungen, neue Arten und deren Umwelten, die passende Antworten auf die Herausforderungen des Lebens gefunden hatten. Ihre Problemlösungen überdauern bis heute in den Bauplänen, genetischen Netzwerken, Stoffwechselfunktionen und vielleicht auch Verhaltensweisen, die im Speicher der DNA gesammelt und in den Organismen verkörpert, abgewandelt und vervielfältigt wurden und so die Entstehung immer komplexerer Arten und ihrer Umwelten ermöglichten.

Während also viele Arten seit dem Kambrium wieder verloren gegangen sind und die Artenvielfalt insbesondere durch plötzliche äußere Einflüsse wie Meteoriten eingeschränkt wurde, denen auch erfolgreiche »Überlebenskünstler« wie Ammoniten und Dinosaurier zum Opfer fielen, gelang es anderen Arten, kontinuierlich immer weiter neue Erfahrungen mit den Herausforderungen ihrer jeweiligen Umwelten zu sammeln und die gefundenen Lösungen auch an ihre Nachkommen weiterzuvererben. Das Ergebnis ist eine ungeheure Vielfalt an vorhandenen Problemlösungen, die auch die Grundlage der weiteren Entwicklung komplexer Lebensformen bilden, die noch erfolgreicher im Problemlösen sein können. Abstrakt gesehen, nimmt also die Biologische Intelligenz des Lebens zu, wobei die Entwicklung neuronaler Netzwerke nur eines der auffälligsten und deutlichsten Merkmale ist. Kurz gesagt: Über Milliarden Jahre lernte das Leben an den Widerständen und Probleme, denen es ausgesetzt war. Es verkörperte die erfolgreichen Lösungen in den Arten, wodurch die Voraussetzungen für deren Überleben und zukünftige Entwicklungen stetig verbessert wurden. Dabei nahm die Komplexität vieler Arten erheblich zu und ermöglichte die rasante Entwicklung eines neuen Prozesses des Lernens und Erinnerns durch die Entwicklung neuronaler Speicher und die Ausbildung individueller Intelligenz. Mit der Zunahme der biologischen Intelligenz können sich so die Zeiträume, die die Organismen für ihre Reaktion auf Veränderungen in ihrer Umwelt benötigen, erheblich verkürzen. Dieses Lernen vollzieht sich auf mehreren Ebenen, und es geht keineswegs nur um das Lösen neuer Probleme, sondern auch darum, bestehende Lösungen zu erweitern und alternative Lösungswege zu finden. Während die Intuition von TechnikerInnen davon ausgehen könnte, dass sich einmal gefundene »optimale« Lösungen durchsetzen und weniger effiziente Lösungen und redundante Entwicklungen verdrängen, zeigt uns die moderne Evolutionsbiologie ein ganz anderes Bild: Es ist die Regel und nicht die Ausnahme, dass es für eine genetische Funktion, ein Protein, einen Regulationskreislauf oder einen wichtigen Stoffwechselprozess nicht nur eine Variante, sondern viele Varianten gibt, die im Laufe der Evolution erfolgreich entwickelt und beibehalten wurden.

Die Unterschiedlichkeit der Arten ist Ausdruck dieser verschiedenen Varianten von Lösungen, die für gleichartige Probleme gefunden wurden. Letztlich muss alles Leben, um zu existieren, nur zwei Grundprobleme lösen: die Gewinnung und Umwandlung von Energie und die Vervielfältigung der daraus geschaffenen Einheiten. Dafür wurde aber eine scheinbar unendlich große Fülle von Interaktionen mit den Umwelten, von unterschiedlichen Strukturen und Mechanismen entwickelt. Diese Vielfalt findet sich nicht nur zwischen, sondern zu großen Teilen auch innerhalb der Arten. Innerhalb des *Pangenoms* einer Art, dem alle Genomvarianten innerhalb dieser angehören, existiert eine große Vielzahl von Genotypen und Genotyp-Netzwerken für verschiedene Problemlösungen, die der jeweiligen Art zur Verfügung stehen, um auch künftig zu überdauern.

Im Detail: Genotyp-Netzwerke

Genotyp-Netzwerke erforscht u. a. der Evolutionsbiologe Andreas Wagner. Was ist darunter zu verstehen? Ein Beispiel: Fruchtfliegen ernähren sich von sich zersetzenden, faulenden Früchten. Sie haben über 40 Genvarianten für das Enzym entwickelt, das den Abbau von Ethanol ermöglicht, der in verrottendem Obst entsteht, von dem sie sich ernähren. Die meisten Varianten dieser Genfamilie ändern die Abfolge der Aminosäuren nicht, aus denen das Enzym zusammengesetzt ist und die für seine Struktur entscheidend sind. Die Funktion des Enzyms, der *Alkoholdehydrogenase*, bleibt also trotz der unterschiedlichen Genvarianten mehr oder weniger gleich. Das gleiche Enzym gibt es übrigens in etwas abgewandelter Form auch bei Säugetieren – sie haben für das Problem die gleiche Lösung gefunden oder von gemeinsamen Vorfahren übernommen, es liegt dort ebenfalls in verschiedenen Variationen vor. Der evolutionäre Zeitraum, in dem das Enzym überdauert, ist also sehr lange. Das Enzym gibt es auch bei Lebensformen, die noch älter sind als die Fruchtfliegen, wie Hefen. Wäre der Bauplan für das Enzym nach seiner Erfindung in Stein gemeißelt worden, wäre es längst verloren gegangen. In der Welt der Biologie kann es aber überdauern. Die Funktion des Enzyms bleibt – in mehreren Varianten – wohl so lange erhalten, wie Organismen der Aufnahme von Alkohol ausgesetzt sind. In einer Welt ohne Alkohol würde es vermutlich auch dieses Enzym nicht geben. Eine Grundlage, um verschiedene genetische Variationen für die Lösung eines Problems zu finden, liegt schon im genetischen »Code«, der über mehr »Buchstaben« verfügt, als zur Aneinanderreihung der 20 Aminosäuren bei der Bildung von Proteinen nötig wären. Die DNA enthält vier Grundbausteine, die Nukleotide *A* (Adenin), *T* (Thymin), *C* (Cytosin) und *G* (Guanin). Jeweils eine Dreierkombination (*Basentriplett*) aus diesen Grundbausteinen definiert, welche der 20 Aminosäuren als Nächste in einen Proteinstrang eingebaut wird. Auf diese Weise könnten insgesamt 64 Aminosäuren »codiert« werden. Die Folge: Bei den meisten Aminosäuren kann deren Reihenfolge durch mehrere verschiedene Basentripletts festgelegt werden.[190] Der genetische Code ist dadurch *redundant* und ermöglicht so die Entwicklung alternativer Lösungsformen, die im Hinblick auf die Fitness, das Überleben des Organismus »neutral« sind und so gleichwertige Bedingungen für das Überleben der Art bieten. Diese Variationen (insbesondere wenn sie verbesserte Problemlösungen ermöglichen) gehen durch die Selektion nicht verloren, sondern können im »Gedächtnis« der Arten bewahrt werden.

Der Evolutionsbiologe Andreas Wagner untersucht in seinem Buch »Arrival of the Fittest« die Gesetzmäßigkeiten der Innovationsfähigkeit der Natur und kommt zu dem Ergebnis, dass diese insbesondere auf Vielfalt und Komplexität beruht. Er analysiert Genotyp-Netzwerke, Proteinstrukturen und Stoffwechselfunktionen. Auf allen Ebenen stößt er dabei er auf ähnliche Prinzipien: Aufbauend auf einer großen Vielfalt von gleichwertigen Lösungen, die die Evolution entwickelt und bewahrt hatte, enthalten die bestehenden Arten riesige Bibliotheken von Genotypen, die als große, artübergreifende Netzwerke organisiert sind, in denen die Baupläne wie der für die Alkoholdehydrogenase hinterlegt sind. Das können Tausende von Varianten einzelner Proteine sein: Experimente am natürlichen Antibiotikum Lysozym, das unter anderem in Augenflüssigkeit und Muttermilch vorkommt, wurden mit 2.000 Varianten durchgeführt, 1.600 waren antibiotisch wirksam.

Je mehr Umweltreize auf eine Art einwirken, desto größer die Zahl der Genotyp-Netzwerke: So finden sich in »Allroundern« wie dem Bakterium *E. coli,* das mit ganz unterschiedlichen Umwelten zurechtkommt,

190 Vogel/Angermann, 1998, Seite 45.

wesentlich mehr Varianten für Problemlösungen als in Mikroorganismen, die symbiotisch leben. Wagner, der sich auch mit Fragen des Minimalgenoms befasst, schreibt:

> »Ein Stoffwechsel, der das Leben unter immer mehr Umweltbedingungen möglich macht, erfordert mehr Reaktionen: Er muss komplexer sein. Gleichzeitig wird ein solcher Stoffwechsel auch robuster: Wir können aus ihm immer mehr Reaktionen entfernen, und er bleibt nach wie vor in irgendeiner Umwelt lebensfähig. Je mehr Reaktionen ein Stoffwechsel umfasst, desto mehr davon kann er in einer bestimmten Umwelt entbehren. Diese Reaktionen sind in einer Umwelt neutral, können aber in einer anderen unentbehrlich sein.«[191]

Dabei ist die Anzahl der Kombinationen auf der Ebene von Genen, Proteinen, Regelkreisläufen und Stoffwechselfunktionen astronomisch hoch. Wagner wählt als Vergleich die Anzahl von Wasserstoffatomen im Universum, die von der Zahl der verschiedenen möglichen Lösungsvarianten und deren Kombinationsmöglichkeiten bei Weitem überschritten wird.

Der Übergang zwischen Genen, Proteinen, Stoffwechselkreisläufen und Regulationseinheiten mit gleichen und unterschiedlichen Funktionen ist fließend: Bei manchen der vorliegenden Lösungen/Strukturen genügen kleine Änderungen, um neue Funktionen auszulösen, bei anderen sind dagegen viele Änderungen nötig. Dadurch sind manche Eiweiße für spontane Funktionsänderungen (durch zufällige Mutationen) weniger anfällig als andere. Während es also eine Fülle von Genotypen gibt, die für bestimmte Funktionen mit gleicher Wirkung codieren, reichen auf der anderen Seite oft wenige Änderungen aus, um neue Funktionskreise mit anderen biologischen Eigenschaften entstehen zu lassen.

So kommt das Gen für die ATPase, ein Enzym, das an der Natrium-Kalium-Pumpe und an grundlegenden Stoffwechselfunktionen der Ener-

191 Wagner, 2015, Seite 283.

giegewinnung beteiligt ist, bei einer ungeheuren Vielzahl von ganz unterschiedlichen Organismen vor. Evolutionsbiologische Vergleiche einer Untereinheit der ATP*ase*, die als ATP*alpha* bezeichnet wird, zeigen, dass der Austausch weniger Basenpaare der betreffenden DNA-Sequenz zu biologisch interessanten Eigenschaften führt: Die betreffenden Organismen, Insekten wie der Monarchfalter, werden resistent gegenüber Giftstoffen (*Glykosiden*), die u. a. von Wolfsmilchgewächsen produziert werden. In der Folge können die Raupen von diesen Pflanzen fressen, den Giftstoff aufnehmen und werden so selbst gegenüber ihren Fraßfeinden ungenießbar. Die Eigenschaft, sich von Pflanzen ernähren zu können, die diese Gifte produzieren, wurde während der Evolution mehrfach und unabhängig voneinander entwickelt. Die ATP*alpha*-Einheit spielt jeweils die entscheidende Rolle. Es gibt entsprechend mehrere Varianten im Genotyp-Netzwerk, die für diese Eigenschaft codieren können. Auf der Grundlage dieses Genotyp-Netzwerks wurde auch das Experiment mit der Monarchfliege entwickelt, bei dem die Larven der Taufliegen gegenüber Glykosiden unempfindlich gemacht wurden (siehe Kapitel 2).[192]

Viele Wege führen ans Ziel

Trotz dieser unglaublichen Anzahl von Variationen und deren theoretischen Kombinationsmöglichkeiten, die im Laufe der Evolution entwickelt und bewahrt wurden, tritt in der Biosphäre keine babylonische Verwirrung auf: Interaktion und Kommunikation bleiben innerhalb der Arten und zwischen den Arten gewährleistet. Treten neue Eigenschaften auf, kann es lange Zeiträume benötigen, bis sich diese Eigenschaft in den jeweiligen Populationen durchsetzen. Das gibt anderen Arten oft die Gelegenheit, auf die neuen Bedingungen zu reagieren und sich ebenfalls weiterzuentwickeln. Möglicherweise liegen entsprechende Genvarianten auch schon vor, setzten sich aber nicht durch, weil sie für diese Art keine Bedeutung haben. Derartige Genvarianten, die keine Nachteile für die betroffene Art haben, können als neutrale, alternative Lösungsmöglich-

192 Karageorgi et al., 2019.

keiten ebenfalls der Selektion entgehen und über lange Zeiträume erhalten bleiben. Wären diese Problemlösungen dann auf einmal doch gefragt, können die jeweiligen Eigenschaften rasch zutage treten.

Der Evolutionsbiologe Wagner spricht davon, dass Leben dadurch robust wird: Die Vielfalt an Genvarianten, Genfunktionen, Proteinen können Reaktionen auf veränderte Umwelten erheblich erleichtern, weil die jeweiligen Lösungen für die neuen Problemstellungen schon vorhanden sind. Sie müssen nur in der »Genotyp-Bibliothek« gefunden und abgelesen werden. Dabei können die Variationen auf verschiedenen Organisationsebenen des Organismus kombiniert werden und damit die Anzahl der möglichen Lösungen auf veränderte Umwelten vervielfachen. Dabei scheint die Natur auch auf Lösungswege zu setzen, die umständlicher sind, als sie sein müssten, dafür aber schnellere Anpassungen ermöglichen:

> »Das Leben scheint in vielerei Hinsicht unnötig kompliziert zu sein. (…) denken wir noch einmal an die Straßennetze des Stoffwechsels: Sie sind voller überzähliger Wege, Alternativrouten und ungenutzter Seitengassen. Immer wieder stellt sich die gleiche Frage: Warum? Warum entledigt sich diese gnadenlos ineffiziente Natur nicht all dieser Komplexität? Die Antwort liegt in der Umwelt – oder besser gesagt – ›in den Umwelten‹: Was nach einer verschwenderisch komplizierten Genausstattung aussieht, ist in Wirklichkeit der Schlüssel zum Überleben in mehr als einer Umwelt.«[193]

Wagner sieht in dieser Vielfalt und Komplexität ein Grundprinzip der Evolution, das den Erhalt der Arten und die Hervorbringung neuer Problemlösungen befördert:

> »Die Evolution muss nicht den gesamten Heuhaufen durchsuchen, denn der Heuhaufen enthält nicht nur eine Nadel. Dank der Robustheit und der Unordnung von Genotypen, die sie ermöglichen, liegen

193 Wagner, 2015, Seite 275.

in dem Heuhaufen unzählige Nadeln, und sie sind in einem weitverzweigten Netzwerk organisiert. (…)

Da die Genotyp-Netzwerke und ihre Geflechte eine Folge der Robustheit sind, ist die Robustheit für Neuerungen von ungeheurem Wert. Aber wertvolle Dinge gibt es in der Regel nicht umsonst, und auch die Robustheit macht da keine Ausnahme. Ihr Preis – ein hoher Preis – ist die Komplexität. Komplexität und Robustheit des Lebendigen nehmen mit der Einwirkung von Umweltveränderungen zu.

Mit dieser Erkenntnis schließt sich der Kreis. Umweltveränderungen erfordern Komplexität, die ihrerseits Robustheit hervorbringt, die ihrerseits Genotyp-Netzwerke erzeugt; diese machen Innovationen möglich, die es dem Leben erlauben, mit Umweltveränderungen zurechtzukommen, seine Komplexität zu steigern und so weiter – eine aufsteigende Spirale der zunehmenden Innovationsfähigkeit.«[194]

Gleichzeitig mit der Zunahme der Arten wachsen also auch die Komplexität und die Biologische Intelligenz des Systems, um künftige Probleme schneller lösen zu können und bereits gefundene Lösungen zu bewahren. Es ist also nicht der lineare Verlauf der Zeit, der hier entscheidend ist, wie u. a. Lovelock (2020) annimmt (siehe Kapitel 1). Die Entwicklung des Lebens verläuft nicht linear, nach den Regeln der Biologischen Intelligenz, die das Leben in seiner Gesamtheit erworben hat und die die weitere Entwicklung erheblich beschleunigen kann. Wagner spricht in Anspielung auf Science-Fiction-Filme sogar von einer Art »Warp-Antrieb«, den die Evolution sich durch die Vielfalt der Genotypen-Netzwerke selbst erschaffen hat. Die Prozesse der Evolution brachten einen ungeheuer großen Speicher an Genen und Genkombinationen (Genotypen) hervor, der auch die Grundlage für Interaktion, Kommunikation und gemeinsame Koexistenz und die weitere Koevolution der Arten ist. Die Vielfalt an Genotypen und Phänotypen ist die Matrix für Responsivität und der Gestaltung, ein kreatives Moment des Lebens.

194 Wagner, 2015, Seite 272–283.

»Wunder der Natur«

Neuronale Netzwerke sind die Grundlage für eine kognitive, sich selbst bewusste Intelligenz, die insbesondere für Menschen typisch ist, an der in unterschiedlichem Ausmaß auch viele Tierarten Anteil haben. Diese neuronalen Formen der Intelligenz ist – insbesondere in der Komplexität, wie sie bei vielen Wirbeltieren oder auch Kopffüßlern zu finden ist – jüngeren Datums, das heißt, sie sind zu einem relativ späten Zeitpunkt in der Evolution entstanden.

Die kognitive Intelligenz entstand auf Grundlage von Netzwerken aus Genen, Proteinen und Stoffwechselkreisläufen, die wesentlich älter sind. Diese allen Organismen inhärente Biologische Intelligenz hatte bereits einige Milliarden Jahre der Evolution hinter sich, bevor die neuronalen Netzwerke bei manchen Arten eine vorherrschende Rolle für die Verarbeitung, Speicherung und Generierung von Informationen erlangten. Diese älteren Netzwerke sind Verkörperungen einer sich selbst unbewussten, vererbbaren Biologischen Intelligenz, die sich u. a. in Instinkthandlungen von Tieren äußert. Dieses Programm lässt in unterschiedlichem Ausmaß in Reaktion auf Umwelteinflüsse auch Variationen, Abweichungen und Lerneffekte zu, aber die Muster der instinktiven Verhaltensweisen verändern sich nicht.

Diese inhärente BI kennt keine Zwecke, Gründe und Ziele, sie ist »Kompetenz ohne Verständnis«. Sie repräsentiert die Erfahrung, welche die jeweilige Art und (ihre Vorstufen) im Laufe der Evolution in Bezug auf erfolgreiche Problemlösungen gesammelt haben. Damit erlaubt die BI auch Reaktionen auf sich ändernde Umweltbedingungen und ist auch die Grundlage für die Gestaltung der Umwelt durch die jeweiligen Arten bis hin zu staatenbildenden Insekten. In ihren Interaktionen zeigt sich eine hochkomplexe BI ohne bewusste Entscheidungen, ohne instrumentelle Vernunft und ohne technisches Design. Die Interaktionen beruhen auf einem unmittelbaren gegenseitigen Verstehen, das ohne Symbole oder Zeichen auskommt.

Eine anthropozentrische Interpretation dieser inhärenten BI kann rasch in die Irre führen. Beispielsweise haben Bienen wie Menschen die Fähigkeit, über neuronale und soziale Netzwerke zu lernen. Mit dem Menschen gemein haben sie auch die Entwicklung der »Schwarmintelligenz«. Aber ihre Intelligenz kennt keine Gründe oder Absichten oder Ziele. Dagegen scheinen sich Hunde oder Katzen auf »ähnliche« Weise intelligent verhalten zu können wie Menschen. Ihre neuronalen Netzwerke sind mit unseren vergleichbar. Bei Tierarten wie bei Hunden, Katzen, Raben und Ratten, Delfinen und Schimpansen und vielen anderen (auch bei Haustieren, die wir mästen und essen) können wir Gründe und Absichten ihres Handelns unterstellen. Ihre Art Intelligenz ist für uns wesentlich leichter zu verstehen als die von Pflanzen, Würmern, Insekten, Amphibien und Reptilien. Wir neigen dazu, diese Arten zu »vermenschlichen«. Dabei übersehen wir aber häufig die spezifische Biologische Intelligenz jener Arten, mit denen unser Verhalten weniger Ähnlichkeit hat.

Die vielfältigen Formen der BI, die komplexe Interaktionen mit der belebten und unbelebten Umwelt erlauben, sind für uns auch deswegen schwer erkennbar, weil wir in unserer technischen Intelligenz gerade das für besonders komplex halten, was besonders viel technische Gestaltung erfahren hat. Wenn dagegen etwas aus sich selbst entsteht, ohne technisch designt zu sein, erscheint es uns deswegen oft weniger interessant, weniger intelligent. Das ist ein Irrtum und liegt an der menschlichen Sicht auf unsere Umwelt: Die Lebenswelten von Kraken und Schnecken, Käfern und Ameisen, Flechten und Moosen haben meist keinen unmittelbaren Nutzen für uns. Um deren Besonderheiten zu erkennen, bedarf es einer nicht von Interessen geleiteten Neugier, wie sie für die klassische Naturforschung typisch war. Diese Sicht auf die Natur scheint in der heutigen Wissenschaft aber so selten geworden zu sein wie Arten auf der Roten Liste der bedrohten Spezies. Ein zeitgenössischer Vertreter dieser seltenen Spezies von NaturforscherInnen ist der Insektenkundler Dave Goulson, der in seinem Buch »Das Summen in der Wiese« unter anderem das bizarr-komplexe Paarungsverhalten von Libellen beschreibt:

> »Ihr Paarungsverhalten ist, selbst für die wunderbare Welt des Insektensex, höchst sonderbar. Das Libellenmännchen verfügt an der hinteren Spitze seines langen dünnen Leibs über zwei Anhänge, die eine Zange bilden. Diese Hinterleibsanhänge sind perfekt an den Kör-

> per des artgleichen Weibchens angepasst – jedoch nicht mit anderen Spezies kompatibel – und umschließen ihre Nackenregion. (…) Bevor es zur tatsächlichen Paarung kommt, gibt es verschiedene logistische Probleme zu überwinden, wozu beide Parteien zusammenwirken müssen. Erstens sind die Hoden des Männchens dicht an der Spitze des Körpers platziert, die sich nun aber dicht am Kopf des Weibchens befindet. Ungewöhnlicherweise befindet sich der Penis des Libellenmännchens relativ weit vorne auf der Unterseite des Abdomens, direkt hinter den Flügeln. Bevor das Männchen die Paarungspartnerin in die Zange nimmt, krümmt es seinen Hinterleib und füllt die vorn gelegene Samenblase mit Spermien. Damit es zur Paarung kommen kann, muss die weibliche Libelle nun ebenfalls ihren Unterleib nach vorn krümmen, unter ihren Kopf, damit der vordere Teil ihrer Geschlechtsöffnungen das männliche Begattungsorgan erreicht. (…) Als Nächstes räumt das Männchen mithilfe seines Begattungsorgans Spermienreste eines möglichen Vorgängers aus der Geschlechtsöffnung des Weibchens. Zu diesem Zweck verfügen männliche Libellen über Begattungsorgane, die, je nach Spezies, einem Löffel oder einer Scheuerbürste ähneln. Ist dies vollbracht, deponiert das Männchen sein eigenes Samenpaket. (…) Will das Männchen also sicherstellen, dass sein Nachwuchs zum Zuge kommt, muss es sich so lange an das Weibchen klammern, bis sie ihre Eier nach deren Ablage mit seinem Sperma befruchtet. Das ist der Grund, warum die meisten adulten Libellen den ganzen Sommer über paarweise umherfliegen.«[195]

Dieser umständliche, komplizierte und in unseren Augen bizarre Paarungszyklus hat sich als höchst erfolgreich erwiesen: Libellen gab es schon zu Zeiten der Dinosaurier. Genetisch fixierte Instinkthandlungen, Interaktionen und Reaktionen finden sich jedoch nicht nur innerhalb der Arten, sondern ereignen sich auch zwischen den Arten. So berichtete die Zeitschrift *Bild der Wissenschaft* im März 2019 unter der Überschrift »Die

195 Goulson, 2018, Seite 68.

Intelligenz der Pflanzen« über Interaktionen von Tabakpflanzen mit ihrer Umwelt:

> »Wenn die Pflanze angegriffen wird, produziert sie bis zu 1700 verschiedene Substanzen. Sie kann verschiedene Angreifer voneinander unterscheiden und jeweils spezifische Abwehrstoffe freisetzen. (…) die Pflanze wird von rund 60 verschiedenen Organismen bestäubt oder angegriffen. Dazu kommen rund 1000 Mikroben und etwa 500 Pilze, die mit ihren Wurzeln interagieren.«

Zu den Feinden der Tabakpflanzen gehören ausgerechnet auch ihre wichtigsten Bestäuber:

> »Der Tabakschwärmer ist der bevorzugte Bestäuber des wilden Tabaks. Vom Duft der Pflanze angelockt, besucht sie der Nachtfalter (…) Da der Falter aber von der Pflanze mehr will als nur Nektar, legt er auf ihr auch seine Eier ab – aus denen sich bald gefräßige Larven entwickeln. Und die können den Pflanzen gefährlich werden, weil sie in Jahrmillionen der gemeinsamen Evolution gegen das Nikotin immun geworden sind. (…).«

Doch auch wenn das Gift der Tabakpflanze wirkungslos ist, kann sie sich trotzdem gegen diese Attacken wehren, indem sie ihre Reaktionsmuster verändert:

> »Sie lockt nun weniger stark mit dem Duft. Vor allem öffnet sie die Blüten jetzt nicht mehr nachts, sondern am Morgen. Und sie verändert die Blütenform ein wenig: Die Blüten stehen nicht mehr aufrecht, sondern sie hängen. All das bewirkt, dass der Tabakschwärmer nicht mehr zum Zuge kommt, dafür aber der harmlose Kolibri. (…) Er bestäubt zwar nicht so effektiv, aber er legt keine Eier, aus denen gefräßige Raupen schlüpfen.«[196]

196 Rasper Martin (2019), Können Bäume denken?, Bild der Wissenschaft 3/2019, Seite 18.

Wie komplex die in den Genen gespeicherte BI ist, zeigt sich ganz besonders in der Ontogenese von Tieren wie Insekten oder Amphibien, die im Laufe ihres Lebenszyklus eine Metamorphose durchlaufen. Dabei muss nicht nur der Ablauf von der Eiablage über die Larve und Puppe genetisch bis ins Detail geregelt werden, sondern auch die Interaktionen der jeweiligen Entwicklungsstufen mit ihrer Umwelt. Jede Stufe der Metamorphose hat ihre eigenen Stoffwechselformen, eine spezielle Morphologie und ist perfekt in ihre Umwelt integriert. So zum Beispiel die bereits erwähnten Libellen: Nach der Eiablage an Schilfgras, das aus Tümpeln wächst, schlüpfen die Nymphen (Larven). Diese überleben unter Wasser als effektive Räuber, die mithilfe ihrer Fangmaske auch schnelle Fische fangen können, ohne sich selbst dabei bewegen zu müssen. Am Ende dieses Lebensabschnittes klettern die Larven am Schilf aus dem Wasser, verpuppen sich und vollenden die Metamorphose zur Fluglibelle. Diese überlebt als effektiver und extrem schneller Insektenfänger (bis zu 50 km/h) in der Luft und verfügt über die größten Insektenaugen mit bis zu 30.000 Facetten, die einen perfekten Rundumblick ermöglichen. Obwohl sie zur gleichen Art gehören und auf gleichen genetischen Programmen beruhen, zeigen die Entwicklungsstufen der Metamorphosen jeweils sehr unterschiedliche Lebensformen, die in sehr unterschiedliche Umwelten, Funktionskreise und Interaktionen integriert sind: Libellenlarven leben im Wasser und fressen Würmer, Käfer und Fische, Libellen fangen andere Insekten im Flug. Schmetterlingsraupen fressen Pflanzen wie Brennnessel oder Wolfsmilchgewächse, Schmetterlinge trinken Nektar aus Blüten. Kaulquappen leben im Wasser und fressen Algen und Fliegenlarven, Frösche fangen Insekten mit ihrer Zunge, ohne sich dabei bewegen zu müssen.

In den Genen ist nicht nur ein Bauplan für den Körper und seine Funktionen hinterlegt, sondern auch Informationen über seine spezifische Umwelt und deren Interaktionsmöglichkeiten und Problemstellungen. Im Falle von Organismen, die eine Metamorphose durchlaufen, sind in den Genen sogar Informationen über mehrere Umwelten hinterlegt, über spezifische Futterquellen, Kommunikation, Kooperation und Symbiosen. Die Prozesse der Evolution haben also nicht nur eine ungeheure Vielfalt an Arten und Formen hervorgebracht, sondern auch die Regeln und Programme für spezifische Interaktionen, Kommunikation und gemeinsame Koexistenz von Organismen und Arten. Damit entsteht eine ungeheuer große Anzahl unterschiedlicher Umwelten, Funktionskreise und deren Kombinationen, die sich gegenseitig überlappen, aber nicht miteinander identisch sind. Auch wenn Ameise und Ameisenbär, Schmetterling und Raupe sich einen regional ähnlichen Lebensraum teilen, sind ihre darin integrierten Umwelten sehr unterschiedlich und doch aufeinander abgestimmt. Die gemeinsame Evolution formt die Interaktionen der Zellen im Organismus ebenso wie die Interaktionen der Organismen mit ihren Umwelten.

Inhärentes Verstehen und kognitives Verständnis

Bisher stammen alle Lebensformen von natürlichen Vorfahren und letztlich von einem natürlichen Ursprung ab. Leben in den bestehenden Formen ist ein Kontinuum mit seinem Ursprung, der Milliarden Jahre zurückliegt. Da das Leben einen gemeinsamen Ursprung hat, können sich Strukturen, Mechanismen und Prozesse gemeinsam weiterentwickeln und bewahrt werden. Unsere technische Intelligenz bringt Erfindungen hervor, die mit wachsender Komplexität immer neue technische Spezialisierungen erfordert, wobei die Verständigung zwischen den Disziplinen immer komplizierter wird. So droht unseren technischen Entwicklungen das Schicksal vom »Turmbau zu Babel«. Dagegen gelingen der Evolution immer neue komplexe Strukturen, ohne dass sie den Zusammenhang verlieren. So entsteht durch die Evolution zwischen den Lebensformen, deren Umwelten sich überschneiden, ein spezifisches inhärentes Verstehen ohne Worte, ein gegenseitiges »Selbstverständnis«, das auch die weitere Entwicklung möglich macht. Obwohl die einzelnen Umwelten sehr unterschiedlich sind, können auch phylogenetisch weit entfernte Arten miteinander kommunizieren und sich gegenseitig beeinflussen, beispielsweise Pflanzen mit Insekten kommunizieren, Einzeller spezifische Symbiosen mit den Polypen der Korallen eingehen und Bakterien mit den Zellen des menschlichen Körpers interagieren. Der gemeinsame Ursprung schafft so ein natürliches Koordinatensystem, eine Art Matrix für das Verhalten der Arten und der Individuen in ihrer Umwelt. Hier basiert alles auf einer Kompetenz ohne Verständnis, auf dem Austausch und der Auswertung von Informationen. Diese Kommunikation kommt ohne Bewusstsein und ohne Symbole aus. Die Biene »versteht« die Botschaft der Blüte über die Artgrenzen hinweg unmittelbar, direkt. Optische, akustische Signale und chemische Botenstoffe haben in dieser Welt eine definierte, vom Kontext abhängige Bedeutung für Sender und Empfänger: Nahrung oder keine Nahrung. Feind oder Partner. Erfolgreiche Fortpflanzung oder Beuteopfer.

Dabei verfügen komplexere Lebensformen über eine größere Bandbreite für die Auswertung von Informationen und deren Übermittlung. Spezialisierte Organe ermöglichen gleichzeitig spezifische Signalwege und eine größere Vielfalt des Informationsaustausches. Hier kommen die im Laufe der Evolution sich immer stärker entwickelnden neuronalen Netzwerke ins Spiel, die Grundlage unserer technischen Vernunft sind, der höchste Bedeutung für das Überleben unserer eigenen Spezies zukommt. Mit den Menschen entsteht ein neues Bewusstsein über das Dasein in die Welt. Nach dem Naturphilosophen Friedrich Wilhelm Josef Schelling (1775–1854) schlägt »die Natur im Menschen die Augen auf und bemerkt, dass sie da ist«[197]. Aber unsere Art des Verständnisses der Natur unterscheidet sich fundamental von den Prozessen des inhärenten Verstehens ohne Symbole, der die Grundlage des Lebens ist. Hätten wir die belebte Natur nach den Regeln von *Top-down* oder *Bottom-up* designt und geschaffen, sähe sie ganz anders aus als das, was wir heute als biologische Vielfalt erleben dürfen. Vermutlich wären diese Lebensformen, weil sie nicht ausreichend robust und fehlerfreundlich sind, rasch wieder zugrunde gegangen.

Für unsere Spezies sind die Lebenswelten von Libellen, Fröschen und Würmern meist nur dann interessant, wenn ihr Dasein mit einem Nutzen oder Schaden für unsere eigene Umwelt verbunden ist. Dabei verlieren wir gerne den Blick für das Ganze. Kein Interesse an der Vermittlung komplizierter biologischer Vorgänge hatte beispielsweise Frank Schätzing

197 Zitiert nach: Rasper Martin (2019), Können Bäume denken?, Bild der Wissenschaft 3/2019, Seite 18.

in seinem Buch »Die Tyrannei des Schmetterlings«. Hier werden Libellen zu genmanipulierten, sich selbst fortpflanzenden Killerrobotern gemacht. Ähnlich wie die GentechnologInnen oft vor allem das interessiert, was unmittelbar nützlich erscheint, stand bei Schätzing eine packende Story im Fokus. Wie kompliziert eine Fortpflanzung dieser fliegenden Killerroboter wäre, wenn ihre Biologie tatsächlich denen der Libellen gleichen würde, wird von Schätzing nicht thematisiert. Ansonsten müssten die Genmonster eine bizarre Luftpaarung und eine komplexe Metamorphose durchlaufen. Da wären nach den Gesetzen der Mechanik konzipierte Fluggeräte doch sehr viel naheliegender und glaubwürdiger gewesen. Auch Schätzing zeigt, dass unsere Perspektive von Nutzen und Absichten den Blick auf die Natur oft allzu sehr beschränkt. Ähnlich eingeschränkt scheint die Perspektive mancher BiotechnologInnen, wenn sie beispielsweise die Evolution verbessern und den Hunger oder den Klimawandel bekämpfen wollen.

Unsere Kultur und Technologie bis hin zur Entwicklung der künstlichen Intelligenz gibt uns eine Autonomie gegenüber unserer Umwelt, die einzigartig ist. Bedingt durch unsere instrumentelle Vernunft, können wir unsere Umwelt in weit größerem Umfang für uns verfügbar machen, als dies bei anderen Lebensformen der Fall ist. Wird aber die Außenwelt zu stark auf die Bedürfnisse unserer Spezies ausgerichtet, kann sie in Unverfügbarkeit umschlagen beziehungsweise zur Bedrohung der biologischen Vielfalt werden. Unserer instrumentellen Vernunft fehlt das unmittelbare Verstehen der gewordenen Interaktionen und Ursachen, das die unbewusste BI um uns auszeichnet. So kann unser Handeln auf vielfältige Art und Weise disruptive Prozesse auslösen, die auch unser eigenes Überleben betreffen. Die Übernutzung der Ressourcen, der Klimawandel und das Artensterben sind bekannte Anschauungsbeispiele, ebenso wie Pandemien. Die Umwelten von Wildtieren und Haustieren haben sich mit unserer Umwelt in den letzten Jahrhunderten viel stärker verzahnt, als das jemals zuvor der Fall war. Schon der Ausbruch der Pest gegen Ende des römischen Weltreiches war ein Beispiel für die Wechselwirkungen von Globalisierung und gestörter Umwelt. In diesem Fall spielten Hungernöte und Rattenpopulationen eine entscheidende Rolle als Auslöser der

Pandemie.[198] Auch die Corona-SARS-Erreger können ihren Ursprung in Zoonosen haben und als ein Symptom für die Störung der ökologischen Systeme gesehen werden. So stellt das UN-Gremium IPBES (Intergovernmental Platform on Biodiversity and Ecosystem Services) in seinem Bericht aus dem Jahr 2020 fest:

> »The majority (70 %) of emerging diseases (e.g. Ebola, Zika, Nipah encephalitis), and almost all known pandemics (e.g. influenza, HIV/AIDS, COVID-19), are zoonoses – i.e. are caused by microbes of animal origin. These microbes ›spill over‹ due to contact among wildlife, livestock, and people.«[199]

---

198 Harper, 2020.

199 IPBES, 2020.

Kapitel 4
Evolution

»Nothing in biology makes sense, except in the light of evolution.«
Theodosius Dobzhanski[200]

Aus dem Stammbaum der Kraken

Jede Lebensform hat ihre eigene Möglichkeiten zur weiteren Entwicklung. Einzelne Neuronen sind dumm, ihr Netzwerk ist intelligent. Erste organische Moleküle, die beispielsweise in irgendwelchen marinen Schloten entstanden sind, könnte man in einem ähnlichen Sinne als »dumm« bezeichnen, nicht aber die Organismen, die bis heute daraus entstanden sind und die Erinnerung an erfolgreiche Problemlösungen über Milliarden von Jahren gespeichert haben. Es sind komplexe Systeme, die nicht deswegen überlebt haben, weil ihre Baupläne in Stein gemeißelt oder in Ton gebrannt sind wie 5.000 Jahre alte Keilschrift, sondern weil sie sich immer wieder neu hervorgebracht haben. Und sie sind weit mehr als die Summe ihrer Teile. Dass die Evolution Umwege macht und auch Lösungen akzeptiert, die ineffizient erscheinen, erscheint unserer technischen Vernunft verwirrend, es ist aber notwendig: Nur so entsteht ein ausreichender Pool von Problemlösungen, von Genotyp-, Protein-, Regulations- und Stoffwechselnetzwerken, die ausreichend robust sind, um auch Lösungen für die Probleme der Zukunft finden zu können, die ein Überleben sichern.

Ein Blick auf den Stammbaum der Kraken zeigt beispielhaft, wie die Vielfalt von möglichen Problemlösungen zu biologischer Innovation und einzigartigen Phänomenen geführt haben. Kraken gehören zu den Oktopoden (Organismen mit acht Armen), die innerhalb der Klasse der *Cephalopoden* (Kopffüßler) eine ganz spezielle Gruppe bilden: Sie gelten

200 Zitiert nach Jahn, 2000.

als die intelligentesten wirbellosen Tiere. Diese Klassifikation und Vergleiche sind typisch für unsere Perspektive: Wir bemessen Intelligenz vor allem anhand der neuronalen Netzwerke, der Fähigkeit zu lernen, die bei Kraken so ausgeprägt ist, dass sich diese auch in Gefangenschaft und in experimentellen Versuchen zeigen lässt. Wir vergleichen deswegen die Intelligenz von Kraken mit Krähen, Delfinen und Schimpansen. In Wahrheit ist die Intelligenz der Kraken (wie aller Arten) einfach in Bezug auf ihre spezielle Umwelt unübertroffen und kann deswegen mit anderen Arten schwer verglichen werden.

Sicher ist allerdings, dass rezente Kraken ein höheres Ausmaß an Komplexität verkörpern als ihre ersten Vorfahren. Die ersten Vorläufer der heutigen Oktopoden entstanden schon im Kambrium und sind als eigenständige Arten längst ausgestorben. Teile ihrer Problemlösungen sind aber noch heute in der Biologie der Kraken, Tintenfische, Argonauten oder auch der Nautiliden (die keine Oktopoden sind, aber ebenfalls zu den Cephalopoden gehören) vorhanden, obwohl die rezenten Arten im Laufe der Evolution zusätzlich auch viel Neues »erworben« oder »gelernt« haben. Offensichtlich ist, dass sie unter anderem ihre neuronale Kapazitäten deutlich erweitert haben. Die Oktopoden leben in flachem Wasser, sehr tiefem Wasser, können sich auf dem Boden der Meere bewegen, aber auch (ähnlich wie Fische) in offener See schwimmen (*pelagische* Formen). Dagegen gibt es keine Art, die in Süßwasser vorkommt. Die meisten Arten sind nicht sozial und leben nur kurz.

Die Evolution der Oktopoden war über lange Zeiträume von der Entwicklung von Schalen geprägt, die pelagische Formen auszeichnen, also die Arten, die im freien Wasser schwimmen können. Erfolgreichste und bekannteste Vorläuferformen waren die Ammoniten. Diese hatten gekammerte und gekrümmt wachsende Schalen, die an Schneckenhäuser erinnern. Diese ermöglichten ihnen Gasaustausch und die Steuerung des Auftriebs. Zudem hielten die Schalen einem großen Wasserdruck stand. Die Ammoniten starben nach 300 Millionen Jahren aus. Sie waren lange Zeit die dominierende Spezies in den Weltmeeren. Ihre Erfolgsgeschichte lässt sich heute noch in zahlreichen Fossilien ablesen. Zusammen mit den Ammoniten starben auch viele Arten von pelagischen Foraminiferen aus, kleinen, ebenfalls Kalkstein tragenden Meeresorganismen, genauso wie die Dinosaurier. Wahrscheinlichste Ursache: der Einschlag eines Meteoriten vor rund 65 Milllionen Jahren.[201] Die Nautiliden, Zeitgenossen der Ammoniten, die ebenfalls eine Schale tragen, überlebten, möglicherweise weil sie nach dem Einschlag des Meteoriten besser in tiefere Wasserschichten ausweichen konnten. Dagegen hatten die Vorfahren der heutigen Oktopoden ihre Schale schon im Paläozoikum verloren und in ein Innenskelett verwandelt, das sich noch heute bei Tintenfischen und Kraken findet.[202] Schalenlose Tiere waren insbesondere eine wichtige Innovation, als im Laufe des Paläozoikums die Anzahl räuberischer Fische mit kräftigen Kiefern immer weiter zunahm. Zuvor waren wohl die Oktopoden die Könige in der Nahrungskette. Jetzt mussten sie ihre Überlebensstrategien weiterentwickeln, setzten auf Tarnung und Wendigkeit anstatt auf eine Schale. Hätten die Oktopoden alleine auf das Erfolgsmodell Ammonit gesetzt, wäre ihre Geschichte vielleicht schon vor 70 Millionen zu Ende gewesen. Heute sind rund 300 Arten bekannt.

Dabei wurde auch das Konzept einer äußeren Schale wieder neu erfunden: Innerhalb der Ordnung der Oktopoden (und unabhängig von Nautiliden und Ammoniten) entwickelten die weiblichen Tiere pelagischer Argonauten eine neue Außenschale: Ebenfalls gekammert, aber beide Seiten der Schale geöffnet, ist diese Form des Schutzes ein Zwischending zwischen Haus, Boot (daher auch der Name *Papierboot*) und Höhle, in die man sich nicht völlig, aber doch weitgehend bei Gefahr zurückziehen kann. Davon profitieren auch ihre Nachkommen, da das Gelege in der Schale bebrütet wird. Die Argonauten waren wegen ihres phantastischen Aussehens schon in der Antike zusammen mit Kraken und Delfinen ein beliebtes Motive für die Künstler, wenn diese Meerestiere darstellten.[203] Aufgrund ihrer Morphologie galten sie auch als Symbol der aus dem Meer geborenen Aphrodite.

---

201 Kolbert, 2014.

202 Young, 1998.

203 U. a. Töpferwaren der Minoer, ausgestellt im Museum von Heraklion, Kreta.

Im Wasser sehen diese Argonauten aus wie weiße Muscheln, die vor allem an der Oberfläche schwimmen, vorne einen regelrechten Schiffsbug haben und – im Verhältnis zum Körper – riesige Augen besitzen. Angetrieben werden diese Boote durch einen zum Teil kräftigen Rückstrahl. Die Schale ist mit dem Körper der Argonauten nicht fest verwachsen, sondern wird nur durch die Saugnäpfe festgehalten. Hier zeigt sich eine Parallele zu den bodenbewohnenden Kraken: Diese können vorübergehend Steine und Muscheln zu einer Art Exoskelett um sich versammeln. Ein Hai vermag zwar zuzubeißen, die flexible Schale kann aber verhindern, dass die Zähne tief genug in das Gewebe der Kraken eindringen, um diese zu töten.[204] Zum Brüten suchen die Kraken dann kleine Höhlen auf – während die Argonauten ihre Brut in ihrem Schiffchen hüten.

Der heutige Artenreichtum der Oktopoden ist auf mehreren Ebenen ein Beispiel dafür, wie Vielfalt und Komplexität von der Evolution gefördert werden. Kraken bieten eine gute Gelegenheit, um alternative Problemlösungen zu studieren, die in ihrer spezifischen Umwelt äußerst erfolgreich sind. Diese Lösungen erscheinen uns im Vergleich zu Wirbeltieren zum Teil vertraut, vieles scheint überraschend ähnlich, bei näherem Hinsehen aber doch ganz entscheidend anders. Es sind äquivalente Lösungen für ähnliche Probleme, die aber in ihrer Phylogenese und in ihren biologischen Grundlagen verschieden sind und die seit dem Kambrium von den unterschiedlichen Arten »erfunden« und weiterentwickelt wurden.

Auffälligste Ähnlichkeit sind die Augen, die bei Wirbeltieren und Cephalopoden ähnlich aussehen, aber phylogenetisch unabhängig voneinander entwickelt wurden. Ihre Entwicklung ist konvergent, nicht homolog.[205] Beide Augensysteme (Blasenaugen) enthalten lichtempfindliche Pigmentzellen, eine Augenkammer, eine Iris (die sich verengen kann), eine Linse und eine durchsichtige Hornhaut. Ontogenetisch und phylogenetisch zeigen sich aber deutliche Unterschiede: Bei den Säugetieren handelt es sich bei der Retina um eine Vorstülpung des Zwischenhirns. Die lichtempfindlichen Zellen sind vom Licht abgewandt. Bei den Cephalopo-

204 https://en.wikipedia.org/wiki/My_Octopus_Teacher.

205 Hadorn/Wehner, 1978, Seite 274.

den liegt hingegen eine Einsenkung der Haut vor, die Sehzellen sind nach außen gerichtet. Die Iris besteht bei Wirbeltieren aus Zellen des vorderen Randes der Ausstülpung (Augenbecher), bei Cephalopoden wird sie aus Zellen der Haut gebildet. Die Linse besteht bei Wirbeltieren aus Zellen der Epidermis, bei Cephalopoden handelt es sich um eine Ausscheidung der Augenblase. Die Hornhaut ist bei Wirbeltieren eine transparente Stelle in der Haut, während sie bei Cephalodon eine durchsichtige Hautfalte ist, die sich über die Irisfalte legt. Im Ergebnis sind diese Augen in ihrer Funktion so ähnlich, dass man Tintenfische durch digitale 3-D-Darstellungen dazu verführen kann, nach digitalem Futter zu jagen.[206] Dagegen haben Insekten Augen, die aus Facetten zusammengesetzt sind und sich in ihrem Aufbau und Funktion deutlich unterscheiden. Sie haben das Problem also ganz anders gelöst. Auch ihre optische Wahrnehmung der Welt unterscheidet sich deutlich von der der Wirbeltiere, was aber (wie u. a. die Libellen zeigen) in ihren Umwelten eine perfekte Problemlösung darstellt.

Die Liste der scheinbaren Ähnlichkeiten setzt sich fort: Das Blut der Oktopoden ist dem Blut der Säugetiere ähnlich, aber statt Eisenmoleküle (Wirbeltiere) verwenden die Oktopoden Kupfer zur Sauerstoffbindung. Auch Oktopoden haben einen Blutkreislauf, der aber von drei Herzen angetrieben wird, die ihre Tätigkeiten einzeln unterbrechen können (u. a. bei Fluchtreaktion). Auch Oktopoden haben ein Gehirn als Zentrum ihres Nervensystems, aber zudem autonome neuronale Steuereinheiten in den acht Armen.[207] Interessant sind diese konvergenten Lösungen umso mehr, als die Unterschiede zwischen Wirbeltieren und Oktopoden ja insgesamt viel auffälliger sind als die Gemeinsamkeiten zwischen Säugetieren und Kopffüßlern.

Aber nicht nur im Vergleich mit Wirbeltieren ist die Vielfalt der gefundenen Lösungen und evolutionären Innovationen beeindruckend, sondern auch innerhalb des Stammbaums der Kraken: Es gibt besonders große und sehr kleine Krakenarten. Arten, die besonders giftig sind, die kurze Arme und Seitenflossen haben, die ihre Flossen als Beine verwenden

206 Feord et al., 2020.

207 https://en.wikipedia.org/wiki/Octopus.

können, um über den Meeresgrund zu laufen. Arten, die in der Dunkelheit der Tiefsee leuchten können. Es lassen sich 21 morphologische Merkmale unterscheiden, anhand derer die Arten unterschieden werden können:[208] der Überzug der Haut, Chromatophoren, Finne, Länge der Arme, Färbung, Tintensack, Innenskelett, von Art zu Art unterschiedlich ausgeprägt oder auch nicht vorhanden. Und auch in in ihrem Verhalten und der Art der besiedelten Lebensräume sind deutliche Unterschiede und Gemeinsamkeiten auszumachen: Es gibt sogar eine Art, die in Gruppen lebt und sich mehrfach paaren kann. Diese Art, der *Larger Pacific Striped Octopus,* wurde erst vor wenigen Jahren ausführlich beschrieben und hat noch keinen offiziellen wissenschaftlichen Namen.[209] Alle anderen bekannten Arten leben in der Regel als Einzeltiere, paaren sich nur einmal und haben damit das Ende ihres Lebens fast erreicht. Die Lebensdauer umfasst nur wenige Jahre (dies ist auch beim *Larger Pacific Striped Octopus* der Fall). Sie verfügen über ein Kurzeit- und ein Langzeitgedächtnis, Elterntiere können aber ihre Erfahrung nicht an die nächste Generation weitergeben. Einige wenige Arten produzieren Gifte, die auch Menschen töten können.

Diese Vielfalt der Oktopoden spiegelt die Diversität der von ihnen besiedelten Lebensräume im Meer (nicht im Süßwasser) wider und geht zum Teil mit sehr unterschiedlichen Umwelten einher. Sie besiedeln alle Ozeane und kommen in sehr unterschiedlichen Tiefen vor. Das erklärt die Vielzahl ihrer Formen und Umwelten und ermöglichte ihr Überleben seit dem Kambrium. Auch wenn alle Arten, die sich im Kambrium gebildet hatten, inzwischen ausgestorben sind, so haben die Oktopoden es doch geschafft, die Erinnerung an viele der frühen Problemlösungen zu bewahren und weiterzugeben. Es wäre dumm, die Intelligenz dieser Tiere nur in einzelnen Neuronen zu suchen.

Anmerkungen zur Evolutionstheorie

Die Evolutionstheorie zeigt, dass sich die heutigen Lebensformen Schritt für Schritt aus vorangegangenen Formen entwickelt haben. Die Evolution

208 Sanchez et al., 2018.

209 Caldwell et al., 2015.

folgt dabei weder einem *Bottom-up-* noch einem *Top-down*-Design. Es gibt keine intelligenten DesignerInnen, die außerhalb der Evolution stehen. Das Design ergibt sich insbesondere aus den Widerständen, gegen die das Leben auf diesem Planeten ankämpft, und der Lösung von Problemen, die es den Organismen ermöglichen, zu überleben und sich auch möglichst gute Optionen für die Zukunft zu verschaffen. Während die zugrunde liegenden chemischen Stoffe in ihren Reaktionen determiniert sind und in ihren Interaktionen relativen einfachen Regeln folgen, entfalten die Lebensprozesse im Laufe der Evolution einen wachsenden Aktionsradius. Einfache (bio)chemische Elemente, Moleküle, Genotyp-Netzwerke, Proteine und Funktionskreisläufe können in immer neuen Kombinationen und Variationen genutzt werden. Es ist ein zunehmender Grad an Komplexität der Moleküle, Zellen, Organismen und Populationen, der diese Erweiterung des Aktions- beziehungsweise Gestaltungsspielraumes ermöglicht. Durch die Vielfalt der gefundenen Problemlösungen eröffnen sich neue Gestaltungsspielräume und eine zunehmende Flexibilität, um auf die Einflüsse von außen zu reagieren.

Die bestehenden Arten verkörpern drei bis vier Milliarden Jahre von Lernprozessen, die in ihrer Gesamtheit einzigartig und nicht wiederholbar sind. Kein Zweifel, dass »das Leben« in dieser Zeit Eigenschaften »erworben« hat, die die Fähigkeiten der ersten Zellen weit übersteigen. Dazu gehört auch die Art und Weise, wie sich das Leben im Rahmen der Evolution weiterentwickelt, wie es »lernt« und »Gelerntes« weitergibt. Die seit Jahrzehnten anerkannte Lehrmeinung, dass das Finden von Problemlösungen, die Entstehung neuer Genkombinationen und Lebensformen nur auf Zufall und Selektion beruhen würden, hat sich als nicht zutreffend herausgestellt. Das Leben ist »schlauer« als gedacht. Es beeinflusst und formt seine eigene Evolution auf vielen Ebenen.

Die Sichtweise der Synthetischen Evolutionstheorie

Kernaussage vieler Abhandlungen über die Evolutionstheorie ist die Idee, dass das Finden von Problemlösungen, die Entstehung neuer Genkombinationen und Lebensformen nur auf blindem Zufall und anschließender Selektion beruht. Da die Individuen einer Art mehr Nachkommen produzieren, als für das Überleben der Art notwendig ist, bleibt der Selektion Spielraum, die Genotypen auszulesen, die effizienter sind als andere und eine höhere »Fitness« aufweisen.

So entstehen mehr oder weniger zwangsläufig aus dem *Survival of the Fittest* immer besser angepasste Lebensformen. Über lange Zeiträume und viele Zwischenstufen entstand demnach die heute bestehende biologische Vielfalt, deren Arten an ihre jeweilige *ökologische Nische* perfekt angepasst sind.

Zu großen Teilen beruht diese Sichtweise der *Synthetischen Evolutionstheorie* (oder auch *Synthetische Theorie*), die im ersten Drittel des 20. Jahrhunderts entwickelt wurde. Damals konnte das Auftreten von zufälligen Mutationen erstmals experimentell beobachtet und untersucht werden. Damit konnte gezeigt werden, dass molekulare Veränderungen auf der Ebene der Chromosomen (Genotyp) auf vorhersagbare Weise zur Veränderung von biologischen Eigenschaften (Phänotyp) führen.

Das brachte zweierlei mit sich: erstens ein schlüssiges naturwissenschaftliches Erklärungsmodell für das Fortschreiten der Evolution. Der Mechanismus dazu befand sind in den Genen, die sich auf zufällige Art und Weise (insbesondere nach Bestrahlung) spontan veränderten und so neue biologische Eigenschaften hervorbrachten. Diese Eigenschaften unterlagen dann den Mechanismen der Selektion und führten zur Entstehung der Arten. Zweitens die Option, durch Veränderung von Genen auch Eigenschaften von Lebewesen zu bestimmen: Die Idee der Konstruktion von Leben hatte das Räderwerk gefunden, in das man eingreifen konnte. Es fehlte nur noch das richtige Werkzeug.

Somit verbindet die Synthetische Evolutionstheorie die Innovation auf der Ebene der Evolution mit der Möglichkeit der weiteren technischen Veränderung von Organismen. Beides wurde auf schlüssige und unauflösbare Weise miteinander verknüpft, bestätigte und befruchtete sich gegenseitig und öffnete eine völlig neue Dimension der Technologieentwicklung. Diese Interpretation der Lebensgrundlagen war damit aus der Sicht der instrumentellen Vernunft und der Idee des Fortschritts unschlagbar und wurde über Biologiebücher, Schulbücher und Lehrbücher immer weiter verbreitet. Für das 20. Jahrhundert war es die absolute Wahrheit.

Die Experimente von Pionieren wie Jacques Loeb (1859–1924), Thomas Hunt Morgan (1866–1945) und Hermann Joseph Muller (1890–1967) hatten zu einer neuen, unumstößlichen Wahrheit über die Grundlagen der Vererbung geführt.[210] Nachdem man Gott aus der Schöpfung vertrieben hatte, fanden sich neue Glaubenssätze, die Leben für menschliche Zwecke verfügbar machten: Die Evolution ist zufällig und blind. Sie hat Ursachen, aber keinen Plan. Der Mensch gibt ihr erstmals die Chance, sich zu verbessern, ein bewusstes Design. Damit einher gehen neuer Wohlstand, Gesundheit, medizinische Eugenik und eine gesicherte Ernährung der Menschheit. »Die Natur« war entzaubert, ein Fall für das Museum, die zoologischen Sammlungen, Zoos und Naturparks. »Das Leben« war im Labor gelandet und konnte konkreten Nutzanwendungen zugeführt werden. Weil Gene mutieren und die Evolution im Zellkern kausal verortet ist, können nicht nur Lebewesen verändert, sondern auch die Geschichte der Menschheit mithilfe der Biologie gestaltet werden.

Thomas Hunt Morgan gehört ohne Zweifel zu den ForscherInnen, die unser Verständnis der Evolution am stärksten beeinflusst haben. Er befasste sich insbesondere mit dem Auftreten von Mutationen und ihren Auswirkungen auf das Erscheinungsbild von Organismen und die Vererbung. Er stellte sich insbesondere gegen die Ansichten der Vitalisten, die die Auffassung vertraten, dass eine vollständig chemisch-physikalische Erklärung der Lebensprozesse grundsätzlich nicht möglich sei. 1909/10 entwickelte Morgan die Chromosomentheorie der Vererbung an der Taufliege. Er beobachtete das geschlechtspezifische Auftreten einer bestimmten rezessiven Mutation – weiße Augen bei männlichen Tieren – und konnte so eine entsprechende Kopplung der Vererbung nachweisen. So vereinte Morgan erstmals die Ebene von Geschlecht, Gen und Chromosom. Taufliegen wurden wegen ihrer kurzen Generationsdauer und gut darstellbarer Chromosomen zum wichtigsten Versuchstier der GenetikerInnen. Aus der Beobachtung spontaner Mutationen leitete Morgan auch erste Schlussfolgerungen auf den Aufbau der Chromosomen ab. Aus neu auftretenden Kopplungen von Eigenschaften folgerte er einen

210 Nachfolgende Absätze siehe auch Then, 2008.

Stückaustausch der Chromosomen. Erste Genkarten wurden angefertigt. 1915 erschien das Buch »The Mechanism of Mendelian Heredity«, in dem erstmals Gene beschrieben wurden, die linear auf den Chromosomen angeordnet sind, 1919 erschien »The Physical Basis of Heredity«. Die meisten Experimente von Morgan gelten bis heute als wegweisend. Hermann Joseph Muller, der ursprünglich dem Team von Morgan angehörte und 1946 den Nobelpreis erhielt, ging einen Schritt weiter und entwickelte Methoden zur Auslösung künstlicher Mutationen bei Taufliegen mithilfe von radioaktiver Strahlung. Auch Loeb und Morgan hatten sich bereits mit der Erzeugung künstlicher Mutationen bei Fruchtfliegen befasst, allerdings zunächst ohne greifbaren Erfolg. Muller führte diese Ansätze fort und eröffnete der experimentellen Genetik durch Schaffung von Hunderten künstlicher Mutanten neue, ungeahnte Spielräume. Das hatte nicht nur Auswirkungen auf die Vorstellung über die Abläufe im Zellkern, sondern führte dazu, dass neue Ansätze für die praktische Züchtung entwickelt wurden. Nachdem Muller 1927 seine Methode der experimentellen Auslösung von Mutationen mithilfe von Radioaktivität veröffentlicht hatte, kündigte der russische Genetiker Nikolaj Timoféeff-Ressovsky (1900–1981) bereits 1929 an, Röntgenstrahlung zur Erzeugung von neuen Pflanzensorten verwenden zu wollen. Zudem entwickelten 1939 Nikolaj und Elena Timoféeff-Ressovsky auf Grundlage der experimentellen Mutationsforschung auch ein neues Modell der Evolution: An die Stelle der Vorstellung, dass die Umwelt zielgerichtete Mutationen auslöse und die Evolution so in geordneten Bahnen verlaufe, tritt die Erkenntnis, dass in den Genen zufällige und ungerichtete Mutation auftreten und erst die nachfolgende Selektion zur Entstehung neuer Arten führt. Die seit Darwin postulierte Mutation und Selektion von Genen konnte dadurch mechanisch, chemisch, physikalisch erklärt, beobachtet und auch experimentell ausgelöst werden. Auf dieser Basis wurde die noch heute grundsätzlich akzeptierte Synthetische Evolutionstheorie entwickelt, mit der Evolution und Genetik einheitlich erklärt werden.[211]

---

211 Siehe z. B. Mayr, 2003.

Laut der Synthetischen Evolutionstheorie treten im Erbgut zufällige und ungerichtete Mutation auf, die erst durch die Selektion auf ihre biologische Zweckmäßigkeit geprüft werden. Als Ergebnis erfolgt die Anpassung der Organismen an ihre Umwelt, wodurch neue Arten entstehen. Es gibt demnach keine aktive Adaption der Lebewesen an ihre Umwelt. Zufällige Mutationen und neue Rekombinationen durch sexuelle Fortpflanzung gelten als Motor der Evolution, die Unterschiede zwischen den Lebewesen beruhen auf den im Laufe der Evolution erworbenen Unterschieden in ihren Genomen. So schreibt Julian Huxley, einer der Stammväter der Synthetischen Evolutionstheorie, in seinem Buch »Evolution/The modern synthesis«, das er T. H. Morgan widmete: »Thus the raw material available for evolution by natural selection falls into two categories – mutation and recombination. Mutation is the only begetter of intrinsic change in the separate units of the hereditary constitution: it alters the nature of genes.«[212] Dabei erklärt Huxley auch die Veränderung der Genaktivität durch Mutationen, die beispielsweise die Umlagerung chromosomaler Abschnitte und daraus resultierende Positionseffekte betreffen.

Zentrale Punkte der neuen Theorie, die erstmals Mikrostruktur und Makroevolution miteinander verknüpfte, ist, dass (1) für neue (phänotypische) Eigenschaften von Lebewesen auch neue Gene oder Genkombinationen notwendig sind. Je größer der äußerliche Unterschied zwischen den Arten, umso unterschiedlicher ist demnach auch ihre genetische Ausstattung. (2) Es gibt keine aktive Adaption an die Umwelt, sondern nur ziellose (ungerichtete) Mutationen, die dann im Wechselspiel mit der Umwelt selektiert werden. (3) Die Evolution, die auf Mutationen und strukturellen Veränderungen der Gene beruht, vollzieht sich kontinuierlich und nicht in Sprüngen.

Die Mutation der Gene wird so zu einem zentralen Prozess in der Biologie, mit dem Evolution mechanisch, chemisch, physikalisch erklärt und damit auch grundsätzlich neu konstruiert werden kann. Gene, Organismen, die Evolution sind erstmals widerspruchsfrei, kausal und linear

212 Huxley, 1945, Seite 21.

erklärbar, sie werden wie Perlen nacheinander auf dem roten Faden der »echten« Naturwissenschaften aufgereiht.[213]

Oswald Avery (1877–1955) wies dann 1944 erstmals nach, dass es Nukleinsäuren sind, die die genetische Information der Mutationen speichern und vererbbar machen. Er konnte u. a. zeigen, dass DNA aus einem pathogenen Bakterium ein harmloses Bakterium dazu in die Lage versetzen kann, Mäuse zu töten. Das führte 1953 zur Entschlüsselung der Struktur der DNA.[214] Von da an war der Weg zur Gentechnik und Synthetischen Biologie mehr oder weniger vorgezeichnet: Die Analyse der Genstruktur und die Konstruktion von Phänotypen konnten dank der Synthetischen Evolutionstheorie widerspruchslos miteinander verknüpft werden. In letzter Konsequenz erschien auch die Gentechnik damit natürlich.

Die Grenzen der Synthetischen Evolutionstheorie

Das Modell der Synthetischen Evolutionstheorie war ungeheuer erfolgreich und führte zum Entstehen der modernen Biotechnologie, zum Teil aber auch zu wachsenden Widersprüchen mit aktuellen wissenschaftlichen Erkenntnissen.

So schreibt der Evolutionsbiologe Andreas Wagner:

> »Aber hinter dem Erfolg der modernen Synthese steht ein schmutziges Geheimnis. Ihre Architekten konzentrierten sich auf Kosten des einzelnen Lebewesens und seines Phänotyps auf den Genotyp. Sie übersahen die großartige Komplexität der Lebewesen mit ihren Billionen Zellen, von denen jede Milliarden Moleküle enthält, deren Funktionen wiederum unglaublich komplex sind. Indem sie die Komplexität außer Acht ließen, ignorierte die Architektur der modernen Synthese letztlich auch ihr Produkt: Das Lebewesen als solches.«[215]

213 Siehe Fox-Keller, 2001.

214 Siehe Kay, 2001.

215 Wagner, 2015, 34.

Tatsächlich fällt es schwer, die von Wagner beschriebene Vielfalt der Genotyp-Netzwerke mit der Synthetischen Evolutionstheorie in Einklang zu bringen: Aus der Sicht der »modernen Synthese«, wie Wagner diese Theorie nennt, kann Vielfalt kein Ziel der Evolution sein. Anpassung per Zufall und Selektion bedeutet, dass sich gemäß der Idee eines *Survival of the Fittest* nur die besten Lösungen durchsetzen. Nicht benötigte, weniger effiziente Funktionen und Strukturen müssen aufgegeben werden, weil sie nur Zeit und Energie kosten und einer perfekten Anpassung im Wege stehen.

Man kann diesen nach den Regeln der Synthetischen Evolutionstheorie zu erwartenden Verlauf der Evolution auch durchaus beobachten: Ein Beispiel sind *Buchnera*-Bakterien, die mit *E.-coli*-Bakterien verwandt sind, aber sich im Gegensatz zu diesen an eine einzige Umwelt (den Darm von Blattläusen) so perfekt angepasst haben, dass ihre rund 260 Gene nur noch Informationen für wenige Lebensaufgaben gespeichert haben.[216] Ihr Überleben ist durch die Blattläuse gewährleistet, denen sie im Austausch wichtige Nährstoffe liefern. *Buchnera* sind damit als eigenständige Art nicht mehr überlebensfähig. Sie sind Teil des »Systems Blattlaus«. Irgendwann könnte das System Blattlaus mit den *Buchnera* sogar noch enger verknüpft werden: Das Erbgut der *Buchnera* könnte theoretisch, als Teil oder auch als Ganzes, ein fixer Bestandteil der Blattlauszellen werden. So haben im Laufe der Evolution Pflanzen die Mittel zur Gewinnung von Energie aus Sonnenlicht (die Chloroplasten) und Tiere die biochemischen Kraftwerke der Mitochondrien aus Bakterien als festen Bestandteil in ihre Zellen übernommen. Seitdem vermehren und vererben sich Chloroplasten und Mitochondrien, die eine eigenständige DNA haben, zusammen mit Pflanzen und Tieren, während ihre Vorläufer noch separate Lebensformen waren. Ganz anders die Überlebensstrategie der Blattläuse: Sie zeigen sich als extrem flexibel und anpassungsfähig: Blattläuse können sich beispielsweise sowohl sexuell als auch asexuell vermehren. Ändern sich die Umweltbedingungen, sind die Männchen vorübergehend überflüssig, und die Weibchen vermehren sich ohne Partner in sogenannter *Parteno-*

216 Wagner, 2015, 279.

genese. Sie sind damit von Umweltbedingungen unabhängiger als viele andere Insekten.

Der Prozess der Evolution verläuft nicht linear: Vereinfachung von Bauplänen und perfekte Anpassung an eine bestimmte Ökonische sind keineswegs der vorherrschende Weg zum Erfolg (zum Überleben der Art), vielmehr kann dies zum Untergang der Art als eigenständiges vermehrungsfähiges System führen. Dass Organismen mit minimiertem Genom, aus dem alle »überflüssigen Gene« entfernt werden, keineswegs fitter sind als die natürlichen Varianten mit ihrem »genetischen Balast«, zeigen auch die Ergebnisse der Synthetischen Biologie (siehe Kapitel 1). Vielfalt, gepaart mit Komplexität, und die Idee einer rein zufälligen und passiven Anpassung, die nur eine Selektion der Fittesten zulässt, passen also nicht so richtig zusammen.

Die Evolution hat über drei bis vier Milliarden Jahre nicht nur immer neue Mutationen hervorgebracht, sondern auch »gelernt«, die gefundenen Problemlösungen zu sammeln, auszuwerten und zu speichern. Wie u. a. das Beispiel der Kraken zeigt, haben die Prozesse der Evolution keineswegs nur die Lösungen zugelassen und bewahrt, die unter bestimmten Umweltbedingungen am besten funktionieren: Das System hat nicht nur gelernt, Probleme zu lösen, sondern auch vielfältige Lösungsmöglichkeiten auf »Vorrat« anzulegen. Unter dieser Perspektive sind beispielsweise die rudimentären Veranlagungen für Gliedmaßen bei Walen nicht unbedingt nur ein überflüssiges Relikt vergangener Zeiten, sondern auch ein möglicher Entwicklungsweg in die Zukunft. Würde es beispielsweise im Rahmen der Entwicklung von Walembryos dazu kommen, dass ihre Gene für diese Veranlagungen anders abgelesen und aktiviert würden, könnte die Entwicklung der Wale im Mutterleib auch zu Phänotypen führen, die Gliedmaßen aufweisen, diese biologischen Merkmal auch weitervererben und so der Entstehung einer neuen terrestrischen Art den Weg bereiten. Dafür müssten die entsprechenden Genotypen, Proteine und Regulationsnetzwerke nicht erst neu erfunden werden. Auch während der Entwicklung von Ammoniten zu Kraken, Tintenfischen und Argonauten mussten nicht unbedingt zahllose neue Mutationen nach dem Zufallsprinzip getestet werden. Es kann unter geeigneten Umständen ausreichen, eine bestehende Geninformation anders »abzulesen«. Mutationen können wichtige Kipppunkte der evolutionären Entwicklung darstellen, in vielen Fällen aber reicht die vorhandene Bibliothek an bereits gespeicherten Problemlösungen. Die Synthetische Theorie erklärt Vielfalt nur durch passive Anpassung an bestehende Umweltbedingungen. Erst wenn zufällig im Erbgut neue Mutationen auftreten, kann ein Organismus eine neue Ökonische besiedeln. In diesem Modell lernt das Leben nur durch Zufall, es kann seine eigene Entwicklung nicht beeinflussen, es bleibt im Hinblick auf seine zukünftige Entwicklung »dumm«.

Tatsächlich aber hat die Evolution dazu geführt, dass das Leben in seiner Gesamtheit lernt und »schlauer« wird und auch seine eigene Entwicklung (Evolution) nicht nur dem Zufall überlässt. In nachfolgenden Abschnitten werden einige der Mechanismen und Prozesse beschrieben, die Ausdruck der Biologischen Intelligenz des Lebens sind und zeigen, dass entgegen den Annahmen der Synthetischen Evolutionstheorie auch die aktive Adaption an die Umwelt als ein wesentlicher Faktor der Evolution gelten kann.

Die Organisation des Genoms

Das 20. Jahrhundert war weitgehend von der Sichtweise geprägt, dass die DNA die Funktionsweise der Gene und damit aller Lebensfunktionen definiert. Diese Vorstellung hat dazu beigetragen, dass bestimmte Anwendungen der Gentechnik wie transgene Pflanzen entwickelt wurden. Sie entspricht aber nicht der wirklichen Funktionsweise von Genen. Die Funktion einer DNA-Sequenz kann nur in Wechselwirkung mit der Zelle definiert werden. Die zugrunde liegenden Mechanismen und Prozesse umfassen die Bereiche der Epigenetik, Genregulation und Genomorganisation.[217] Die Forschung der letzten Jahre hat Erkenntnisse zutage gebracht, die ein neues Licht auf diese biologischen Grundlagen werfen, auch wenn es noch viele Wissenslücken gibt. Die Ergebnisse der Forschung lassen in Ansätzen verstehen, wie die Vielfalt und Komplexität der erfolgreichen Problemlösungen in der DNA gespeichert werden und wie

217 Für die nachfolgenden Absätze gilt besonderer Dank dem Austausch mit der Fachstelle Gentechnik und Umwelt.

die Komplexität auf eine Weise orchestriert wird, dass Arten ihre Erfahrungen und Umwelten verlässlich, d.h. reproduzierbar nutzen können. Während das Erbgut über die Generationen hinweg beständigen Veränderungen ausgesetzt ist, können verschiedene Faktoren dazu beitragen, die biologischen Funktionen, Stoffwechselkreisläufe und Entwicklungszyklen zu stabilisieren, die für die Erhaltung der Art besonders wichtig sind. Gleichzeitig ermöglichen diese Faktoren auch häufigere Veränderungen der DNA (Mutationen) in bestimmten Bereichen des Erbguts.

Diese Mechanismen und Prozesse sind auf der Ebene der ersten vermehrungsfähigen biochemischen Moleküle, die am Anfang der Evolution vermutet werden, weniger relevant als für spätere Abschnitte der Evolution, die Organismen mit größerer Komplexität hervorgebracht haben. Biologische Intelligenz (BI) wird durch Komplexität bedingt, dabei ist Komplexität nicht nur Voraussetzung für BI, sondern sie wird durch die zunehmende Komplexität auch immer notwendiger. Je komplexer die Organismen, desto dringender benötigen sie Mechanismen und Prozesse zur Orchestrierung ihrer biologischen Funktionen. Das zeigt auch die Analyse des menschlichen Erbgutes: Aus nur rund 20.000 codierenden Erbanlagen des Menschen müssen mehr als 100.000 unterschiedliche, genau definierte Proteine gebildet werden. Die Mechanismen und Prozesse, die dazu führen dass das Genom nicht nur mit hoher ausreichender Stabilität vererbt, sondern auch richtig »interpretiert« wird, kann anhand von Epigenetik, Genregulation und Genomorganisation zumindest teilweise erklärt werden, auch wenn es noch viele Wissenslücken gibt. Mithilfe dieser Mechanismen und Prozesse gestalten sich Wandlung und Erhaltung der Arten. Sie beruhen auf einem Lernprozess, der nicht gezielt ist, aber auch nicht wirklich zufällig. In diesem Lernprozess werden sozusagen Lamarck und Darwin vereint (siehe auch nachfolgende Textabschnitte). Die jeweiligen Mechanismen und Prozesse sind Beispiele einer hoch entwickelten, aber unbewussten Biologischen Intelligenz. Voraussetzungen für ihre Entwicklung sind vielfältige und lernfähige biologische Systeme, der Austausch von Informationen und die Kooperation zwischen den biologischen Systemen. Diese inhärente BI hat auch erheblichen Einfluss auf die weitere Entwicklung der biologischen Vielfalt.

Im Detail: Die Chemie der Gene

Die DNA (deutsch: *Desoxyribonukleinsäure*, englisch: *Deoxyribonucleic Acid*) ist der wichtigste Informationsträger der Vererbung. Die DNA ist ein Makromolekül, das genetische Information trägt und aus Nukleotiden besteht. Sie liegt als Doppelstrang vor, der wie eine Helix gewunden ist. Basen sind organische Moleküle und die elementaren Komponenten der DNA und RNA. Sie werden häufig als die Buchstaben der DNA bezeichnet. Die Abfolge der Basen legt die Sequenz der DNA fest. In der DNA werden die vier Nukleinbasen Adenin (A), Guanin (G), Cytosin (C) und Thymin (T) verwendet. Als Basenpaare werden die jeweils gegenüberliegenden (komplementären) Basen (A und T sowie G und C) auf dem Doppelstrang der DNA bezeichnet. Die Abfolge der Basen codiert für die Synthese von Proteinen aus den Aminosäuren. Noch zu Beginn des 21. Jahrhunderts schrieb der Bestsellerautor Bill Bryson in seinem Buch »Eine kurze Geschichte von fast allem«:

> »Gene sind nicht mehr (oder weniger) als Anweisungen zur Herstellung von Proteinen. Diese Aufgabe erfüllen sie mit einer gewissen langweiligen Genauigkeit. In einem gewissen Sinn ähneln sie den Tasten eines Klaviers, von denen jede nur einen einzigen Ton hervorbringen kann und sonst nichts – was zweifellos im wahrsten Sinne des Wortes eintönig ist.«[218]

Heute wissen wir, dass diese Vorstellung falsch ist. Auch wenn der Aufbau der DNA sich biochemisch klar definieren lässt, können Gene nicht als einzelne Bausteine mit fest definierten Eigenschaften betrachtet werden. Ihre Funktionen können vielfältig sein und beruhen auf einem Netzwerk komplexer Wechselwirkungen. Die Funktion und Wirkung von Genen werden dabei ganz wesentlich von der Zelle und ihrem Umfeld bestimmt.

218 Bryson, 2005, Seite 516.

Genregulation

Die Genregulation steuert die Genaktivität (Genexpression). Zusammen mit den Mechanismen der Epigenetik ermöglicht es die Genregulation, auf Grundlage einer identischen Geninformation unterschiedliche Phänotypen hervorzubringen. Dies ist insbesondere für den Prozess der embryonalen Entwicklung entscheidend. Je nach »Bedarf« kann die gleiche DNA ganz unterschiedlich abgelesen werden. An der Schnittstelle von Genetik und Epigenetik trifft man auf eine große Gruppe von Molekülen, die eine ähnliche chemische Zusammensetzung wie die DNA aufweisen und trotz ihrer relativ einfachen Struktur ganz unterschiedliche Funktionen ausüben können: Neben der DNA gibt es in den Zellen eine zweite Nukleinsäure, die RNA (Ribonukleinsäure), bei der die Base Thymin durch Uracil ersetzt ist und die u. a. bei der Übersetzung der DNA in Proteine eine wichtige Rolle spielt. Zudem sind spezielle kleine RNAs bei der Regulierung der Genaktivität wichtig. Unser Verständnis der RNA-Funktionen hat sich in den letzten Jahren stetig weiterentwickelt und ganz wesentlich dazu beigetragen, dass sich unsere Vorstellung von den Genen grundlegend verändert hat. Einzelne Funktionen der RNA im Überblick:

- mRNA und tRNA als Übersetzer von DNA in Protein

  Wesentliche Funktion der RNA in der Zelle ist die Umsetzung von genetischer Information in Proteine. In Form der mRNA (*messenger*-RNA oder auch codierende RNA), tRNA (*transfer*-RNA) und rRNA (*ribosomale* RNA) fungiert sie als Informationsüberträger beziehungsweise als Hilfsmittel zur Produktion von Proteinen. Während der sogenannten Transkription im Zellkern werden Abschnitte der DNA in die jeweilige mRNA übersetzt. Die mRNA ist einsträngig. Sie ist eine Kopie der DNA (*Transkription* im Zellkern). Die *Translation* (Umsetzung) in Proteine erfolgt dann außerhalb des Zellkerns, an den Ribosomen (aufgebaut aus rRNA). Dabei dient die RNA als Matrize für Translation (Umsetzung) der mRNA in die Aufreihung der Aminosäuren (vermittelt durch die tRNA), die sich dann zu Proteinen auffalten.

- Das Spleißen von Genen
  Ein DNA-Abschnitt kann für unterschiedliche Proteine codieren. Eine Grundlage dafür bildet das Spleißen. Durch das Spleißen *(Splicing)* der DNA-Information nach der Transkription können auf Grundlage einer DNA-Sequenz unterschiedliche Geninformationen gebildet werden. Es werden sogenannte *Introns* (von Fall zu Fall nicht benötigte Sequenzen, die auf DNA zwischen den codierenden Abschnitten beruhen) herausgeschnitten und die *Exons* (die auf codierenden Abschnitten beruhen) jeweils neu zusammengefügt. Erst so entsteht die eigentliche Blaupause für die Proteinbiosynthese. Durch das Spleißen können die DNA-Abschnitte (bzw. deren RNA-Kopien) auch unterschiedlich zusammengesetzt werden und so unterschiedliche Aufgaben erfüllen. Beispielsweise werden beim Menschen bestimmten DNA-Abschnitten einige tausend Funktionen zugeordnet *(alternative Splicing)*. Dieses Splicing findet normalerweise im Zellkerns statt. Bei Oktopoden (Tintenfischen) kann man diesen Vorgang aber auch außerhalb des Zellkerns entlang der Ausläufer von Nervenzellen beobachten (siehe Kapitel 3).
- RNA-Interferenz (RNAi)
  2006 erhielten Andrew Fire und Craig Mello den Nobelpreis für ihre Entdeckung der Mechanismen der RNA-*Interferenz* (RNA*i*). Während man lange Zeit angenommen hatte, dass die RNA vor allem bei der Umsetzung von DNA in Proteine benötigt wird, zeigten sich jetzt ganz neue Eigenschaften. Die Mechanismen der RNAi sind nicht direkt an der Herstellung von Proteinen beteiligt, sondern ein entscheidendes Instrument der Genregulation, das gleichermaßen bei Wirbeltieren, Insekten, Pflanzen und anderen Lebewesen vorkommt. Grundlage der Wirkung ist die Bildung einer doppelsträngigen RNA. Diese wird von den Zellen passgenau zu sehr kurzen, oft multifunktionellen Abschnitten aufgearbeitet. Diese kleinen RNA-Abschnitte, werden auch als nicht codierende kleine RNAs (*non coding* RNA*s*, *nc*RNA*s*) zusammengefasst. Zu ihnen gehören u. a. *micro*RNA (*mi*RNA) oder *short interfering* RNA (*si*RNA). Sie greifen per RNAi auf vielfältige Weise in den Zellstoffwechsel ein. Interferierende RNA

sorgt zum Beispiel dafür, dass DNA nicht in Proteine übersetzt werden kann, oder steuert Prozesse in der Zelle, die dafür sorgen, dass bereits gebildete Proteine wieder abgebaut werden. Zellaktivität, Zellteilung und Zelltod werden gleichermaßen über diese kurzen RNA-Abschnitte gesteuert (siehe auch Kapitel 5).

Epigenetik

Entscheidend für Genregulation und Genaktivität sind die Mechanismen der Epigenetik. Sie umfasst zum Teil auch vererbbare Veränderungen, die nicht in der DNA-Sequenz gespeichert werden. Die Epigenetik sorgt vielmehr durch biochemische Signale dafür, dass DNA-Abschnitte aktiviert oder stillgelegt werden. Diese Mechanismen tragen u.a. in Wechselwirkung mit der Genregulation dazu bei, dass sich im Rahmen der Embryogenese die Zellen zu unterschiedlichen Organanlagen entwickeln, obwohl alle Zellen dieselbe DNA aufweisen.[219] Dafür müssen die Gene zelltyp- und gewebespezifisch reguliert werden. Bestimmte Genabschnitte werden dazu stillgelegt oder aktiviert – nach einer präzisen und komplexen Choreografie. Die DNA von Raupe und Schmetterling ist zu 100 Prozent identisch, ebenso wie die von Kaulquappe und Frosch, Larve und Libelle. Auch alle Zellen des menschlichen Körpers in all seinen spezialisierten Organen tragen die gleiche DNA im Zellkern. Während der Entwicklung des Embryos aus einer befruchteten Eizelle verändert sich die Zusammensetzung seiner Gene nicht. Vielmehr werden während der Entwicklung verschiedene Gene in einer feststehenden Reihenfolge an- und abgeschaltet. Dieser Einfluss von Epigenetik und Genregulation muss nicht auf die Phase der embryonalen Entwicklung begrenzt sein. Bei manchen Arten geht die Ontogenese bis ins weit fortgeschrittene Alter weiter, wenn etwa bei Zackenbarschen im Mittelmeer im Laufe ihres Lebens eine Geschlechtsumwandlung stattfindet: Nachdem sie Eier gelegt haben, werden aus den Barschen im weiteren Verlauf ihres Lebens Männchen. Ähnliche Geschlechtsumwandlungen kennt man auch von anderen Tierarten. Die Epigenetik sorgt auch für

219 Siehe z. B. Jablonka/Raz, 2009.

Wechsel von sexueller Fortpflanzung und Parthenogenese bei Blattläusen. Sie ist auch verantwortlich für die Kastenbildung bei Ameisen, Bienen und anderen staatenbildenden Insekten. Die Entwicklungsprozesse von Alterung und Tod gehen ebenfalls zu einem erheblichen Anteil auf diese Faktoren zurück. Wichtige Mechanismen der Epigenetik sind:

- Methylierung der DNA
  Abschnitte der DNA können durch Methylierung, eine biochemische Markierung, stillgelegt werden: Die Methylierung der Base Cytosin hemmt die Transkription der DNA und die Synthese der mRNA. Dadurch wird in den Zellen gezielt gesteuert, welche Genprodukte gebildet werden und welche nicht.
- Modifizierung der Histone (Proteine)
  Histone sind Proteine, um die sich die DNA bei der Verpackung zum Chromatin (das Material, aus dem die Chromosomen bestehen) wickelt. Nur eine lockere Chromatinstruktur ermöglicht die Transkription der DNA und damit die Aktivität bestimmter Regionen im Genom. Die Chromatinstruktur kann durch eine biochemische Modifizierung der Histone (bspw. durch Acetylierung oder Methylierung) geändert werden, die so auf die Aktivität der Gene einwirken.[220]

Das Wissen über die Prozesse und Mechanismen der Epigenetik beruht auch auf Experimenten, bei denen es zu Störungen der normalen Entwicklung kam: Werden beispielsweise zum Klonen von Säugetieren Körperzellen (u.a. aus der Haut) entnommen und in Eizellen eingesetzt, aus denen vorher der eigentliche Zellkern entfernt wurde, können diese Körperzellen wieder zu totipotenten Zellen werden, das heißt, aus ihnen können wieder alle Zellen des Körpers eines Tieres (beispielsweise eines Schafes, wie beim Klonschaf Dolly) werden. Zuvor waren diese Zellen epigenetisch so programmiert, dass sie die differenzierten biologischen Funktionen von Hautzellen erfüllen konnten. Um wieder zu nicht differenzierten Eizellen zu werden, muss die epigenetische Programmierung gelöscht werden. Das kann wiederum zur Störung einer korrekten epi-

220 Siehe z. B. Biel et al., 2005.

genetischen Entwicklung der geklonten Embryonen führen. Um wie bei Dolly ein scheinbar gesundes, zumindest lebensfähiges Schaf zu klonen, müssen Versuche mit Hunderten von Eizellen und Embryonen durchgeführt werden. Die Mehrzahl der so entstehenden Embryonen, Föten und Lämmer zeigt deutliche Entwicklungsstörungen. Zudem kann man bei überlebenden Tieren u. a. Musterungen des Fells beobachten, die so bei den Ausgangstieren nicht vorhanden waren.

Da die Mechanismen der Epigenetik nicht genetisch fixiert sind (nicht in der DNA gespeichert sind), sind diese besonders anpassungsfähig und werden insbesondere in Reaktion auf Veränderungen der Umwelt beobachtet. Die Epigenetik ist daher für die Wechselwirkungen zwischen Genom und Umwelt entscheidend. Epigenetische Mechanismen führen u. a. dazu, dass Pflanzen ihre Genaktivität in Reaktion auf Umwelteinflüsse (wie Klima, Böden, Befall mit Schädlingen) regulieren können. Die Epigenetik bildet so eine Brücke zwischen genetischer Anlage und Umwelt. Die Rolle der Epigenetik im Rahmen der Evolution ist ein aktuelles Forschungsgebiet, auf das weiter unten noch eingegangen wird.

Genomorganisation

Das Erbgut, die DNA, ist zum großen Teil in Chromosomen organisiert, die bei Pflanzen und Tieren im Zellkern zu finden sind. Chromosomen bestehen nur zum Teil aus DNA. Wichtig für die Verpackung und Organisation sind insbesondere auch Proteine (*Histone*). Die Verpackung hat großen Einfluss darauf, wie Gene abgelesen werden und wie häufig sie sich durch Mutationen verändern. Zur Genomorganisation bzw. zur Architektur des Genoms gehören u. a. auch die Anordnung der Gene auf den Chromosomen (inklusive sich häufig wiederholender Gene, sog. Gencluster), die Unterteilung in Genbereiche nach Aktivitäten, DNA-Abschnitte, die nicht für Proteine codieren (Exons/Introns), verstärkende Elemente, *Promotoren*, *Enhancer* und andere regulatorische Elemente sowie die *Epistasis* (d. h. das Zusammenwirken von Genen, die im Erbgut weit voneinander entfernt in unterschiedlichen Regionen zu finden sind). Die Architektur des Genoms kann dabei oft nach Funktionen untergliedert sein.[221]

Die Prozesse der Genomorganisation unterliegen einer hohen Dynamik.[222] Es ist wichtig, sich vor Augen zu führen, dass die DNA nicht als starres, lineares Molekül im Zellkern vorliegt, sondern hochdynamische Wechselwirkungen eingeht. Ein Beispiel: Nach partieller Auflösung oder Lockerung des Chromatins ist die DNA im Zellkern flexibel und oft schleifenartig angeordnet, was bewirkt, dass weit voneinander entfernte Abschnitte der DNA (auch von verschiedenen Chromosomen) sich räumlich sehr nahe kommen und sich auch gegenseitig in ihrer Aktivität beeinflussen. So können regulatorische Bereiche auf der DNA die Expression von weit entfernt lokalisierten Genen bestimmen.[223] Entscheidend für Genaktivität und Genregulation kann dabei auch die Berührung mit der Zellwand bzw. ihren Kompartimenten sein. Die Bereiche, die weiter außen liegen und mit den Zellstrukturen in Kontakt kommen, zeigen eine oft geringere Aktivität als die weiter innen liegenden Bereiche der Chromosomen.[224] Kommt es dagegen zur Zellteilung, liegen die Chromosomen dicht gepackt (kondensiert) und weitgehend inaktiv vor. In dieser Form wurden sie schon im 19. Jahrhundert mit dem Lichtmikroskop entdeckt.

Man kann die Architektur des Erbguts und die Dynamik von Genregulation und Epigenetik als »regulatorische Faktoren« zusammenfassen, d. h. Prozesse und Mechanismen, mit denen die Zellen Einfluss auf die Funktion der Gene nehmen. Diese Faktoren werden sowohl bei Mikroorganismen (wie Bakterien) als auch bei Pflanzen und Tieren beschrieben. Sie sorgen unter anderem auch dafür, dass die Häufigkeit von Veränderungen des Erbguts keineswegs rein zufällig ist. Sie wirken beim Auftreten von Mutationen wie »flexible Leitplanken« (siehe unten).

221 Al-Sharoor et al., 2010.

222 Siehe z. B. Guo/Fang, 2014; Smallwood/Ren, 2013; Noordermeer et al., 2011.

223 Siehe z. B. Kaiser/Semple, 2017; Gibcus/Dekker, 2013; Smallwood/Ren, 2013.

224 Sakomoto et al., 2020.

Bakterien

Bei Bakterien ist das Erbgut nicht von einem Zellkern umgeben (sogenannte *Prokaryoten*). Es ist vielmehr als ringförmiges, großes DNA-Molekül organisiert, das nicht so kompliziert verpackt ist wie die DNA im Zellkern von Pflanzen und Tieren (*Eukaryoten*). Man spricht aber trotzdem oft auch bei Bakterien von Chromosomen. Zudem verfügen Bakterien auch noch über *Plasmide*, kleine, ringförmige DNA-Moleküle, die sich unabhängig von der Zellteilung vermehren können und zum Genaustausch zwischen den Bakterien genutzt werden. Auch bei Bakterien gibt es komplexe Faktoren, die deren Genom organisieren: Unter anderem hängt die Häufigkeit der Mutationen von Reparaturprozessen ab, die an manchen Stellen des Genoms häufiger stattfinden als an anderen, aber auch davon, wie groß die Abstände zwischen den codierenden Genen sind, ob die DNA methyliert ist, ob es sich um repetitive DNA-Sequenzen handelt und auf welchem der beiden DNA-Stränge der Chromosomen die jeweiligen Gene sitzen (beide werden in unterschiedlicher Richtung synthetisiert und abgelesen) und in welcher Häufigkeit die verschiedenen Basenpaare im jeweiligen Abschnitt der DNA zu finden sind.[225] Gene mit lebenswichtigen Funktionen liegen bei Bakterien oft in Clustern vor (sind in bestimmten Bereichen der Chromosomen konzentriert). Zwischen diesen Genregionen befinden sich oft relativ große Abstände, die dazu beitragen, dass Genfunktionen innerhalb der Art stabilisiert werden.[226] Generell sind Mutationshäufigkeit bzw. die Bereitschaft für Veränderungen keineswegs gleichmäßig im Erbgut von Bakterien verteilt.[227] Die zugrunde liegenden regulierenden Faktoren sind längst nicht alle bekannt, führen aber u. a. dazu, dass Bakterien gegenüber zu häufigen Verlusten wichtiger Genfunktionen geschützt sind.[228] Ein große Rolle spielen auch Reparaturmechanismen[229], die bewir-

---

225 Siehe z. B. Lee et al., 2012.

226 Fang et al., 2008.

227 Martincorena et al., 2012.

228 Hosseini/Wagner, 2018.

229 Costantino/Court, 2003.

ken, dass beispielsweise im Erbgut von *E. coli* die Häufigkeit spontaner Mutationen sehr ungleichmäßig verteilt ist.[230] (siehe auch Kapitel 1)

Pflanzen und Tiere

Bei Pflanzen und Tieren ist die DNA in einem Zellkern und zudem in Chromatin verpackt (man spricht von *Eukaryoten*). Auch bei Pflanzen werden, ähnlich wie bei den Bakterien, bestimmte Genbereiche durch größere Abstände gegenüber zu häufigen Mutationen geschützt.[231] Sie sind von den sogenannten *rekombinatorischen Hotspots,* an denen sich im Rahmen der Zellteilung besonders viele Mutationen ereignen, räumlich getrennt.[232] Ähnliche Faktoren gibt es auch bei Säugetieren: Hier untersucht man u. a. Gene, die eine verstärkende Funktion für andere Genfunktionen haben (sogenannte *Enhancer*). Sie liegen oft in großer Entfernung von den Genregionen, deren Aktivität sie beeinflussen. Die DNA der Enhancer mutiert dabei wesentlich häufiger als die Gene, deren Funktion sie verstärken.[233] Die erhöhte Mutationsrate der Enhancer-Regionen kann aus der Sicht der Evolution vorteilhaft sein, wenn beispielsweise Reaktionen auf geänderte Umweltbedingungen notwendig werden. Ein Beispiel für die Komplexität der Genomorganisation ist das Zusammenspiel einer regulatorischen Gensequenz (Enhancer) mit einem Gen, das in mehreren Phasen der embryonalen Entwicklung eine wichtige Funktion einnimmt. Es beeinflusst sowohl die Ausbildung der Extremitäten als auch die Bildung von Herz, Rückenmark und Genitalien und wird *»Sonic hedgehog«* (Shh) genannt.[234] Die Kontrollregion ist dabei vom eigentlichen *Shh-Gen* über Millionen von Basenpaaren getrennt. Diese Kombination findet sich u. a. bei allen Tieren mit Extremitäten. Kommt es zu Mutationen des Gens selber, sind die Folgen für die Entwicklung des Organismus fatal. Betrifft die Mutation dage-

230 Jee et al., 2016.

231 Monroe et al., 2020.

232 Siehe auch He et al., 2017.

233 Boukas et al., 2020; Halstaed et al., 2020.

234 Hill/Lettice 2013.

gen die Steuerungsregion, hängen die Auswirkungen von der jeweiligen Phase der embryonalen Entwicklung ab.[235] So werden Veränderungen in der Steuerregion u. a. mit dem Fehlen der Gliedmaßen bei Schlangen in Verbindung gebracht.[236]

Wichtig für Genaktivität und die Häufigkeit von Mutationen bei Eukaryoten ist die Verpackung der DNA mit Chromatin: In Regionen, in denen dieses fest gepackt ist, ruht die Genaktivität, und die Häufigkeit von Mutationen ist reduziert, was vor allem während der Zellteilung zu beobachten ist. Zwischen den Zellteilungen lockern sich die Chromatinstrukturen in bestimmten Bereichen, und die Aktivität ist in diesen Genregionen erhöht. Dabei können sich, wie schon erwähnt, die Chromosomen in Schlingen aneinanderlegen und so Kompartimente mit großer und mit geringer Genaktivität bilden, die sich über große Genabschnitte erstrecken. Diese Kompartimente beeinflussen nicht nur die Muster der Genaktivität, sondern auch die Häufigkeit des Auftretens von Mutationen und die Reparatur von Genen.[237] Zudem kann dicht gepacktes Chromatin die DNA auch vor Schäden durch Bestrahlung schützen.[238]

Weiterhin spielen insbesondere in der Genomorganisation von Pflanzen und Tieren sogenannte Genduplikationen eine wichtige Rolle.[239] Dabei können einzelne Genabschnitte, größere Genabschnitte oder auch ganze Chromosomen verdoppelt werden:[240] So können biologische Eigenschaften wie Herbizidresistenzen verstärkt,[241], Backup-[242] sowie regulatorische Funktionen etabliert und die Abstände zwischen den Genregionen vergrößert werden. Genduplikationen wird deswegen

235 Shubin 2021, Seite 127.

236 Kvon et al., 2016.

237 Guo/Fang, 2014; Gibcus/Dekker 2013; Luo et al., 2014; Gonzalez-Perez et al., 2019; Smallwood/Ren, 2013.

238 Takata et al., 2013.

239 Wendel et al., 2016; Gaines et al., 2019.

240 Otto, 2007.

241 Gaines et al., 2019.

242 Jones et al., 2017.

eine wichtige Rolle bei der Reaktion auf veränderte Umweltbedingungen und die Entstehung neuer Arten zugeschrieben.[243]

Auch sogenannte springende Gene (Transposonen) sind Teil der Genomorganisation, die bei Bakterien, Pflanzen und Tieren gleichermaßen beobachtet werden: Es sind bewegliche genetische Elemente, die sich selbst im Erbgut vervielfältigen und auch an anderer Stelle einfügen können. Dabei ist der Ort des Einbaus von Transposons oft nicht rein zufällig. Dieser ereignet sich – auch in Abhängigkeit vom jeweiligen Transposon – in bestimmten Genabschnitten häufiger als in anderen, wobei u. a. der Zustand des Chromatins eine wichtige Rolle spielen kann.[244] Transposonen, die sich selbst vermehren können, haben bei vielen Organismen einen wesentlichen Anteil an der Struktur des Genoms und werden in vielen Fällen von den Zellen *domestiziert*, d. h. ihrer Mobilität beraubt. Ursprünglich von Barbara McClintock (1902–1992) im Mais entdeckt, wurden sie in den letzten Jahren intensiv erforscht, was zu einem neuen Verständnis ihrer Rolle bei der Organisation des Genoms und der Evolution führte. Sie finden sich in fast allen Eukaryoten: Sie machen 3–5 Prozent des Genoms der Hefe, 45 Prozent beim Menschen, 40 Prozent bei der Maus und 60 Prozent im Erbgut von Mais aus.[245] Sie können durch ihre Mobilität Genfunktionen stören (wenn sie sich an der »falschen« Stelle einbauen), sie wurden aber, wie erwähnt, von vielen Zellen domestiziert, d. h., sie können sich nicht mehr frei im Erbgut bewegen oder vermehren. Stattdessen haben sie großen Einfluss auf die Plastizität des Genoms, seine Architektur und die Evolution der Eukaryoten.[246] Die ursprünglich störenden Gensequenzen können so Einfluss auf die Genregulation nehmen und sogar zu einem Treiber der Evolution werden.[247] Bei Säugetieren wurde beispielsweise festgestellt, dass aus ursprünglichen Virusgenen, die sich im Erbgut vervielfältigt

243 Jones et al., 2017; Lynch/Conery 2000.

244 Capel et al., 1993; Vicient/Casacuberta, 2017; Wilson et al., 2007; Yoshida et al., 2017.

245 Biémont/Vieira, 2006.

246 Servant/Deininger 2016.

247 Siehe z. B. Quadrana et al., 2019, Mikkelsen et al., 2007; Palazzo/Gregory, 2014.

hatten, Rezeptoren für das Hormon Progesteron wurden, über die während der Schwangerschaft Hunderte von Genen gleichzeitig aktiviert werden können.[248]

Werden Gene durch Mutationen verändert, können sie durch Reparaturprozesse auch wiederhergestellt werden. Dabei ist die Häufigkeit der Reparatur abhängig von der jeweiligen Genregion und epigenetischen Prozessen. Bei der Ackerschmalwand zeigte sich, dass epigenetische Faktoren (*Histonmodifikationen*) die Häufigkeit der Reparatur bestimmter Genregionen beeinflussen.[249] Entsprechende Beobachtungen wurden auch bei Hefen,[250] Säugetieren bzw. Menschen[251] gemacht.

Ein Fazit: flexible Leitplanken im Erbgut

Mutationen sind Veränderungen der DNA, die in Körperzellen (somatische Mutation) oder auch Keimzellen (vererbbare Mutation) auftreten und sowohl kurze DNA-Sequenzen oder auch größere Abschnitte (Chromosomenmutationen) betreffen können. Sie können positive oder negative, oft aber auch keine direkte Konsequenz für den Organismus haben. Sind die biologischen Wirkungen für das Individuum (oder die Art) negativ und wird die Überlebensfähigkeit der Nachkommen eingeschränkt, verschwinden die genetischen Veränderungen durch die natürliche Selektion oft rasch in den nächsten Generationen. Die Beobachtung und experimentelle Auslösung von Mutationen bei Fruchtfliegen in den 1920er-Jahren, die insbesondere von Thomas Hunt Morgan und Hermann Joseph Muller durchgeführt wurden, gehören zu den Meilensteinen der Genomforschung: Erstmals konnte man genetische Veränderungen direkt mit biologischen Eigenschaften (Farbe der Augen, Ausprägung der Flügel) korrelieren. Darauf aufbauend, wurde die Synthetische Evolutionstheorie entwickelt. Diese Theorie kombinierte die Erkenntnisse von Darwin und Wallace (natürliche Auslese) mit der Vorstellung von zufällig auftreten-

248 Siehe Shubin, 2021, Seite 217 ff.

249 Belfield et al., 2019.

250 Lujan et al., 2015.

251 Frigola et al., 2017; Huang/Li 2018.

den genetischen Variationen (Mutationen) und erklärte sie zum Motor der Evolution. Die Evolution beruht demnach nach nur auf zufälligen Variationen und Selektion durch die Umwelt. Neue Arten entstehen demnach aus geringfügigen Veränderungen, die in den nachfolgenden Generationen neu kombiniert werden und so im Lauf von Jahrmilliarden neue Eigenschaften erzeugen. Fische verlassen das Wasser, werden zu Säugetieren und entwickeln sich weiter zu Walen, die ins Wasser zurückkehren. Die revolutionäre Erkenntnis war nicht nur, dass diese Lebensformen alle voneinander abstammten, sondern dass es auch keines Schöpfers oder Designers bedurfte, um diese komplexen Lebensformen zu ermöglichen. Ihre Entwicklung beruhte auf rein zufälligen Ereignissen in Kombination mit einer Selektion der fittesten Individuen. Diese Vorstellung prägte die Entstehung der Gentechnik: Wenn man zusätzlich vom Menschen designte Veränderungen im Erbgut hervorruft, verstößt man nicht gegen die Prinzipien der Evolution, nach der alle Mutationen jederzeit möglich und nach dem Zufallsprinzip auch zu erwarten sind. Der einzige »Wächter« darüber, welche Mutationen sich dann durchsetzen, ist demnach die Selektion durch die Umwelt. Werden Gene über lange Zeiträume besonders gut »konserviert«, liegt dies nur an der nachträglichen Selektion durch die Umwelt: Gene, die sich seltener verändern, sind für das Überleben einer Art besonders wichtig. Treten hier beispielsweise Mutationen auf, haben die Träger dieser Gene nur verringerte Chancen zu überleben. Nur aus dieser Ursache, so diese Lehrmeinung, finden sich in manchen Regionen des Erbguts weniger Veränderungen als in anderen Regionen.

Epigenetik, Genregulation und Genotyp-Netzwerke wurden zu großen Teilen erst entdeckt, nachdem man die Gentechnik bereits erfunden hatte. Doch durch die neuen wissenschaftlichen Erkenntnisse bekam auch das Auftreten von Mutationen eine neue Dimension. Insgesamt zeigt sich jetzt, dass das Auftreten von Mutationen nicht rein zufällig ist und deren Häufigkeit nicht nur von der Selektion abhängig ist, sondern von Faktoren beeinflusst wird, die von den Zellen orchestriert werden. Die Mutationshäufigkeit wird u. a. von der Zusammensetzung der Basenpaare,[252] von

252 Weng et al., 2019.

Histonmodifikationen und Reparaturprozessen,[253] Genduplikationen[254] und dem Zustand des Chromatin[255] beeinflusst. Auch größere Abstände zwischen Genregionen führen dazu, dass Gene, die für die Erhaltung der Art besonders wichtig sein können, seltener mutieren als andere.[256] Man könnte sagen, dass Evolution und Vererbung dadurch *flexible Leitplanken* gesetzt sind. Das Genom unterliegt zwar permanent einer Art Grundrauschen von Mutationen, doch bleiben gewisse Grundstrukturen auch über lange Zeiträume erhalten. Gerade Pflanzen, die beständig einem der stärksten mutationsauslösenden Reize – dem UV-Licht – ausgesetzt sind, haben vielfältige Mechanismen entwickelt, um zu verhindern, dass ihr Erbgut »durcheinandergewirbelt« wird, wie dies Emmanuelle Charpentier, eine der ErfinderInnen der Genschere CRISPR/Cas, laut *Süddeutscher Zeitung* gesagt hat.[257] So weisen Gräser selbst nach 60 Millionen Jahren Evolution über die Artgrenzen hinweg große Ähnlichkeiten in der Struktur ihres Erbgutes auf.[258]

Diese »Leitplanken« können auch zum Erhalt und zur Weiterentwicklung der wohl bekanntesten Gencluster, der Hox-Gene, beigetragen haben, die den Aufbau des Körpers bei allen Tierarten steuern (siehe auch unten).[259] Diese Gene sind über Hunderte von Millionen Jahren konserviert worden und zeigen nicht nur bei vielen Tierarten sehr ähnliche Strukturen, sondern liegen auch oft in derselben Reihenfolge im Genom vor.[260] Die Evolution muss also zwei wesentliche Grundbedingungen erfüllen: steter Wandel und (unter Umständen rasche) Reaktion auf wechselnde Umweltbedingungen auf der einen, Stabilität in der Vererbung als Grundvoraussetzung für das Überdauern der Arten auf der anderen Seite. Die

253 S. o.

254 Servant/Deininger 2016.

255 S. o.

256 Monroe et al., 2020; Fang et al., 2008.

257 Becker Kim Björn/Zinkant Kathrin (2017) Genetikerin Emmanuelle Charpentier im Interview:»Crispr gehört nun der Welt«, Süddeutsche Zeitung, 14. Mai 2017.

258 Gale, 1998.

259 Nüsslein-Vollhard, 1980.

260 Lemons/McGinnis, 2006; Noordermeer et al., 2011.

Genomorganisation und die Genregulation ermöglichen einen Balanceakt zwischen Chaos und Ordnung, Veränderung und Stabilisierung.

Interessanterweise war diese Sichtweise auch den Stammvätern der Synthetischen Evolutionstheorie nicht fremd. So betont Theodosius Dobzhansky (1900–1975) in seinem von 1937 bis 1966 immer wieder aufgelegten Standardwerk »Genetics and the Origin of Species« die Bedeutung der Gesamtheit des Genoms für die Funktion eines einzelnen Gens. Dobzhansky stellt fest, dass die Evolution zwar zufällige Ereignisse nutzen kann, aber die Arten keineswegs aus rein zufälligen Ereignissen entstanden sind:

> »It is frequently stated, particularly in popular scientific writings that mutations are haphazard, chance, accidental, random etc., changes of the genes. Such a characterisation is misleading when given without qualification. For the only respect in which mutations are haphazard is that they arise regardless of the needs of the organism at a given time, and hence are far more likely to be deleterious than useful. But the kinds of mutations that a gene is capable of producing as well as the frequencies with which it produces them are far from intermediate. They are controlled by the structure of the gene itself as well as the genetic constitution of the organism.«[261]

Auch scheinbar zufällige Prozesse bestehen laut Dobzhansky keineswegs nur aus »Trial and Error«:

> »Such trial and error mechanism is provided primarily by mutation and sexual reproduction, which are able to generate a practically limitless variety of genotypes. But this does not mean that the modern theory of evolution is based on a belief in ›chance‹, as it is often but groundlessly alleged. ›Chance‹ enters only to the extent that any mutation has a finite probability of happening, and consequently mutations occur regardless of whether they will be immediately, over

261 Dobzhansky, 1951, Seite 58.

> ever, useful. But the evolutionary changes in Mendelian populations are far from automatic results of lucky throws of the genetical dice, or even of the demands of the environments. The relation between the genetic system and the external mileu are so complex that the evolutionary process can be described as a creative one. Indeed, this process gives rise to previously nonexistent coherent entities, new organisms fit to perpetuate themselves in certain habitats.«[262]

Die Vielfalt der Arten beruht also auch nach Dobzhansky keineswegs auf einer Lotterie der Gene und wurde nicht aus reinem Zufall generiert. Diese Erkenntnisse waren aber in ihrer Wirkmächtigkeit weit schwächer als diejenigen, die sich auf Laborexperimente stützen konnten und so zum wahren Leitbild des Verständnisses von Evolution und der Anwendung der Gentechnik im 20. Jahrhundert wurden. Doch inzwischen sind sie doch auch Teil des Mainstreams geworden. So spricht beispielsweise der Paläontologe Shubin davon, dass die Würfel der Evolution »gezinkt« seien. Er verweist auf die Ähnlichkeiten in der Evolution von Beuteltieren und Säugetieren und schreibt:

> »Solche natürlichen Experimente zeigen, dass die Geschichte des Lebens keine zufällige Aneinanderreihung zufälliger Ereignisse ist. Die Würfel sind gezinkt; das liegt einerseits daran, wie Gene und Embryonalentwicklung für den Aufbau eine Körpers sorgen, andererseits aber auch an den physikalischen Beschränkungen aus Umwelt und Vergangenheit. Die Lebewesen jeder Generation haben Rezepte geerbt, und diese Rezepte für den Aufbau von Organen und Körper sind in ihren Genen, Zellen und Embryonen festgeschrieben. Die Vererbung wirkt sich auf die Zukunft aus und sorgt dafür, dass bestimmte Wege des Wandels wahrscheinlicher sind als andere. Im Körper und in den Genen aller Lebewesen mischen sich Vergangenheit, Gegenwart und Zukunft.«[263]

262 Dobzhansky, 1951, Seite 278.

263 Shubin, 2021, Seite 265.

Genom und Umwelt

Gene, Zellen und Organismen müssen laufend auf wechselnde Bedingungen in ihrer jeweiligen Umwelt reagieren. Das ist eine gemeinsame Herausforderung sowohl für den einzelnen Organismus als auch für Populationen und die jeweilige Art: Die Organismen, die am schnellsten und besten reagieren können, retten auch ihre genetischen Anlagen in die nächste Generation. Dafür sind nicht nur die genetischen Anlagen selbst, sondern auch die Epigenetik entscheidend. Die Epigenetik bzw. die Genregulation geben dem Genom die nötige Plastizität, sich rasch an wechselnde Bedingungen anzupassen und dabei existierende Genotyp-, Protein- und Stoffwechselnetzwerke für schnell benötigte Problemlösungen zu adaptieren. Treten Veränderungen der Umwelt auf, kann die Epigenetik zu neuen biologischen Eigenschaften führen, die als Problemlösung im Erbgut bereits vorhanden sind, aber erst unter dem Einfluss bestimmter Umwelteinflüsse aktiviert werden. Die Epigenetik bildet so eine Brücke zwischen genetischer Anlage und Umwelt. Conrad Waddington (1905–1975), einem der Väter der Epigenetik, wird das Zitat zugeschrieben, diese sei ein »Zweig der Biologie, der die kausalen Wechselwirkungen zwischen Genen und ihren Produkten untersucht, welche den Phänotyp hervorbringen«.[264] Dabei handelt es sich nicht nur um vorübergehende Eigenschaften einzelner Individuen, sondern auch um längerfristige Adaptionen an die jeweiligen Umwelten, mitunter auch Lernprozesse, von denen ggf. eine ganze Art profitieren kann: Ein Teil dieser Veränderungen in der Genregulation kann auch vererbt werden, ohne dass dies mit einer Veränderung der DNA-Sequenz einhergehen muss.

Jablonka & Raz definieren epigenetische Vererbung wie folgt: »… epigenetische Vererbung ist die Weitergabe von Variationen von einer Ausgangszelle an ihre Tochterzelle, die nicht durch Unterschiede in der Abfolge von DNA-Sequenzen und/oder nicht durch gegenwärtige Umweltbedingungen verursacht werden.«[265] Es ist Gegenstand der Forschung, in welchem Ausmaß so Merkmale entstehen können, die über

---

264 https://www.umweltbundesamt.de/sites/default/files/medien/pdfs/epigenetik.pdf.

265 Jablonka/Raz, 2009.

mehrere Generationen hinweg stabil sind und auch noch auftreten, wenn die ursächlichen Umweltbedingungen nicht mehr vorhanden sind. Auch die Rolle von spontanen Veränderungen der DNA (Mutationen) kann in diesem Zusammenhang neu diskutiert werden: Die Synthetische Evolutionstheorie geht davon aus, dass die Mutation zuerst auftritt und diese dann hinterher unter bestimmten Umweltbedingungen zu einem Überlebensvorteil führen kann. Doch auch die umgekehrte Reihenfolge ist plausibel: Hat eine Art aufgrund von Epigenetik und Genregulation die Möglichkeit gefunden, unter veränderten Umweltbedingungen zu überleben, können sich bestimmte Mutationen in den Populationen besser durchsetzen und im Genpool der Art stärker anreichern als unter den ursprünglichen Bedingungen. Damit erfolgt also zunächst eine epigenetische Reaktion auf veränderte Umweltbedingungen, und genetische Veränderungen in den Populationen wären eine Folge und nicht unbedingt eine Voraussetzung für die Anpassung. Insgesamt gilt: Die Mechanismen zur aktiven Anpassung an die Umwelt sind vielfältig. Unabhängig davon, ob diese Veränderungen vererbbar sind oder nicht, sind sie Ausdruck der Biologischen Intelligenz, die uns umgibt und uns auch selbst bedingt. Die Mechanismen der Evolution sind nicht »dumm«, sondern vielfältig, komplex und ein Beweis für die Lernfähigkeit des Lebens auf diesem Planeten.

Individuelle Anpassungen

Ein Beispiel für rasche individuelle Anpassung an spezielle Umweltbedingungen bieten die bereits erwähnten Tintenfische. Diese beruht u. a. auf dem RNA-Splicing: Es ermöglicht sehr rasche und komplexe Reaktionen auf die Umwelt, die nicht nur auf der Ebene der DNA, sondern auf der Ebene der RNA erfolgt. Im Falle von (mindestens einigen Arten der) Oktopoden kann dieses Splicing sogar auch dann noch stattfinden, nachdem die RNA den Zellkern verlassen hat und sich entlang der Nervenausläufer verteilt. Diese Reaktionen sind bei all ihrer Komplexität exakt orchestriert und folgen bestimmten Mustern, die unmittelbar durch Umwelteinflüsse ausgelöst werden. Tintenfische zeigen so biologische Reaktionsmöglichkeiten, bei der Verhalten (Flucht) mit der Ausprägung körperlicher Merkmale gekoppelt wird (Tarnung). Ein ähnlich anpassungsfähiges System ist das menschliche Immunsystem: Hier können individuelle Erfahrungen mit Krankheitserregern (oder Impfstoffen) von bestimmten Zellen des Körpers gesammelt, gespeichert und wieder abgerufen und eine Fülle von spezifischen Immunreaktionen hervorgerufen werden. Dabei kommt es auch zu genetischen Anpassungen der Immunzellen, die dafür sorgen, dass Immunzellen sich nicht gegen körpereigene Zellen richten und von außen kommende Krankheitserreger rasch erkennen können (somatische Rekombination).[266] Diese Erfahrungen des Immunsystems können über die Muttermilch auch an die nächste Generation weitergegeben werden, sind aber nur in den ersten Lebensmonaten wirksam. Ein anderes Beispiel für Epigenetik und Umweltanpassungen ist die Regulation neuronaler Netzwerke. 2005 wurde ein Interview mit Prof. Dr. Martin Heisenberg, Institut für Neurobiologie und Genetikan der Universität Würzburg, veröffentlicht, in dem das Wechselspiel von Genen, Gehirnzellen und Lernprozessen anschaulich wird:

> »Wir erforschen das Gehirn der Fliege Drosophila. In den letzten 5 bis 10 Jahren haben sich große Durchbrüche dadurch ergeben, dass man inzwischen zu verstehen beginnt, wie Gene in den richtigen Zellen zum richtigen Zeitpunkt an- oder abgeschaltet werden. Da sind wir also mittendrin in der Epigenetik. (...) In den letzten Jahren haben wir zum ersten Mal zu sehen bekommen, wo im Gehirn der Fliege bestimmte Gedächtnisleistungen gespeichert sind. Fliegen können sich an Dinge erinnern, und das Gedächtnis muss irgendwo im Gehirn abgelegt sein. Wir untersuchen also die epigenetische Regulierung von Genen im Gehirn und schließen von den Funktionen der Gene auf das Funktionieren des Gehirns.«[267]

Viele Beispiele für individuelle Anpassungen gibt es auch bei Pflanzen: 2019 meldete die Firma Bayer ein Patent für Getreidepflanzen an, die von

---

266 www.spektrum.de/lexikon/biologie/somatische-rekombination/62061.

267 Zitiert aus: Greenpeace (2005) Das unterschätzte Risiko, Interviews mit neun WissenschaftlerInnen zum Thema gentechnisch veränderter Pflanzen, Interview geführt von Florianne Koechlin.

Setzlingen stammen, die einige Wochen bei niedriger Temperatur in einer Flüssigkeit gelagert wurden (WO2019001793). Überraschenderweise zeigten diese Pflanzen nach dem Auspflanzen einen höheren Ertrag. Wie Bayer im Patentantrag erklärt, beruht diese Erfindung auf einer glücklichen Entdeckung (Seite 2): »Diese Erfindung basiert auf der glücklichen Beobachtung, dass Getreidesetzlinge wie Weizen [...], die vorübergehend in einer Flüssigkeit bei niedriger Temperatur eingelegt werden, einen höheren Ertrag haben.« Wahrscheinlich hat sich aufgrund der Stresseinwirkung während der Lagerung die Genregulation in den Pflanzen so verändert, dass diese später, unter normalen Wachstumsbedingungen, ertragreicher sind. Diese biologische Reaktion ist für ZüchterInnen keineswegs neu: Es ist beispielsweise bekannt, dass die Reaktion auf die Kältebedingungen im Winter bei vielen Pflanzenarten ein wichtiger Faktor für deren Keimfähigkeit ist. Diese Beispiele betreffen erworbene oder vorübergehende Eigenschaften, bei denen vor allem die Eigenschaft zur Adaption vererbt wird, nicht aber die Adaption selbst. Manche individuell erworbenen epigenetische Erfahrungen können auch direkt zusammen mit dem Erbgut an die nächste Generation weitergegeben werden. So wurden bei Menschen epigenetische Vererbungseffekte beschrieben, bei denen ein Zusammenhang zwischen den Lebensgewohnheiten der Generation der Großeltern und der körperlichen Entwicklung von Enkeln hergestellt wird. Der britische Forscher Marcus Pembrey fand eine Korrelationen zwischen Hungersnöten der Großeltern und der Anfälligkeit von Enkeln, an Diabetes zu erkranken. Schlüsselpunkt war der Zeitpunkt der Reifung der Keimzellen: Männer vererbten die Veranlagung dann, wenn die Hungersnot in die Zeit ihrer Pubertät fiel.[268]

Entwicklung von Populationen und Arten

Beispiele für Umweltanpassungen, die Populationen (oder ggf. Arten) betreffen, findet man sowohl bei Bakterien als auch bei Pilzen (Hefen), Pflanzen, Tieren und Menschen. Sie finden entweder gleichzeitig bei vielen Individuen innerhalb einer Population statt oder setzen sich erst nach

268 Pembrey et al., 2006.

und nach im Verlauf mehrerer Generationen durch. Die Übergänge zwischen den Kategorien erscheinen fließend und hängen unter anderem von der Dauer der spezifischen Umweltreize ab. Unter Umständen kann aus der Anpassung von Populationen auch die Bildung einer neuen Unterart oder Art erfolgen, wenngleich die meisten epigenetischen Effekte von vorübergehender Natur sind. Zudem gibt es auch Anpassungsmechanismen, die auf einer direkten Veränderung des Erbguts beruhen und sich nicht nur auf der Ebene der Epigenetik ereignen. Offensichtlich ist auch, dass das *Pan-Genom* (also die Vielfalt der genetischen Variationen innerhalb einer Art) bei vielen Pflanzen- und Tierarten eine Vielfalt von Genotypen und Genotyp-Netzwerken (siehe oben) und damit eine gewisse Plastizität aufweist, die eine rasche Anpassung an die veränderte Umwelt erleichtern. Ändern sich die Umweltbedingungen wie bspw. im Rahmen des Klimawandels, wird die Bandbreite der genetischen Anlagen auch in veränderten Phänotypen sichtbar. Diese Vielfalt innerhalb der Art kann Auswirkungen auf ihr Überdauern und die Bildung neuer Unterarten haben.

Mikroorganismen

Wie man der Forschung an den essenziellen Genen von Bakterien und deren *Minimalgenom* feststellte, machen Gene, die eine rasche Reaktion auf geänderte Umweltbedingungen ermöglichen, rund die Hälfte aus. Die einen steuern die Reproduktion, Zellaufbau und Energiestoffwechsel, andere ermöglichen die Interaktionen mit der Umwelt und rasche Anpassungen.[269] Dazu kommt bei Bakterien der Genaustausch über Plasmide. Aber auch dem Verlust und der Aufnahme neuer Gene in die Chromosomen kommt eine wichtige Rolle zu. Dabei können Gene, die von anderen Arten übernommen werden, auch in ihrer Funktion angepasst werden.[270] Ein sehr spezieller Anpassungsprozess von Bakterien betrifft deren Immunsystem: Werden Bakterien von Viren (Bakteriophagen) befallen, können viele von ihnen Teile des Erbguts der Viren in ihre DNA übernehmen und mit der Aktivität von Enzymen koppeln, die DNA durcht-

269 Danchin, 2015.

270 Husseini/Wagner 2018; Martinez-Carranza, 2018.

rennen können (Nukleasen wie das Enzym Cas). Somit können die Viren bei erneutem Befall »erkannt« und ihr Erbgut so in Stücke »zerschnitten« werden, dass sie sich nicht länger in den Bakterien vermehren können. Aus diesem System wurde dann die Genschere CRISPR/Cas entwickelt, die zum zentralen Werkzeug der *Neuen Gentechnik* wurde.[271]

Bei Hefen wurde 2012 bestätigt, dass bestimmte Proteine, Prione, eine aktive Anpassung an die Umwelt ermöglichen. Dazu wurden Wildpopulationen von Hefen unter widrigen Umweltbedingungen kultiviert und Eiweißstoffe, die auf die Regulation der Gene Einfluss nehmen, als entscheidender Faktor für die Resistenzentwicklung identifiziert.[272] Susan Lindquist vom Whitehead Institute for Biomedical Research in Cambridge, Massachusetts, die diese Effekte zuvor schon an Bäckerhefen untersucht hatte, nennt diesen Vorgang »combinatorial evolution«, d. h., die Anpassung an die Umwelt entwickelt sich gemeinsam im Wechselspiel von regulatorischen Proteinen und DNA.[273] Ähnliche Effekte hatte die Wissenschaftlerin auch bei Taufliegen (*Drosophila*) beobachtet, hier können sogenannte Heat-Schock-Proteine die Auswirkungen negativer Mutationen »maskieren« (verdecken).[274]

Pflanzen

Auch bei Pflanzen kann es zu reaktiven Anpassungen an die Umwelt kommen, die sich auf die Entwicklung von Populationen und ggf. die Art auswirken. Die Vererbung erworbener Eigenschaften wird bei Pflanzen auch dadurch begünstigt, dass hier die Keimzellen (die Samen) erst im Laufe der Vegetationsperiode aus somatischen Zellen gebildet werden. Die Erfahrungen, die die Zellen der Pflanzen bis dahin aus Umwelteinflüssen gewonnen haben, können bei der Bildung der Samen weitergegeben werden. Dagegen beruht bei vielen Tierarten die Entwicklung der Keimzellen auf der Entwicklung einer speziellen Keimbahn, in der sich schon

271 Doudna/Sternberg, 2019.

272 Halfmann et al., 2012.

273 Coghlan, 2012.

274 Trivedi, 2012.

im Laufe der Embryogenese ein Teil der Zellen (aus denen später Sperma oder Eizellen werden) von den übrigen somatischen Zellen absondert.

Von »Unkräutern« ist bekannt, dass sie in Reaktion auf das Pflanzengift (Herbizid) Glyphosat bestimmte Genabschnitte vervielfachen können, die dazu führen, dass sie gegenüber dem Herbizid weitgehend resistent werden, weil sie es schneller abbauen können. Diese Art von »Immunreaktion« auf das Unkrautvernichtungsmittel erlaubt es den Populationen der Wildpflanzen, sich viel schneller an das Gift anzupassen, als die Firmen, allen voran der Konzern Monsanto, dies erwartet hatten. Das führte zu erheblichen Problemen vor allem in den Ländern, in denen Gentechnik-Pflanzen angebaut werden. Die Mechanismen, wie diese Anpassung funktioniert, werden bisher noch nicht in allen Details verstanden. Es wurden mindestens zwei unterschiedliche Mechanismen entdeckt, die bereits bei acht Pflanzenarten zu entsprechenden Reaktionen geführt haben.[275]

Die US-Firma Epigenetics versucht laut mehreren Patentanträgen (WO2019211736 und WO2017077530), durch bestimmte Beleuchtungsprogramme positive Effekte auf Ertrag, Krankheitsresistenz und Lagerfähigkeit bei Tomaten und anderen Pflanzenarten wie Soja, Mais und Stevia zu erzielen. Dazu wurden junge Pflanzen nach dem Keimen über mehrere Generationen mit bestimmten Wellenlängen und bestimmter Intensität im Gewächshaus behandelt. Die Pflanzen, die besonders gut auf diese Behandlung ansprachen, wurden selektiert und nach der Ernte für die weitere Züchtung verwendet. Der Ertrag konnte so um ein Vielfaches gesteigert werden. Der Effekt hielt zum Teil über mehrere Generationen an, auch wenn keine weitere Bestrahlung erfolgte.

Bei Pflanzen hat man auch epigenetische Effekte nachgewiesen, die zum Entstehen einer neuen Art führen könnten: Nach relativ wenigen Generationen von Ackerschmalwandpopulationen, die bestimmten Umweltbedingungen ausgesetzt wurden, fanden sich stabil vererbbare Veränderungen, die u. a. den Blühzeitpunkt betreffen. Veränderungen in der Blütezeit können dazu führen, dass sich die entstandenen Varianten nicht mehr miteinander kreuzen können, wodurch sich neue Unterarten

275 Gaines et al., 2019.

bilden können. Die ForscherInnen fanden keine wesentlichen genetischen Veränderungen, wohl aber deutlich veränderte Muster der Methylierung, die unter anderem auch die Aktivität von RNA-Molekülen betrifft, die an der Regulierung der Genaktivität beteiligt sind.[276]

Tiere

Der Wechsel von geschlechtlicher und ungeschlechtlicher Fortpflanzung (Parthogenese) von weiblichen Blattläusen unter bestimmten Umweltbedingungen beruht auf epigenetischen Effekten. Ähnliche Wechsel zwischen sexueller Fortpflanzung und Parthenogenese werden auch bei manchen Fischen, Amphibien und Reptilien beobachtet. Bei einer eierlegenden Zahnkarpfenart (*Kryptolebias marmoratus)* kommen (als einziger Art bei den Wirbeltieren) echte Hermaphroditen vor. Das heißt, es sind weibliche und männliche Geschlechtsorgane gleichzeitig vorhanden, die Tiere legen Eier, die sie auch selbst befruchten. Gleichzeitig existieren aber auch reine Männchen vor. Ihr Anteil an den verschiedenen Populationen hängt von Umwelteinflüssen ab.[277]

Dass es bei der Anpassung an Umweltbedingungen gleitende Übergänge von vorübergehenden Reaktionen bis hin zu dauerhaft vererbbaren Merkmalen gibt, zeigt u. a. die Forschung an Wasserflöhen. Diese können ihren Körperbau in Abhängigkeit von Bedrohungen durch Fraßfeinde verändern. Sie bilden unter anderem helmartige Fortsätze aus, die ihre Überlebenschancen erhöhen. Diese Eigenschaft ist reversibel, das heißt, sie tritt nur in Anwesenheit der Feinde auf und wird ansonsten zurückgebildet. Trotzdem ist die Helmausbildung auch in Abwesenheit von Feinden über mehrere Generationen hinweg vererbbar, bevor sie wieder verschwindet.[278]

Vererbbare Effekte, die epigenetisch verankert sind, werden auch in der Tierzucht genutzt. Die Firma Ciba Geigy meldete 1989 ein Patent auf Fischzucht an (US-Nummer 5,048,458, EP 351357), bei dem nicht nach

276 Schmid et al., 2018.

277 Avise/Tatarenkov, 2015.

278 Agrawal et al., 1999.

einer bestimmten genetischen Veranlagung selektiert wurde, sondern Fischeier in ein elektrisches Feld eingebracht und damit im Vergleich zur Elterngeneration widerstandsfähigere und gesündere Tiere gewonnen wurden. Die Forscher hatten beobachtet, dass die Jungfische eine wesentlich höhere Überlebensrate hatten als die Vergleichstiere. Zudem wuchsen die Tiere schneller und waren insgesamt robuster. Ein Teil der Eigenschaften ließ sich auch in der nächsten Generation noch feststellen. Ähnliche Beobachtungen wurden auch an Pflanzen gemacht. Offensichtlich hatten die experimentellen Einflüsse die Genregulation und bestimmte Muster von Genaktivitäten der Fische und Pflanzen verändert.[279]

Umwelteinflüsse scheinen auch verantwortlich zu sein für Veränderungen von Fischpopulationen: So haben sich Dorsche (Kabeljau) wegen der starken Überfischung äußerlich enorm gewandelt. Sie waren früher erst mit zehn Jahren geschlechtsreif und über einen Meter lang. Man hat schon vor Jahren Tiere gefunden, die sich schon mit sechs Jahren und etwas mehr als einem halben Meter Körpergröße fortpflanzen können.[280] Durch ihren kleineren Körperbau und eine raschere Fortpflanzung entgehen sie möglicherweise der Ausrottung durch den Menschen, der die Populationen dieser Fischart in manchen Regionen schon zum Zusammenbruch gebracht hat. Ob es hier epigenetische Wechselwirkungen mit Umwelteinflüssen gibt oder die Ursache nur bestimmte Selektionsmechanismen (Fangmethoden) sind, scheint nicht geklärt.[281] Dagegen wurde bei einer Zahnkarpfenart (*Fundulus heteroclitus*), die u. a. im Brackwasser der Atlantikküste der USA vorkommt, bereits nachgewiesen, dass die Anpassung an wechselnde Umweltbedingungen (Salzkonzentration und Schadstoffe im Wasser) ganz wesentlich unter Beteiligung von miRNA-Bildung und Epigenetik erfolgt.[282]

Epigenetische Effekte werden auch in Zusammenhang mit dem Entstehen einer neuen Krebsart, dem Marmorkrebs (*Procambarus virginalis*),

279 Siehe dazu bspw. auch Trivedi, 2012.

280 Süddeutsche Zeitung, 17. April 2007, zitiert nach Then, 2008.

281 Bradshaw/Holzapfel, 2006.

282 Goodale et al., 2018.

diskutiert. Als »Ausgangsorganismus« gilt der Sumpfkrebs (*Procamabarus fallax*), der in Ökosystemen Floridas zu finden ist (siehe Kapitel 7). Durch ein einziges biologisches Ereignis, das auch »Makromutation« genannt wird, wurde aus dem Sumpfkrebs eine neue Art, der Marmorkrebs, der sich in seiner äußeren Erscheinungsform, seinem Verhalten und seiner genetischen Ausstattung von der ursprünglichen Art deutlich unterscheidet.[283] Ein besonderes Merkmal des Krebses ist seine Fortpflanzung: Es gibt nur weibliche Tiere, diese können sich ohne Paarung vermehren (Parthenogenese). Im Vergleich zu seiner Ausgangsart, dem Sumpfkrebs, haben zudem viele Gene ihre epigenetischen Marker (Methylgruppen) verloren, mit denen die Genaktivität reguliert und gedrosselt werden kann. Gleichzeitig variiert die Expression dieser Gene stärker. Weil alle Nachkommen der Marmorkrebse von einem einzigen Klon abstammen und die Tiere untereinander nur geringe genetische Variationen zeigen, werden als Ursache für ihre Anpassungsfähigkeit insbesondere diese epigenetischen Veränderungen diskutiert.[284]

Über längere Zeiträume systematisch erforscht wurden epigenetische Effekte bei der Zucht von Silberfüchsen, bei denen die Effekte der Domestikation untersucht wurden. Aus 45.000 Silberfüchsen wurde in rund 40 Jahren eine Population von etwa 100 besonders zahmen Füchsen generiert. Damit verbunden sind nicht nur Veränderungen des Verhaltens, sondern auch des Phänotyps, wie wir diese von Haushunden kennen: hängende Ohren, geringelte Schwänze und erhöhte Fruchtbarkeit der Weibchen. Die ForscherInnen führen diese Effekte auf Veränderungen des Hormonsystems zurück. Nach dieser Interpretation werden durch die Selektion Tiere bevorzugt, die in ihrem Verhalten und ihrem Hormonstatus einen eher juvenilen Habitus aufweisen. Das heißt, die Entwicklung (Ontogenese) der Tiere wird – möglicherweise durch den Stress der Domestizierung – in andere Bahnen gelenkt. Zum Vorschein kommen Merkmale, die in der normalen Entwicklung der Wildtiere verdeckt bleiben. Die WissenschaftlerInnen gehen davon aus, dass diese Effekte bei der

283 Lyko et al., 2017.

284 Gatzmann et al., 2018.

Domestizierung der Haushunde eine große Rolle gespielt haben, da der relativ kurze Zeitraum der Domestizierung kaum dafür ausgereicht hätte, entsprechende Veränderungen nur durch spontane Mutationen herbeizuführen. Die Effekte sind innerhalb der unterschiedlichen Hunderassen stabil vererbbar, wobei zusätzliche Mutationen zu deren unterschiedlichem Erscheinungsbild beitragen. Ähnliche Veränderungen des Phänotyps im Laufe der Domestizierung sieht man auch bei anderen Arten wie den Hausschweinen, Ziegen, Schafen und Rindern.[285]

Menschen

Die Domestikation veränderte die genetische Konstitution der Getreidepflanzen, der Haustiere, aber auch des Menschen. Die Ansammlung von Pflanzen, Tieren und Menschen, die mit einer Veränderung von Mobilität und Ernährung verbunden war, schuf eine neue Umwelt, an die sich der Mensch mit einer Verkleinerung seines Darms und einer Vergrößerung seines Gehirns anpasste, bei gleichzeitiger Veränderung der Statur, der Gesichtspartie und einer Verringerung des Geschlechtsdimorphismus.[286] Der heutige Phänotyp der menschlichen Art wurde innerhalb von nur rund 15.000 Jahren und ca. 200 Generationen von biologischen Faktoren geformt, bei denen sich die neuen Umwelteinflüsse mit genetischen und epigenetischen Faktoren untrennbar verflochten haben. Der Mensch hat nicht nur Pflanzen und Tiere domestiziert, hier gibt es auch Wechselwirkungen in eine ganz andere Richtung: So führt James C. Scott in seinem Buch »Die Mühlen der Zivilsation« aus, dass der heutige Mensch selbst eine domestizierte Art ist.

Die oben angeführten Beobachtungen bei Mikroorganismen, Pflanzen, Tieren und Menschen zeigen, dass man die Möglichkeit einer Vererbung erworbener Eigenschaften nicht abstreiten kann, auch wenn ihr Beitrag zur Artbildung genauer untersucht werden muss. Bis vor wenigen Jahren galten derartige Aussagen als sogenannter Lamarckismus und damit als

---

285 Scott, 2019; Lange, 2012.

286 Scott, 2019, Seite 97.

längst überholt. Jean-Baptiste de Lamarck (1744–1829) war in seiner Evolutionstheorie von einer Vererbung erworbener Eigenschaften ausgegangen. August Weisman (1834–1914), der bei Tieren die Keimzellen als Träger der Erbanlagen identifizierte, schnitt neugeborenen Mäusen über 22 Generationen hinweg die Schwänze ab, um zu zeigen, dass Lamarck nicht recht hatte und erworbene Eigenschaften nicht vererbt werden können.[287] Unter Berufung auf Darwin und die Synthetische Evolutionstheorie wurden die Vorstellungen von Lamarck im 20. Jahrhundert endgültig als falsch verworfen. Heute wissen wir: Erworbene Eigenschaften können sehr wohl auch vererbt werden. Trotzdem ist die Theorie von Lamarck aber nicht zutreffend: Lamarck differenzierte nicht zwischen individuell erworbenen, vorübergehenden Eigenschaften und denen von Populationen oder Arten.

Evo-Devo

Die Disziplin der *Evolutionary Developmental Biology*, kurz *Evo-Devo*, beschäftigt sich mit der Frage, inwieweit die Vorgänge der *Ontogenese* (der Entwicklung des Individuums) auch in der *Phylogenese* (der Entwicklung der Arten) eine Rolle spielen.[288] Evo-Devo geht nicht (wie die Synthetische Evolutionstheorie) davon aus, dass die Unterschiede zwischen den Spezies unbedingt in unterschiedlichen Genstrukturen begründet sind, sondern dass die Art und Weise, wie Gene reguliert werden, auch für die Bildung neuer Arten entscheidend sein kann.[289] Ausgangspunkt sind zum Teil schon frühe Erkenntnisse von Embryologie und Paläontologie, die von neueren Forschungen bestätigt und erweitert wurden. Oft genannte Beispiele, die den Grundgedanken von Evo-Devo erläutern sollen, sind der Axolotl und die Domestikation der Silberfüchse.[290]

Der Axolotl kann als urtümliche Amphibienart sein ganzes Leben im Wasser verbringen und sich als kiementragende Larven fortpflanzen. Dieser Effekt ist aber veränderbar: Setzt man den Axolotl bestimmten Hor-

287 Siehe Jahn, 2001.

288 Coughlin, 2000.

289 Caroll, 2008.

290 Siehe z. B. Lange, 2012.

monen aus, die für die Ontogenese von Amphibien wichtig sind, kann er sich zu einem Tier weiterentwickeln, das phänotypisch einem Salamander entspricht und auf dem Land leben kann. Die biologischen Besonderheiten der Lurche machen diese für die Evolutionsbiologie zu einem der interessantesten Forschungsobjekte, um die Entwicklung von Amphibien zu Reptilien und Säugetieren zu untersuchen.[291] Nicht die Gene, sondern die Regulierung von Genen über Wachstumshormone ermöglichen hier den Schritt vom Wasser aufs Land. Dieses Beispiel zeigt: Schon geringfügige Veränderungen in der Entwicklung können im gesamten Organismus koordinierte Abwandlungen erzeugen. Für die Evolution heißt das: Kleine Veränderungen im zeitlichen Ablauf der Ontogenese können gewaltige Folgen für die Evolution haben.[292]

Schon Karl Ernst von Baer (1792–1876) und Ernst Haeckel (1834–1919) stellten beim Vergleich der Embryonalentwicklung von verschiedenen Wirbeltierarten überraschende Ähnlichkeiten fest und setzten diese in Bezug zur Evolution. Tatsächlich weisen Embryonen von Vogel, Amphibie, Mensch und Maus in gewissen Stadien eine verblüffende Ähnlichkeit wie zum Beispiel die Veranlagung von Kiemenbögen auf. Ernst Haeckel entwickelte daraus das *phylogenetische Grundgesetz*, das besagt, dass Wirbeltiere im Laufe ihrer embryonalen Entwicklung (Ontogenese) frühere Stadien der Evolution (Phylogenese) durchlaufen. Diese Beobachtungen der Embryologie entsprechen den Ergebnissen der Evolutionsforschung und der vergleichenden Anatomie, die die Struktur homologer Organe (wie die vorderen Gliedmaßen von Mensch, Wal, Vogel und Fledermaus) beschreiben, die auf gemeinsame Ursprünge zurückgehen.[293]

Die Entdeckung der Hox-Gene

Für die Beobachtungen rund um das *phylogenetische Grundgesetz* fand die Genetik eine überraschende molekularbiologische Erklärung. 1980 wurden die *Hox-Gene* entdeckt, die den Aufbau des Körpers bei allen Tierar-

291 Kutschera, 2015, Seite 307–310.

292 Siehe Shubin, 2021, Seite 69.

293 Kutschera, 2015, Seite 46.

ten steuern.[294] Diese Gene sind in über Hunderte von Millionen Jahren konserviert worden und zeigen nicht nur bei vielen Tierarten sehr ähnliche Strukturen, sondern liegen auch oft in derselben Reihenfolge im Genom vor, auch wenn es Abweichungen gibt.[295] Die Lage der Gene auf den Chromosomen stimmt dabei auch mit der Reihenfolge überein, in der diese während der embryonalen Phase aktiviert werden und die Entwicklung der Körpersegmente koordinieren.[296]

Man nimmt an, dass Hox-Gene zunächst aus der Duplikation einzelner Gene entstanden sind, die zunächst alle ähnlich und beispielsweise für den Körperbau von Würmern wichtig waren; sie differenzierten sich dann im Laufe der Evolution weiter und führten so zur Segmentierung des Körpers der Gliederfüßler. Dabei spielte die Zeit des Kambriums eine wichtige Rolle für die Entwicklung der verschiedenen »Baupläne«.

Die Hox-Gene wurden zunächst bei *Drosophila*, der Taufliege (manchmal auch als kleine Fruchtfliege bezeichnet), entdeckt. Hier steuern acht Hox-Gene die Entwicklung der 17 Segmente der Fliege. Je nachdem, in welchem Segment sich die Zellen bilden, werden aus ihnen die ganz unterschiedlichen Teile des Körpers, obwohl alle Zellen denselben Satz an genetischer Information haben: der Kopf (bestehend aus sechs Segmenten, die Antennen und Mundwerkzeuge umfassen), der Thorax (Brustkorb), der drei Segmente umfasst und Gliedmaßen und Flügel ausbildet, und das Abdomen, das Fortpflanzung und Ernährung dient. Die verschiedenen Abschnitte des Körpers haben jeweils unterschiedliche Formen und Funktionen, deren regelrechte Entstehung während der embryonalen und larvalen Entwicklung mithilfe der Hox-Gene orchestriert wird. Dabei ist ein Hox-Gen immer auch an der Ausbildung der anliegenden Nachbarsegmente beteiligt – so informieren sich die Zellen in den jeweiligen Segmenten über die richtige Reihenfolge. Die Hox-Gene geben dem Körperbauplan die Orientierung, ein Kopf soll immer nur »vorne« gebildet werden.

294 Nüsslein-Vollhard/Wieschaus, 1980.

295 Lemons/McGinnis, 2006.

296 Noordermeer et al., 2011.

Herausgefunden hat man diese Mechanismen und Prozesse auf experimentelle Weise: Unter anderem brachte man *Drosophila* dazu, am Kopf Gliedmaßen anstatt Antennen auszubilden. Man konnte so zeigen, dass die Regulationselemente für jedes Segment des Körpers der Fliegen spezifisch sind.[297]

Die Funktionsweise der Hox-Gene erfordert mehrere Stufen: Mit ihrer Hilfe werden Enzyme produziert, die sich an bestimmten Stellen des Erbguts anlagern können, an denen sich andere Regulationsgene befinden. Diese Regulationsgene bilden Transkriptionsfaktoren aus, die für die Genaktivität einer ganzen Gruppe von Genen zuständig sein können, die dann beispielsweise für die Ausbildung von Antennen oder Gliedmaßen zuständig sind. Gleichzeitig werden Steuerungselement gehemmt, die die Aktivität von Genen lenken, die zur Ausbildung der Organe in den anderen Segmenten notwendig sind. So kommt es mithilfe der Hox-Gene zur Ausbildung ganz unterschiedlicher biologischer Merkmale in den jeweiligen Körpersegmenten.

Die Hox-Gene sind also für jedes Segment spezifisch, dabei kann die Ähnlichkeit der Hox-Gene der gleichen Segmente zwischen unterschiedlichen Arten größer sein als die Ähnlichkeit der Hox-Gene innerhalb einer Art, die zu unterschiedlichen Segmenten gehören. Dies zeigt ihren gemeinsamen phylogenetischen Ursprung.

Mit dem Wissen über die Hox-Gene bei der Taufliege gewann man so nicht allein wegweisende Einsichten in die embryonale Entwicklung dieser Art. Da auch bei anderen Gliederfüßern, d. h. Insekten und Krebstieren, der Körperbau in Segmente unterteilt ist, lag es nahe, auch dort das Wirken von Hox-Genen zu vermuten. Und tatsächlich findet man sie bei allen Arten der Gliederfüßer. Nicht nur ihre DNA-Sequenz bleibt dabei sehr ähnlich (ihre Länge beträgt in der Regel rund 180 Basenpaare), sondern auch die Reihenfolge der acht Gene auf den Chromosomen. Und damit nicht genug: Auch bei Säugetieren, Weichtieren und Würmern

297 Eine anschauliche Schilderung leistet der Schweizer Entwicklungsbiologe Walter J. Gehring (1939–2014) in seinem Hörbuch »Das Basteln der Evolution«, suppose, Berlin 2014.

beziehungsweise allen Tieren mit Ausnahme der Rippenqualle und der Schwämme lassen sich ähnliche Strukturen finden, auch wenn diese abgewandelt wurden. Dieser Satz von Genen, der wohl schon im Präkambrium »erfunden« wurde, steuert also die embryonale Genese (fast) aller Tiere, auch wenn diese phänotypisch so unterschiedlich wie Menschen, Würmer, Elefanten und Seeigel, Krebse und Kraken sind.

Dagegen sind Hox-Gene nicht bei Pilzen, Pflanzen und Einzellern zu finden. Die Hox-Gene gehören aber zu einer größeren Gruppe von Genen, die man »Homöobox-Gene« nennt: Mit diesem Namen (der auf das griechische Wort für »ähnlich« zurückgeht) bezeichnet man Gene, die in unterschiedlichen Arten ähnliche regulatorische Funktionen haben, beispielsweise die Ausbildung von Augen oder des Herzens/der Herzen, der Blutkörperchen oder auch von Blüten steuern. Homöobox-Gene findet man bei Tieren, Pilzen, Pflanzen und vielen Einzellern, die einen Zellkern haben (Eukaryoten). Das Auftreten dieser Steuerungselemente tritt also wohl tatsächlich erst ab einer bestimmten Stufe der Komplexität auf, während man sie bei den ursprünglichen Prokaryoten bisher nicht gefunden hat.

Wie wichtig die Hox- und Homöobox-Gene und die genetisch fixierten Mechanismen der Genregulation insgesamt für die Ontogenese, die Entwicklung der Individuen, sind, zeigt sich u. a. im Rahmen der Metamorphose von Insekten, die von der Larve über die Puppe bis hin zur Libelle, zum Schmetterling oder Käfer ganz unterschiedliche Erscheinungsformen durchlaufen, ohne dass dafür die Struktur ihrer DNA verändert werden müsste. Sie offenbart sich insbesondere auch in der embryonalen Entwicklung der Säugetiere, die während ihrer unterschiedlichen Entwicklungsphasen auffällige Ähnlichkeiten mit anderen Formen der Evolution annehmen können – was schon von Erich Haeckel in seinem biogenetischen Grundgesetz hervorgehoben hatte.[298] Diese embryonalen Entwicklungen erfordern in kurzen Zeiträumen die koordinierte Aktivierung ganzer Gengruppen, die wiederum die Aktivierung der nächsten Stufe einleiten. Würde die embryonale Entwicklung etwas anders gesteu-

298 Kutschera, 2015, Seite 53.

ert, könnten auch Mäuse und Menschen Kiemen ausbilden – die dafür nötigen Genbausätze liegen jedenfalls schon vor.

The Arrival of the Fittest

Die Evo-Devo-Wissenschaft hat mit der Identifizierung der Hox-Gene eine molekulargenetische Grundlage für diese Ähnlichkeiten gefunden. Die Hox-Gene sind Teil eines gemeinsamen »genetischen Werkzeugkastens« des Tierreiches. Sie haben eine besondere Funktion, sie steuern die Entwicklung der verschiedenen Segmente des Embryos wie Kopf, Vorderkörper, Gliedmaßen, Abdomen. Acht dieser Gene finden sich bei fast allen mehrzelligen Tieren. Über eine halbe Milliarde Jahre wurden sie (seit dem Kambrium) durch die Evolution erhalten und sind gleichermaßen bei Würmern, Insekten, Amphibien, Mäusen und Menschen vorhanden. Diese Gene regulieren die Bildung von Flügeln, Armen, Beinen, Augen und dem Nervensystem. Auch bei *Fuxianhuia protensa,* einem frühen Arthropoden aus dem Kambrium, ist nicht nur die typische Segmentierung bei Kopfplatte, Thorax und Abdomen zu beobachten, sondern bereits auch komplexe neuronale Strukturen und Augenanlagen, wie sie bis heute für viele Gliederfüßer typisch sind.[299] Das Prinzip hinter diesen Genen: Immer gleiche genetische Strukturen werden im Verlauf der Evolution immer wieder in Variationen genutzt und ausdifferenziert. Unter dieser Perspektive ist Evolution nicht so sehr eine Anhäufung neuer Gene, die durch Mutationen entstanden sind, sondern eine Variation bestehender Baupläne unter anderem während der embryonalen Entwicklung. Um neue Strukturen hervorzubringen, sind also keine Mutationen nötig, sondern es entscheidet der Kontext, in dem sich die Zellen entwickeln. Veränderungen während der Ontogenese, die insbesondere durch die Umwelt ausgelöst werden können, können erhebliche Auswirkungen auf die Phylogenese der Arten (die Evolution) haben. So beobachtete schon die Biologin Julia Platt (1857–1935), dass während der embryonalen Entwicklung von Salamandern, Haien und Hühnern bestimmte Zellen von einer

299 Ma et al., 2012.

Schicht in eine andere wechseln.[300] Man unterscheidet in der Embryologie äußere, mittlere und innere Schichten von Zellen, aus denen unterschiedliche Körperregionen hervorgehen. Bei den Wirbeltieren wandern während ihrer embryonalen Entwicklung Zellen aus der äußeren Schicht in die mittlere ein. Aus Zellen, aus denen sonst Haut oder Nerven geworden wären, entstehen die Knochen des Schädels, die Zähne und die Myelinscheiden der Nerven. Um diese Merkmale von Wirbeltieren hervorzubringen, waren also keine Mutationen nötig, sondern eine Verschiebung des Umfeldes, in dem sich die Zellen entwickeln.

Die Perspektive der Evo-Devo wird auch durch genetische Analysen »rezenter Fossilien« gestützt. Nachdem man das Erbgut von immer mehr Arten analysiert hatte, stellte man erstaunt fest, dass auch sehr einfache Organismen, die einer frühen Stufe der Evolution entsprechen, eine komplexe Architektur des Erbguts aufweisen. Ein Beispiel ist *Trichoplax*, ein sehr ursprünglicher, einfacher, mehrzelliger Organismus ohne spezialisierte Körperfunktionen. Sein Erbgut wurde 2008 entschlüsselt.[301] Diese Spezies wurde damals in der Wochenzeitschrift *Die Zeit* so beschrieben[302]: »Kein Kopf, kein Schwanz, Bauch oder Rücken, keine Organe, keine Sinneszellen, keine Nerven- oder Muskelzellen. Die ganze Komplexität höherer Tiere ist noch nicht vorhanden.« Zur Überraschung der ForscherInnen weist *Trichoplax* aber ein äußerst kompliziertes Genom auf: Es enthält bereits die Grundbausteine für viele wichtige Genfamilien des Menschen, wie etwa für die Entwicklung eines Nervensystems, die Ausbildung der Körperachsen oder Rezeptoren für Hormone.

Auf ähnliche Weise versetzt die Analyse des Erbguts einfacher Schwämme, die lange Zeit vor den Wirbeltieren entstanden, die EvolutionsbiologInnen ins Staunen:

> »Mit mehr als 18.000 verschiedenen Genen zeigt das Genom der Schwämme eine differenzierte Grundausstattung, mit der bereits

300 Siehe Shubin, 2021, Seite 83 ff.

301 Srivastava et al., 2008.

302 Zitiert nach Then, 2015.

> viele Prozesse codiert wurden, die die Grundlage für komplexere Lebensformen sind. Dazu gehören Mechanismen, wie sich Zellen aneinander anlagern, in organisierter Form wachsen und Eindringlinge erkennen. Das Genom enthält auch Analoge von Genen, die bei Organismen mit einem neuromuskulären System für Muskeln und Nerven codieren.«[303]

Die Vorstellung, dass bereits vorhandene Genabschnitte neu genutzt werden können, um sich an neue Umweltbedingungen anzupassen, scheint eine mögliche Erklärung insbesondere für evolutionäre Prozesse zu liefern, die sich sehr schnell vollziehen. Zu ihnen gehören Aspekte der evolutionären Entwicklung des Menschen, die Reaktion von Tier- und Pflanzenarten auf den Klimawandel und andere vom Menschen verursachte Umweltveränderungen.

Es gibt viele Beispiele für Gene, die gleichermaßen im Tier- und Pflanzenreich auftreten und in unterschiedlichen Zusammenhängen auch unterschiedliche Funktionen übernehmen können. Die DNA von Mensch und Maus ist zu über 90 Prozent identisch, zwischen Mensch und Reis finden sich bis zu 50 Prozent Übereinstimmung, bei Mensch und Fruchtfliege 47 Prozent, zwischen Mensch und Bäckerhefe immer noch bis zu 15 Prozent. Diese hohe Übereinstimmung der DNA-Strukturen, die in den verschiedenen Spezies unterschiedliche Funktionen erfüllen können, zeigt, dass die Wirkung von Genen in hohem Maße systemabhängig ist.

Mit zunehmender Dauer der Evolution kommen neue DNA-Varianten und Genotypen hinzu. Gleichzeitig wächst auch die Komplexität der Genregulation und damit die Möglichkeit, diese DNA-Varianten und ihre Kombinationen in immer neuen Zusammenhängen und wechselnden Umwelten zur Lösung von Problemen zu testen. Diese genetischen Strukturen, Genotyp-, Protein- und Stoffwechselnetzwerke werden so im Verlauf der Evolution immer wieder in neuen Variationen genutzt und ausdifferenziert. Wie beschrieben, beruht die Evolution keineswegs nur

303 Mann et al., 2010, zitiert nach Then, 2015.

auf der Anhäufung von Mutationen, sondern zu großen Teilen auf einer Variation bestehender Baupläne.

Diese Sicht auf die Evolution wird auch vom Paläontologen Neil Shubin in seinem Buch »Die Geschichte des Lebens« betont. Er schreibt:

> »Oft werden Merkmale, die bei einer Spezies auftauchen, von einer anderen sofort übernommen, gestohlen und zu neuen Zwecken abgewandelt. Der Wirt erbt eine vorgefertigte Erfindung und muss sie nicht selbst aufbauen. Durch die Kombination verschiedener Teile entstehen neuartige Individuen, und dadurch können sich der Evolution neue Möglichkeiten eröffnen.«[304]

Die Theorie der Evo-Devo vereint zwei anscheinend sehr gegensätzliche Prozesse: die Embryonalentwicklung, die nach festgelegten Regeln immer wieder bei jedem Individuum abläuft, und die Evolution, die ein offener, nicht vorhersehbarer Prozess ist. Gemeinsam ist beiden eine Plastizität des Erbgutes: Die in der DNA gespeicherte Information kann in unterschiedlichen Zusammenhängen unterschiedlich genutzt werden. So wie in der Embryonalenwicklung von Amphibien die Anlagen für die Arme und Beine schon gegeben sind, sind nach der Perspektive von Evo-Devo auch in den Fischen die Anlagen für die Gliedmaßen für den Landgang schon vorhanden. Dafür musste kein Gen neu erfunden werden, sondern lediglich die bestehenden Veranlagungen neu reguliert werden. Wichtig für die Nutzung der genetischen Anlagen für die Flossen als Bauplan für die Gliedmaßen war vielleicht eine Variante der Organbildung bei Bodenfischen: Bei einigen Schmerlenarten, die in Höhlen leben, finden sich Verbindungen zwischen den Flossen und der Wirbelsäule, die eine besonders effiziente Kraftübertragung der Flossen auf die Wirbelsäule und somit bestimmte Arten der Fortbewegung erleichtern. Darin kann man einen Vorläufer der Funktion der Beckenknochen sehen, die dann

304 Shubin, 2021, Seite 288.

erst später, nach dem ersten Landgang, in verschiedenen Formen entwickelt wurden.[305]

Evo-Devo zeigt, wie die im Laufe der Evolution entstandenen Lebensformen immer komplexere Mechanismen zur Reaktion auf geänderte Umwelten entwickelt haben. In Anlehnung an die Formulierung des *Survival of the Fittest* spricht man deswegen auch vom *Arrival of the Fittest,*[306] und erklärt, wie innerhalb relativ kurzer Zeiträume Anpassungen an veränderte Lebensräume über die Steuerung und Selektion bereits vorhandener Gene erfolgen.

Henne, Ei und Emergenz

Bestimmte Aspekte einer Nutzung der Plastizität des Erbguts zur raschen Anpassung an veränderte Umweltbedingungen kann man auch experimentell zeigen: So beschreibt der Evolutionsbiologe Jonathan Losos in seinem Buch »Glücksfall Mensch« die Anpassung von bestimmten Eidechsenarten an unterschiedliche Umweltbedingungen. Diese wurden auf Inseln angesiedelt, auf denen es keine konkurrierenden Reptilienarten gibt. Innerhalb weniger Generationen entwickeln sich dabei regelmäßig zwei phänotypische Varianten, deren Anlagen sich auch vererbten: Eine hat längere Beine, die schnelle Bewegungen am Boden erlauben. Die andere Variante hat kürzere Gliedmaßen, die besser zum Klettern geeignet sind, und lebt auf Gehölzen. Es ist anzunehmen, dass diese kurzfristigen Anpassungen an getrennte Lebensräume erheblich zur Entwicklung der Arten beitragen können. Als Charles Darwin 1835 die Vielfalt der Galapagos-Echsenarten erforschte oder Alfred Russel Wallace 1855/56 die Unterschiede der Artenzusammensetzung zwischen Bali und Borneo untersuchte, trafen sie auf Arten, deren Entwicklungspfade sich vor langer Zeit getrennt hatten. Ursprüngliche Ursachen für diese Besonderheiten der Biogeografie wie Verschiebungen der Kontinentalplatten wurden schon damals als mögliche Ursache diskutiert. Beuteltiere und Säugetiere

305 Crawford et al., 2020.

306 Siehe auch den Titel des Buches von Wagner, 2015.

haben gemeinsame Ausgangspunkte, ihre Entwicklung in getrennten Umwelten hat teilweise ähnliche Lebensformen hervorgebracht.

Die biologischen Mechanismen und Prozesse, die aber am Anfang einer Aufteilung der Arten und der Entstehung verschiedener Lebensräume stehen, und deren getrennte biogeografische Entwicklung scheinen bis heute im Grundsatz nicht vollständig geklärt: Was steht eigentlich am Anfang: eine vorübergehende epigenetische Anpassung, die dazu führt, dass sich nachfolgend bestimmte Mutationen in den Populationen anreichern konnten, oder Mutationen, die den Weg zu einer neuen Anpassung ebneten? Die Synthetische Evolutionstheorie erklärt die Entwicklung neuer Phänotypen, Unterarten und Arten durch die Mutation von DNA und die Auslese der am besten angepassten Lebensformen. Wäre diese Theorie so zutreffend, würden sich komplexe Genstrukturen erst im Laufe der Evolution heraus bilden, und neue Mutationen wären immer die Voraussetzung für neue biologische Funktionen. Gleichzeitig würden zwischen den Arten die Unterschiede in der DNA immer größer. Die Ergebnisse der modernen Genomforschung stehen dazu im Widerspruch: Hochkomplexe DNA-Strukturen, die für Säugetiere typisch sind, lassen sich schon bei sehr einfachen Organismen finden. Es handelt sich wohl nicht wirklich um eine Henne-oder-Ei-Problematik, sondern eher um ein System, dessen einzelne Stufen aufeinander aufbauen und das im Laufe der Zeit Eigenschaften entwickelt hat, die nicht auf der Grundlage der einzelnen Bestandteilen vorhersagbar waren. Diese Emergenz kann mit der Zunahme einer Biologischen Intelligenz beschrieben werden. Die BI ermöglicht die Hervorbringung von immer neuen Lebensformen unter Nutzung und Erhalt bereits etablierter Problemlösungen. Und sie wird zu einem Treiber der Evolution, durch den Anpassungsvorgänge weit über das hinaus beschleunigt werden, was aufgrund rein zufälliger Ereignisse möglich wäre.

Die Synthetische Evolutionstheorie unterschätzt die BI, die die Urzelle im Laufe ihrer Entwicklung erworben hat. Ein Erkenntnishindernis von Forschern wie Darwin, Wallace, Morgan und Muller könnte gewesen sein, dass bis heute die Verwendung des Begriffes »Intelligenz« oft mit dem Vorhandensein von Bewusstsein verknüpft wird. Doch insbesondere die moderne KI-Forschung zeigt, dass Bewusstsein nur eine besonders komplexe Variante von Intelligenz ist. Bewusstsein kann erst auf der Grundlage eines Systems entstehen, das bereits intelligent ist. Wir sollten uns also davor hüten, Lebensformen wie Pflanzen oder Insekten deswegen als »dumm« zu bezeichnen, nur weil sie vermutlich über kein Bewusstsein bezüglich ihrer eigenen Existenz verfügen.

Unsere Vorstellung von Evolution beruht bis heute auf den Erkenntnissen der Erforschung der Natur durch Protagonisten wie Charles Darwin und Alfred Russell Wallace. Der Blick auf die Natur, den Wallace und Darwin durch ihre Expeditionen erwarben, brachte Erkenntnisse, die bis heute grundsätzlich richtig sind. Allerdings zeigt sich nun, dass es keineswegs der reine Zufall ist, der darüber entscheidet, was in den Zellen, im Erbgut passiert. Diese Entwicklung folgt nicht blind den stochastischen Regeln. Sogar Bakterien und Viren verfügen über Mechanismen zur Reparatur, die die Häufigkeit und die Verteilung von Mutationen im Erbgut beeinflussen. Damit müssen insbesondere die Ansichten der Synthetischen Evolutionstheorie infrage gestellt werden beziehungsweise durch aktuelle Erkenntnisse ergänzt werden: Man kann die Art und Weise, wie sich die Biologische Intelligenz entwickelt, als Motor und gleichzeitig als das wichtigste Ergebnis der Evolution ansehen.

Kapitel 5

Koevolution, Kooperation und Kommunikation

> *»Leben ist etwas viel Umfassenderes: ein unglaublich kompliziertes Wechselspiel zwischen Materie und Energie der vielen Millionen Arten außerhalb (und innerhalb) unserer eigenen Haut. Diese fremden Wesen auf der Erde sind unsere Vettern, unsere Ahnen und ein Teil unserer selbst.«* Lynn Margulis[307]

Wettstreit, Patchwork und Komposition

Es gibt viele bekannte Beispiele für die Koevolution von Organismen. Anschauliche Beispiele sind Anpassungen von Insekten an bestimmte Blütenformen und die Biologie von Pflanzen wie die lange Zunge des Tabakschwärmers und die Fähigkeit seiner Raupen, dem Gift des Nikotins zu widerstehen (siehe auch Kapitel 3). Bei diesen engen Beziehungen, die sich über Jahrmillionen entwickelt haben, können evolutive Entwicklungen gleichzeitig Folgen für mehrere Arten haben: Ändert sich die Form der Blüte, kann möglicherweise nur noch ein kleiner Teil der Population der Bestäuber diese neue Blütenform nutzen. Ist die Insektenart auf diese Pflanzenart spezialisiert, kann das einen erheblichen Selektionsdruck ausüben. Das hat auch Folgen für die Tabakpflanze: Kann der Tabakschwärmer, dessen Raupen die Pflanzen schädigen, diese nicht mehr als Futterpflanzen nutzen, verliert der Tabak seinen wichtigsten Bestäuber.

Es gibt aber auch Formen der Koevolution, die gleichzeitig verlaufen und nicht unbedingt auf Selektionsdruck durch eine Veränderung einer der beteiligten Arten beruht. Man entwickelt sich sozusagen partnerschaftlich, zum Beispiel durch einen Genaustausch wie (aber nicht nur) bei Bakterien, der sich auch über die Artgrenzen hinweg ereignen kann. Oder es entstehen dauerhafte Symbiosen und sogar hybride Lebensfor-

307 Margulis, 1999, Seite 139.

men, die die weitere Entwicklung gemeinsam durchlaufen. Dazu gehören Symbiosen von Pilzen und Algen in der Form von Flechten oder auch von Pilzen und Bäumen (Mykorrhiza).

Natürlich entsteht Selektionsdruck nicht nur aus Kooperation oder Symbiose, sondern auch aus Konkurrenz oder gegenseitigen Schädigungen, wenn etwa Parasiten und Krankheitserreger beständig mit den Abwehrmechanismen ihrer Wirte ringen. Die jeweiligen Effekte können sehr unterschiedlich sein. Aus diesen vielfältigen Wechselwirkungen resultiert u. a. eine wichtige Rolle von Viren für die Evolution: Viren können als Brücken zwischen den Domänen dienen und genetische Informationen über weite evolutionäre Distanzen übertragen. Zudem üben krank machende Viren im Wettbewerb mit dem Immunsystem einen beständigen Druck auf das zelluläre Leben aus, sich weiterzuentwickeln. Die Regeln der Koevolution können chaotisch sein oder bestimmten Regeln unterliegen. Dabei bleiben in der Regel für die jeweiligen gegenseitigen Anpassungen lange Zeiträume. Aber auch schnellerer Wandel ist möglich, das Auftreten von Krankheitserregern, invasive Arten, der Klimawandel gehören zu den Faktoren, die den Selektionsdruck stark erhöhen. Häufig sind kompetitive und kooperative Netzwerke zum Austausch von Informationen, langfristige Kooperationen oder auch Symbiosen. Dabei kann sich der Inhalt der Information beziehungsweise die Funktion der biologischen Faktoren auch verändern: Genfunktionen werden von Zellen angepasst, sich selbst vermehrende genetische Elemente (*Transposonen*) werden Teil der Architektur des Gesamtgenoms, Bakterien zu fest integrierten Kraftwerken der Zellen. In vielen Fällen kann man, ähnlich wie bei der Nutzung von Genotyp-Netzwerken und epigenetischen Anpassungen, von Beschleunigungsfaktoren der Evolution sprechen, die über das hinausgehen, was man unter *Zufall und Selektion* versteht.

Insbesondere frühe Lebensformen wie Bakterien und Archaeen zeigen ein hohes Ausmaß an Genaustausch, das zu einem regelrechten Genom-Patchwork führen kann. Das führt auch zu Schwierigkeiten bei der Unterscheidung und Klassifizierung bestimmter Arten. Man spricht deswegen auch von Galaxien, nach denen Bakterien oder Archaeen sortiert werden, d. h. Gruppen von Einzellern, die Anteil an einem Pool von genetischen

Elementen haben, die aktiv oder passiv ausgetauscht werden können. Und EvolutionsbiologInnen sprechen oft nicht von einem *Baum des Lebens*, bei dem sich eine Art aus einer anderen entwickelt hat, sondern eher von einem *Busch des Lebens*. Dieser hat sich nicht nur aus einer Urzelle, sondern aus mehreren »ersten Zellen« entwickelt, deren Evolution von Anfang an auf dem kooperativen Austausch genetischer Informationen beruhte.[308] Diese Patchwork-Evolution wird auch von GentechnikerInnen bemüht. Sie weisen auf die Bedeutung des horizontalen Gentransfers in der Natur hin und stellen ihn auch mit der technischen Übertragung von Genen bei Pflanzen und Tieren auf eine Stufe. Dieser Vergleich ist interessant, führt aber in die Irre, wenn außer Acht gelassen wird, dass die Evolution u. a. auch Regeln und Mechanismen für den Genaustausch entwickelt hat. So zeigt sich beispielsweise an Gräsern (s. u.), dass es im Laufe ihrer Evolution bei vielen Arten zu einem Genaustausch gekommen ist, der aber offensichtlich von verschiedenen Faktoren beeinflusst wurde.[309] Insgesamt erschwert diese Patchwork-Evolution den GentechnikerInnen aber eher, ihre Ziele zu erreichen. Die instrumentelle Vernunft des Labors braucht möglichst einfache Regeln und klar definierte Funktionen. Gen- und Stoffwechselnetzwerke, deren Funktion von der jeweiligen Konstellation abhängig sein kann, sind da wenig hilfreich.

Anstelle von definierten Elementen und fixierten Funktionen schafft die Koevolution komplizierte »Kompositionen« (zusammengesetzte Einheiten), deren Funktionalität an Tonfolgen in der Musik erinnert. Jeder Ton muss am richtigen Platz sitzen, damit die Gesamtkomposition funktioniert, aber für jeden Ton gibt es (theoretisch) unendlich viele passende Orte. Dieser Vergleich könnte weitergeführt werden: Töne stellen Zusammenhänge her. Noten sind Zeichen mit einer Bedeutung, die physikalisch definiert ist. Töne können aber in jedem Kontext eine unterschiedliche Funktion einnehmen. Sie wirken nicht nur an einer bestimmten Stelle (in der jeweiligen Folge der Töne, im jeweiligen Akkord), sondern auch für das gesamte Werk, insbesondere wenn sie falsch gespielt werden. Die

308 Siehe Koonin/Wolf 2014.

309 Hibdige et al., 2021.

Zusammenhänge werden von KomponistInnen, dem Instrument, den MusikerInnen, dem Orchester, dem Rhythmus und der Physik der Töne gemeinsam erzeugt und gestaltet. Ähnlich vielschichtig erscheint die Phylogenese der Urzellen in komplexen Systemen. Anschaulich werden auch die Probleme von Eingriffen in die jeweiligen Kompositionen: Gerade weil Töne so unterschiedliche Funktionen haben, ist der Zusammenhang, in dem sie ihre Bedeutung entfalten, entscheidend. Sie können weit schwerer ausgetauscht werden als einzelne Wörter oder auch Sätze: Wird ein einzelner Ton geändert, muss das entweder so erfolgen, dass bestimmte Klangregeln beachtet werden oder aber der Kontext angepasst wird. Die einfache Regel lautet: In einer Komposition können Töne nicht nach dem Zufallsprinzip getauscht werden. Ähnliche Regeln scheinen auch für die Evolution zu gelten, wobei aber die von der Evolution hervorgebrachten Arten keine KomponistInnen, AutorInnen oder DesignerInnen haben.

Dazu kommt im Falle der Evolution auch eine gegenseitige Beeinflussung der Evolution, die nicht über den Austausch von Genen oder die Selektion bestimmter Lebensformen erfolgt: Zwischen den Arten können biologisch aktive Moleküle ausgetauscht werden, die (wechselseitig) in die Genregulation der anderen Art eingreifen und so Einfluss auf deren Interaktionen mit der Umwelt und ihre weitere Entwicklung nehmen. Hier spielt u. a. die RNA eine wichtige Rolle.

Die Beobachtung der vielfältigen Wechselwirkungen von Vielzellern und Einzellern, Parasiten und Wirten, Symbionten und Endosymbionten führte zum Begriff des Holobionten bzw. des Hologenoms. Damit wird ein Organismus in einen festen Zusammenhang mit seiner eng assoziierten Umwelt gesetzt. So heißt es beispielsweise in einer Veröffentlichung, die 2012 zum Thema »microbial genomics challenge Darwin« erschien:[310]

> »The hologenome theory considers an organism and all of its associated symbiotic microbes (parasites, mutualists, synergists, amensalists) as a result of symbiopoiesis. Microbes, helmints, that are normally understood as parasites are cohabitants and they have cohabited

310 Salvucci, 2012.

> with their host and drive the evolution and existence of the partners. Each organism is the result of integration of complex systems. The eukaryotic organism is the result of combination of bacterial, virus, and eukaryotic DNA and it is the result of the interaction of its own genome with the genome of its microbiota, and their metabolism are intertwined (as a ›superorganism‹) along evolution.«

In diesen Interaktionen von Molekülen, Zellen, Organismen und Arten zeigt sich, wie entscheidend die Entwicklung und Zunahme der Biologischen Intelligenz für die Evolution und die weitere Entfaltung der biologischen Vielfalt ist.

Gentransfer

Die Forschung des Biologen Carl Woese (1928–2012) führte in den 1980er-Jahren zu einer neuen Systematik der Klassifizierung der Lebensformen: Lange Zeit galten alle einzelligen Lebensformen ohne Zellkern (*Prokaryoten*) als Bakterien. Nachdem Woese aber Unterschiede im Aufbau der Ribosomen (siehe auch Kapitel 1) entdeckt hatte, unterteilte man die Prokaryoten in zwei *Domänen*: Bakterien und Archaeen. Aus der Arbeit von Woese musste man folgern, dass diese Einzeller nicht direkt miteinander verwandt sind bzw. nicht auf eine gemeinsame Ursprungsformen zurückgehen (zumindest hat man diese noch nicht entdeckt). Bakterien und Archaeen sind also möglicherweise unabhängig voneinander entstanden. Trotz dieser Trennung in unterschiedliche Domänen mit getrennten Stammbäumen fanden sich aber sehr viele Gene, die sowohl in Archaeen als auch Bakterien vorkommen. Bei manchen Arten stammen rund 20 Prozent der Gene aus der jeweils anderen Domäne. Horizontaler Gentransfer spielt also zumindest auf der Ebene der einzelligen Prokaryoten eine entscheidende Rolle. Dies führte zu einem Konzept der Wurzeln des Lebens *(Rhizome of Life)*, das die Zusammensetzung der Gene eines Genoms aus verschiedenen Herkünften erforscht.[311]

311 Siehe Koonin/Wolf, 2012.

Der horizontale (oder auch laterale) Gentransfer zwischen den Einzellern ist dabei nicht auf den bereits seit längerer Zeit bekannten Austausch von *Plasmiden* beschränkt: Plasmide sind kleine, in der Regel ringförmige, sich selbst vervielfältigende doppelsträngige DNA-Moleküle, die insbesondere in Bakterien vorkommen, aber nicht in deren Chromosomen integriert sind. Plasmide können verschiedene Gene enthalten, z. B. solche, die eine Resistenz gegenüber Antibiotika vermitteln können. Bakterien können mithilfe von Plasmiden genetische Informationen in Form von DNA-Abschnitten direkt austauschen. So können sich beispielsweise Resistenzen gegen Antibiotika rasch ausbreiten. Offensichtlich spielen auch andere Möglichkeiten des Genaustausches eine große Rolle, wie zum Beispiel die Aufnahme von DNA, die nach dem Zerfall von Zellen freigesetzt wird. Bakterien haben verschiedene Mechanismen entwickelt, um direkt Gene aus ihrer Umwelt aufnehmen zu können. Dabei können Gene, die aus anderen Einzellern stammen, in der Regel leichter integriert werden als DNA-Abschnitte von Pflanzen oder Tieren. Die Zusammensetzung und die spezifische Struktur der DNA weisen bei Einzellern, Pflanzen und Tieren jeweils Unterschiede auf, die einen direkten Gentransfer zwischen den Arten bzw. Domänen erschweren können. Trotzdem findet er auch statt. Dieser Genaustausch erfolgt bei Bakterien keineswegs nur passiv. Vielmehr haben Einzeller (bzw. Prokaryoten) auch Mechanismen entwickelt, die es ihnen ermöglichen, über Vesikel bestimmte Gene aktiv an ihre Umwelt abzugeben, die dann von anderen Einzellern aufgenommen werden können.[312] Neben der Weitergabe von Plasmiden scheint dies eine zusätzliche Möglichkeit zu sein, die die Evolution bei Prokaryoten hervorgebracht hat, um genetische Vielfalt zu schaffen. Entsprechende Gene können nach horizontalem Gentransfer in die Chromosomen der Bakterien integriert werden. Wie man in den Untersuchungen zum Minimalgenom herausgefunden hat, kann dieser Austausch (Genaufnahme und Genverluste) bestimmten Regeln unterliegen (siehe auch Kapitel 1). Dabei scheinen Genverluste häufiger als der Erwerb neuer Gene.

312 Siehe Koonin/Wolf, 2012.

Die Weitergabe von genetischer Information in Vesikeln gibt es aber auch bei *Eukaryoten* und *Metazoen* (vielzelligen Lebewesen). Bei Säugetieren befördern Vesikel (*Exosomen*) einen Gentransfer zwischen den Zellen. Tritt ein Strangbruch an der DNA auf, kann DNA aus den Vesikeln auch in das Erbgut übernommen werden.[313] Möglicherweise spielen die Exosomen auch eine Rolle bei Forschungsergebnissen, die zeigten, dass die DNA, über die Nahrung aufgenommen, in das Körpergewebe von Mäusen und insbesondere in das Innere von Leukozyten gelangen kann.[314] Dabei fand sich die fremde DNA auch im Genom der Milz der Mäuse.[315] Die DNA fand sich auch im Gewebe der Nachkommen, vermutlich wurde sie über die Plazenta (und nicht über die Keimzellen) weitergegeben.[316] Die Wissenschaftler diskutieren, ob die Aufnahme der DNA Teil einer Immunreaktion ist. Horizontaler Gentransfer wurde auch zwischen Fischarten beschrieben.[317]

Auch bei Würmern (Nematoden), Käfern und Gräsern wurde festgestellt, dass horizontaler Gentransfer aus anderen Gräsern und aus Mikroben stattfindet. Dabei spielt möglicherweise die Nahrungsaufnahme bzw. bei Pflanzen der Austausch mit Wurzelbakterien eine entscheidende Rolle. Ob und wie entsprechende Gene im Erbgut überdauern und welche Funktion sie haben, ist dann eine Frage der Selektion innerhalb der jeweiligen Populationen und deren weiterer Evolution. So haben Käfer sich im Laufe der Evolution wohl mehrfach die Gene von Einzellern angeeignet, die sie für den Abbau pflanzlichen Materials benötigen.[318] Auch im Erbgut von Weißen Fliegen (Tabakschildläusen), die an Pflanzen saugen, wurden Gensequenzen aus Pflanzen identifiziert.[319]

Untersuchungen an Gräsern zeigen, dass es im Laufe ihrer Evolution bei vielen Arten zu einem Genaustausch gekommen ist. Von 17 unter-

313 Ono et al., 2019.

314 Schubbert et al., 1994.

315 Schubbert et al., 1997.

316 Schubbert et al., 1998.

317 Graham/Davis, 2021.

318 McKenna et al., 2019.

319 Xia et al., 2021.

suchten Arten konnte bei 13 ein lateraler Genaustausch festgestellt werden, der offensichtlich von verschiedenen Faktoren beeinflusst wurde. So zeigte sich der Gentransfer bei nah verwandten Arten häufiger, ließ sich in einigen Fällen aber auch bei weit entfernten Arten feststellen.[320] Bereits zuvor war bekannt, dass es zwischen parasitär lebenden Pflanzen und ihren Wirten ebenfalls öfter zu einem lateralen Gentransfer kommt.[321]

Der häufigste Grund für horizontalen Gentransfer sind vermutlich Viren. Insbesondere das Erbgut von sogenannten *Retroviren* (d.h. Viren, die über das Enzym der reversen Transkriptase verfügen, mit dem sie ihre RNA in DNA übersetzen können) findet sich in der DNA von allen mehrzelligen Organismen, auch bei Säugetieren. Deren Erbgut besteht bis zu 50 Prozent (bei Pflanzen sogar mehr) aus Elementen, die aus Viren stammen und sich selbst vermehren konnten, sogenannten Transposonen.[322] Die integrierten Transposonen sind oft inaktiviert und integraler Bestandteil der Architektur des Genoms und dessen Regulation (siehe auch Kapitel 4). Sie bilden bei vielen Organismen sogar einen wesentlichen Anteil der Struktur des Genoms. Sie können auch zu einem Treiber der Evolution werden.[323] Sie sind insbesondere an der Bildung von miRNA beteiligt, die bei epigenetischen Prozessen eine große Rolle spielen.[324]

Längst nicht alle Viren haben eine direkt krank machende Wirkung auf andere Organismen. Je stärker der Mensch aber in Naturbereiche vordringt, in denen es über eine Million noch unentdeckter Viren geben soll, desto größer wird das Risiko, dass Viren bei Menschen auch neue Pandemien auslösen, weil unsere Spezies nicht an diese »exotischen« Viren angepasst ist.[325]

---

320 Hibdige et al., 2021.

321 Siehe z. B. Vogel et al., 2018.

322 Vicient/Casacuberta, 2017; Wilson et al., 2007; Yoshida et al., 2017.

323 Quadrana et al., 2019, Mikkelsen et al., 2007; Palazzo et al., 2014.

324 Lisch/Bennetzen 2011; Piriyapongsa et al., 2007.

325 Krumenacker Thomas (2020) Zoonosen: Das Pandemiezeitalter muss nicht kommen, Süddeutsche Zeitung, 30. Oktober 2020.

Fusion

Die Entstehung des Zellkerns, von Mitochondrien und Chloroplasten beruht ebenso wie die Entstehung von Geißeltierchen auf Kooperationen, die zu dauerhaften *Endosymbiosen* geführt haben: Einzellige Organismen sind zu komplexeren Zellen verschmolzen, aus denen sich dann noch komplexere Mehrzeller entwickelt haben. Sie beruhen auf Fusionsprozessen zwischen verschiedenen Lebensformen, die in der Kombination so erfolgreich waren, dass sich diese als Einheiten herausgebildet haben, deren weitere Evolution gemeinsam verläuft.[326] Überall in den Zellen von Pflanzen und Tieren (Menschen) finden sich deutliche Spuren des Erbguts der Einzeller: Die Zellkerne der Eukaryoten könnten aus einer Fusion von Archaeen und Bakterien entstanden sein.[327] Rein bakterielles Genom ist in den *Mitochondrien* zu finden, die als Kraftwerke der Zellen dienen und auch an der Mobilisierung des Immunsystems beteiligt sind. Sie verfügen über eigene DNA, die sich unabhängig von der des Zellkerns vermehrt. Sie sind in den Zellen beweglich und können sich wie Waggons aneinanderkoppeln. Es wird angenommen, dass sie von Bakterien stammen, die in die Zellen eingewandert sind oder von diesen aufgenommen wurden und zu dauerhaften Kooperationspartnern wurden, die gegenseitig aufeinander angewiesen sind.[328] In den Mitochondrien laufen die biochemischen Prozesse ab, die ursprünglich von Bakterien zur Gewinnung von Energie aus ihrer Umwelt entwickelt wurden und bei Eukaryoten zum Aufbau komplexer Zellsysteme benötigt werden. Tiere benötigen für diese Art der Energiegewinnung die Aufnahme von Nahrung (sie sind heterotroph).

Durch die Aufnahme von *Cyanobakterien* entstanden die *Chloroplasten*, die sich ähnlich wie die Mitochondrien selbst im Zytoplasma vermehren können und ebenfalls der Energiegewinnung dienen. Diese Zellen wurden zum Ausgangspunkt der Entstehung von Algen bzw. Flechten und Pflanzen. Pflanzen benötigen für diese Art der Energiegewinnung nur Sonnenlicht (autotroph).

---

326 Siehe Margulis, 1999.

327 Siehe Kutschera, 2015.

328 Siehe oben.

Ebenfalls durch *Endosymbiose* entstanden Organismen, *Geißeltierchen*, die sich mithilfe von Zellfäden (Geißeln) aktiv fortbewegen können. Auch die *Chromatophoren* (farbige Zellen in der Haut) der Oktopoden sind aus Endosymbiosen entstanden, ebenso wie die grüne Farbe von Meeresschnecken, die ihre Energie aus Sonnenlicht beziehen können.

Diese Geschichte der wechselseitigen und mehrfachen Symbiosen, die insbesondere von Lynn Margulis (1938–2011) erstmals wissenschaftlich untersucht wurde,[329] lässt sich sowohl anhand des Erbguts als auch anhand der Zellmembranen und der biologischen Eigenschaften der verschiedenen Komponenten nachvollziehen. Zudem gibt es verschiedene Übergangsformen bzw. Organismen, die als Zwischenstadien angesehen werden können, wie Darmparasiten mit zwei Zellkernen (*Giardia*) oder Geißeltierchen (*Euglena*) mit und ohne *Chloroplasten*.[330] Die interzellulären Symbiosen sind also die Voraussetzung für die Entstehung von Algen, Pilzen, Pflanzen und Tieren.

Durch die Fusion einfacherer Lebensformen ergaben sich Synergien und komplexe Organismen, die weit über das hinausgehen, was sich aus den einzelnen Bestandteilen hätte vorhersagen lassen. Dabei führt dieses Patchwork aus ursprünglich autonomen Lebensformen zu überraschenden Effekten: So kann man die Größe von Hühnern über die Selektion der DNA ihrer Mitochondrien züchterisch beeinflussen. Dabei verlaufen die Veränderungen des Phänotyps im Vergleich zur Selektion über die DNA des Zellkerns wesentlich schneller.[331] Signale, die von Chloroplasten unter Lichteinfluss an den Zellkern geschickt werden, beeinflussen die Genregulation und das Spleißen der Gene: Die Chloroplasten liefern nicht nur Energie, sondern produzieren Signale, die den Pflanzen ihre Reaktionen auf wechselnde Umweltbedingungen erleichtern.[332] Durch diese Fusionen können so entstandene Systeme auf die Erinnerung an die ursprünglichen Problemlösungen zurückgreifen, die beispielsweise Cyanobakterien eine

329 Siehe Margulis, 1999.

330 Siehe Kutschera, 2015.

331 Alexander et al., 2015.

332 Godoy-Herz et al., 2014.

Energiegewinnung aus Sonnenlicht ermöglichen. Die evolutionären Fortschritte, die durch die Symbiosen erreicht werden, lassen sich aber nicht aus der Summe der fusionierten Elemente vorhersagen.

Ein besonderes Beispiel für Evolution durch Symbiogenese sind Flechten: Diese bestehen aus festen Lebensgemeinschaften von Schlauchpilzen (*Ascomyceten*), Ständerpilzen (*Basidiomyceten*) und Algen oder auch Cyanobakterien.[333] Aufgrund der biologischen Eigenschaften von Pilzen, die sie befähigt, Wasser zu speichern, gelang diesen schon in einer frühen Stufe der Evolution der Gang auf das Land, wo sie zum Wegbereiter von Pflanzen wurden. In der Form von Flechten können sie gleichzeitig Sonnenlicht (*Autotrophie*) und organisches Material (*Heterotrophie*) für Energiegewinnung und Zellaufbau nutzen.

Pilze gehen in Form von *Endophyten* und *Endomykorrhiza* auch feste Kooperationen mit Pflanzen ein und können mit diesen über die Zellzwischenräume fest verwachsen. Orchideen brauchen Pilze zudem, um aus Samen wachsen zu können: Der Mykorrhiza-Pilz dringt in die Keime ein, versorgt diese mit Nährstoffen und breitet sich von dort mit den Wurzeln aus.

Die dadurch ermöglichten Fortschritte in der Evolution zeigen, dass jede Stufe der Entwicklung ihre eigene Dynamik entfaltet. Beruhend auf den Regeln der negativen Entropie, organisiert sich Leben so, dass der unmittelbare Einfluss physikalischer Gesetze und chemischer Regeln in den Hintergrund tritt und biologische Prozesse mehr und mehr Gestaltungskraft gewinnen. Diese zunehmende Autonomie des Lebens gegenüber seinen ursprünglichen physikalischen und chemischen Grundlagen wurde u. a. im Zusammenhang mit dem Vitalismus so gedeutet, dass es eine *Lebenskraft* gebe, die sich in ihren Gesetzmäßigkeiten von denen der Physik und Chemie unterscheiden lässt. Eine derartige Lebenskraft ist aber nicht nötig: Leben entwickelt und organisiert sich stufenweise und erlangt durch das Lösen von Problemen zunehmende Freiheitsgrade gegenüber den unmittelbaren Einflüssen der Umwelt. Dabei werden die Gesetzmäßigkeiten von Physik und Chemie aber nie infrage gestellt.

---

333 Spribille et al., 2016.

Synergien zwischen unterschiedlichen Lebensformen, die zu noch besseren und vielfältigeren Problemlösungen führen, lassen sich nicht nur in den fixierten Lebensgemeinschaften der Symbiogenese beobachten, sondern auch in wesentlich flexibleren Systemen. Menschen sind ein gutes Beispiel für diese Symbiosen: Die Zahl ihrer Bewohner im Darm und auf der Haut übersteigt die Anzahl ihrer Körperzellen. Pflanzen und Tiere sind über ihr assoziiertes Mikrobiom auf vielfältige Weise und sehr eng mit ihrer Umwelt verbunden. Das Mikrobiom des Darms sorgt für den Aufschluss der Nahrung, produziert zudem zusätzliche lebenswichtige Stoffe und biochemische Moleküle, die uns ernähren, gesund erhalten oder auch krank machen. Störungen des Mikrobioms werden u. a. in Zusammenhang mit Darmentzündungen, Depressionen, Ängstlichkeit, Fettleibigkeit, Autismus, Allergien und Erkrankungen der Atemwege gebracht. Im Rahmen von Projekten wie dem *Human Microbiome Project* versucht man diese Zusammenhänge zu erforschen.[334]

Unser Mikrobiom erben wir mit unserer Geburt, es geht bei der Geburt von der Mutter auf das Baby über und ist für jedes Individuum typisch. Gleichzeitig ist es aber auch austauschbar beziehungsweise veränderbar: Je nach Nahrung, Umwelt und Gesundheitszustand ändert sich wechselseitig auch die Zusammensetzung unserer mikrobiologischen Gesellschafter. Diese Wandelbarkeit kann für unsere Gesundheit ein großer Vorteil sein: Bei manchen chronischen Krankheiten wird deswegen versucht, die Darmflora von gesunden Menschen auf die Patienten zu übertragen beziehungsweise vorbeugend sicherzustellen, dass es zu einer ausreichenden Übertragung des Mikrobioms von der Mutter auf ihr Neugeborenes kommt.[335] Aber auch das Erbgut des Hosts (Mensch oder Tier) ist ausschlaggebend für die Zusammensetzung des Mikrobioms. Das zeigt sich bei Untersuchungen an Fadenwürmern, Mäusen, Wiederkäuern und Geflügel: So wurden bei Hühnern unter gleichen Umweltbedingungen, aber bei unterschiedlichen Zuchtzielen nach 50 Generationen auch sehr

334 Proctor, 2011.

335 Chang/Neu, 2015.

unterschiedliche Mikrobiome festgestellt. Man spricht in diesem Zusammenhang von einer *Phylosymbiosis*, Pflanzen und Tiere entwickeln sich als Holobionten: »Thus, the microbiome isn't a random assembly of microbes derived from the environment, but rather there has been a selection on maintaining specific host–microbiota interactions over time. The authors term this relationship between the microbiome and host evolution ›phylosymbiosis‹.«[336]

Bei Pflanzen übernehmen vor allem Symbiosen mit Organismen, die an und zwischen den Zellen der Wurzeln leben, diese Funktion. Manche Pflanzen wie Bohnen verfügen über besondere mikrobiologische Gesellschafter, die in »Knöllchen« leben, die von den Pflanzen an ihren Wurzeln gebildet werden und Stickstoff aus der Luft binden können. So können sie bestimmte Probleme mit nährstoffarmen Böden lösen. Die mit den Pflanzen an den Wurzeln vergesellschafteten Mikroben werden *Mykorrhiza* genannt. Besonders wichtig sind hier die Pilze, man unterscheidet *Ektomykorrhiza* (die um die Wurzeln herum wachsen) und *Endomykorrhiza*, die in die Zellzwischenräume der Wurzeln hineinwachsen können. Die daran beteiligten Pilze vernetzen Bäume auch untereinander und stellen einen stetigen Austausch von Nährstoffen und biochemischen Informationen sicher. Ist dieses Netzwerk intakt, ist auch der Wald insgesamt widerstandsfähiger. WissenschaftlerInnen aus British Columbia stellten eine Korrelation zwischen der Menge der Mykorrhiza und dem Wachstum und der Gesundheit von Bäumen fest.[337] Das Netzwerk der Pilze dient im Wald zwischen den Bäumen sowohl dem Austausch von Nährstoffen als auch der Information über Umweltbedingungen (wie dem Auftreten von Schädlingen).[338] Auch dabei beeinflusst die Genetik der Pflanzen die Zusammensetzung ihres Mikrobioms, während die Bodenorganismen auf vielfältige Art und Weise Einfluss auf das Wachstum der Pflanzen und ihre Gesundheit nehmen.[339]

336 Zitiert aus Richardson, 2017, siehe auch Brooks et al., 2016.

337 Tina Baier (2020) Netzwerker im Wald, Süddeutsche Zeitung 20.10.2020.

338 Beiler, 2010.

339 Cheng et al., 2019.

Ein besonders große Rolle spielt die Zusammenarbeit von »festen freien« Symbionten bei Korallen. Wie bereits dargestellt, handelt es sich dabei um komplexe zusammengesetzte Organismen, bei denen Mehrzeller (der eigentliche Körper der Korallen oder auch die Polypen) in Symbiose mit Algen und anderen Mikroorganismen wie Bakterien und Archaeen zusammenleben, die die Stoffe produzieren, die für die Korallen zum Leben und Überleben notwendig sind. Rosenberg und Zilber-Rosenberg beschreiben, wie die Symbiosen zur genetischen Vielfalt der Korallensysteme und ihrer evolutionären Entwicklung beitragen.[340] Demnach kann sich die Zusammensetzung der assoziierten Mikroorganismen unter geänderten Umweltbedingungen spontan verändern und so innerhalb gewisser Grenzen auch die Anpassung der Korallen an den Klimawandel unterstützen. Gerade angesichts des Sterbens der Korallenriffe wird aber auch die Überforderung der biologischen Systeme sichtbar: Das Leben kann das Problem des vom Menschen gemachten raschen Klimawandels nur eingeschränkt kompensieren. Wie viele Arten dies überleben können und wie groß die Verluste an biologischer Vielfalt sein werden, hängt entscheidend davon ab, ob wir es schaffen, den Klimawandel zu bremsen.

Die Forschung der letzten Jahrzehnte zeigt also die Bedeutung der verschiedenen Kooperationsarten und Patchworkformen des Lebens wie Symbiosen, Symbionten und Endosymbionten immer deutlicher. Organismen und Zellen sind in ihren Bestandteilen ein Kompositum aus Zellkernen, Mitochondrien, Chloroplasten, Geißeln. Jenseits dieser in Fusionen fixierten Kombinationen bieten flexible Kooperationen zwischen Einzellern und Mehrzellern eine Erweiterung der Aktionsspielräume, um zu überdauern und sich zu entwickeln.

Bei *Holobionten* und ihrem *Hologenom* potenziert das »gemeinsame« Erbgut, das über die verschiedenen Arten verteilt ist, die Möglichkeiten, Probleme zu lösen, und kann dabei auch je nach Bedarf auf wechselnde Kooperationen setzen. Die Kommunikation, der Austausch von Information innerhalb des Netzwerkes der Holobionten, spielt dabei eine entscheidende Rolle und zeigt, wie komplex und passgenau die Interaktionen

340 Rosenberg/Zilber-Rosenberg, 2016.

zwischen den verschiedenen Lebensformen sind. Die unterschiedlichen Formen der Biologischen Intelligenz sind wesentliche Treiber der Evolution und auch die Grundlage für zukünftige Anpassungsvorgänge.

Kommunikation

Wie beschrieben, kann das Mikrobiom als ein gemeinsames Netz des Lebens verstanden werden, das alles umgibt und in engem Austausch mit Pflanzen, Tieren und Menschen steht. Dieses Netzwerk entwickelt sich gemeinsam durch Koevolution und steht in wechselseitiger Beziehung, die für beide Seiten Vorteile bedeutet. Das Mikrobiom ist ein Vermittler zwischen organischer und anorganischer Welt und nimmt eine Schlüsselfunktion für die Gesundheit von Mensch Tier und Pflanze ein. Die Organismen, die in diesem Netz verbunden sind, tauschen keineswegs nur Nährstoffe aus, sondern jede Menge Informationen, kleine biologisch aktive Moleküle wie volatile Botenstoffe, die auf biochemische Rezeptoren wirken. Dazu gehören die Lockstoffe von Blüten oder Signalstoffe, die über die Luft oder auch über Flüssigkeiten, über einzelne Tropfen oder das Wasser von Seen, Flüssen und Meeren ausgetauscht werden. So finden sich nicht nur kooperierende Partner, sondern auch Opfer und Beute. Dazu dienen passgenaue Moleküle, die oft direkt auf die Neuronen der Empfänger wirken und Wechselwirkungen auslösen, die für das Netzwerk in seiner Gesamtheit entscheidend sind: eine Sprache zwischen den Arten, die ohne Wörter und Bedeutungen auskommt und auf der Struktur von Molekülen beruht, die über Jahrmillionen der Evolution geformt und in ihrer Information definiert wurden. Dazu gehören unter anderem auch pflanzliche Hormone wie *Strigolactone*, die von den Pflanzen dazu verwendet werden, um das Netzwerk der Mykorrhiza an die Wurzeln zu binden, das umgekehrt auch von Pflanzenparasiten genutzt werden kann, um sich über die Wurzeln in den Pflanzen einzunisten.[341] Die komplexen Interaktionen mit den Bodenorganismen verändern die Transkription der Gene, die Produktion der Proteine und von Phytohormonen in den Pflan-

341 Akiyama et al., 2010; siehe auch Foo et al., 2019.

zen und tragen über die epigenetische Prägung auch erheblich zur Immunantwort von Pflanzen bei.[342]

Bei der Erforschung dieser Zusammenhänge wurde in den letzten Jahrzehnten immer klarer, dass es auch biologisch aktive Moleküle gibt, die zwischen den Arten ausgetauscht werden und nicht über Rezeptoren auf den Zellen wirken, sondern in die Zellen gelangen und direkt in deren Genregulation eingreifen können: kleine, oft doppelsträngige RNA-Moleküle, die nicht für Proteine codieren und deswegen als *non-coding* RNAs (ncRNAs) zusammengefasst werden und über die Mechanismen der RNA Interferenz wirken können (RNAi). Entdeckt wurden diese Moleküle bei Experimenten an Fadenwürmern (Nematoden).[343] Man fand so heraus, wie die Würmer die Aktivität ihrer Gene über RNAi-Prozesse steuern. Damit hatte man wichtige regulatorische Faktoren identifiziert, die auch bei Pflanzen und Säugetieren (Menschen) entscheidend für die Regulation der Gene sind und unter anderem während der Embryogenese eine zentrale Rolle spielen (siehe Kapitel 4). RNA ist aber auch in der Kommunikation zwischen Organismen und über die Artgrenzen hinaus ein wichtiger Faktor: Die Fadenwürmer nehmen die ncRNA aus ihrer Umwelt auf, und auch diese externe RNA wirkt sich auf die Genaktivität der Würmer aus: Zum Beispiel können sich Pflanzen so gegen Wurzelbefall durch Nematoden wehren. Damit entdeckte man zuvor völlig unbekannte Kommunikationswege, die nicht nur zwischen den Arten, sondern auch über die sogenannten Domänen (Bakterien, Archaeen, Eukaryoten) hinaus funktionieren.[344] Die verschiedenen Domänen des Lebens sind phylogenetisch weit voneinander entfernt. Sie teilen aber nicht nur die gleiche Form der Speicherung von Information (DNA), sondern auch gemeinsame Moleküle für deren Austausch (RNA). Dank ihrer gemeinsamen Herkunft aus »der Urzelle« können sie auch als stark unterschiedliche Lebensformen weiterhin Informationen austauschen, die eine wechselsei-

342 Alonso et al., 2019.

343 Fire et al., 1998.

344 Zhou et al., 2017.

tige Beeinflussung von Verhaltensweisen, Entwicklung und Überlebensfähigkeit ermöglichen.

Die Mechanismen und Moleküle, die im Körper zwischen den Zellen als Mittel der Regulierung dienen, finden sich also auch in der Umwelt als Mittel der Kommunikation zwischen den Organismen. Dabei kann sie auch zwischen den Individuen innerhalb der Art ausgetauscht werden: ncRNA wird beispielsweise über die Muttermilch an die Nachkommen verabreicht. Welche Funktion sie dabei genau erfüllt, ist nicht ganz geklärt.[345] Aber die RNA-Sprache funktioniert eben nicht nur innerhalb der Arten: Pflanzen geben über ihre Wurzeln ncRNA ab, die auf ihre assoziierten Mikroben einwirken. Umgekehrt können Pflanzenparasiten und andere Pflanzenschädlinge damit auch ihre Wirte manipulieren.[346] Pflanzliche ncRNA, die über das Futter an Bienenlarven verfüttert wird, soll deren Entwicklung zu Arbeiterinnen beeinflussen.[347] Aus einem anderen Forschungsprojekt geht hervor, dass Bienen über den Darm bestimmte ncRNA aus Pflanzen aufnehmen können, die dann wiederum in die Genregulation der Bienen eingreifen können.[348] Erforscht wurden die miRNA von Sonnenblumen und einer Ziziphus-Art (*Ziziphus spina-christi*). Es fanden sich elf RNA-Moleküle, die mit der Aktivität von Dutzenden von Bienengenen interferieren können. Diese betreffen wichtige Lebensfunktionen wie das Erkundungsverhalten und die Entwicklung der Brut. Ähnliche Mechanismen könnten auch bei vielen anderen Insektenarten (und nicht nur dort) eine Rolle spielen, wurden bisher aber nicht erforscht. Es zeigt sich, dass die Interaktionen zwischen Tieren und Pflanzen wesentlich komplexer sind als bisher bekannt. Die WissenschaftlerInnen schreiben: »In summary, these results provide evidence of cross-species regulation function of miRNA between honeybee and flowering host plants, exten-

345 Siehe auch Davalos et al., 2019.

346 Westwood/Kim, 2017: Weiberg et al., 2013.

347 Zhu et al., 2017; Han/Luan, 2015.

348 Gharehdaghi et al., 2021.

ding our understanding of the molecular interactions between plants and animals.«[349]

So herrscht unter anderem im Darm ein beständiger Austausch von Informationen, der auf die Genregulierung der beteiligten Akteure einwirkt: ncRNA, die von den Darmzellen produziert wird, beeinflusst die Genregulation der Darmmikroben und Darmparasiten und damit ihre Vermehrung und Stoffwechselfunktionen. Aber auch umgekehrt greift ncRNA, die von Mikroben und Parasiten im Darm oder im Blut produziert wird, in die Genregulation von Tieren und Menschen ein.[350]

Diese artübergreifenden Wechselwirkungen sollen auch für Anwendungen in der Gentechnik genutzt werden: Pflanzen wurden per Gentechnik dazu gebracht, ncRNA zu produzieren, die auf die Larven des Wurzelbohrers (eine Käferart) toxisch wirken: Diese im Boden lebenden Larven richten im Maisanbau erheblichen Schaden an. Sie nehmen beim Fressen an den Wurzeln der Pflanzen auch die zusätzliche, gentechnisch veränderte RNA auf und sollen in ihrer weiteren Entwicklung gehemmt werden.[351] In Versuchen an Bienen wurden deren Darmbakterien dazu gebracht, ncRNA zu produzieren, die dann in die Lymphe der Insekten gelangt, von dort bis ins Gehirn transportiert wird und somit das Verhalten der Bienen beeinflussen kann. In weiteren Experimenten produzierten die gentechnisch veränderten Darmbakterien ncRNA, die von Parasiten wie der Varroa-Milbe zusammen mit der Lymphe der Bienen aufgenommen werden und die dann diese Parasiten über RNAi dezimieren soll.[352] Auch bei Säugetieren wurden bereits Experimente mit gentechnisch veränderten Bakterien und Hefen durchgeführt, die im Darm ncRNA produzieren, die in die Körperzellen aufgenommen werden kann und u. a. im Rahmen medizinischer Anwendungen ihre Wirkung entfalten soll.[353]

349 Gharehdaghi et al., 2021.

350 Weiberg et al., 2015; Buck et al., 2014; LaMonte et al., 2012.

351 Bachmann et al., 2013.

352 Leonard et al., 2020.

353 Xu et al., 2016; Zhang et al., 2014.

Im Detail: Aus der Welt der *non-coding* RNAs

Die Vielfalt der *non-coding* (nc) RNA-Moleküle ist extrem. Je nach Ort der Genese und Wirkungsweise durchlaufen sie unterschiedliche komplexe Prozesse der Entstehung, der Wirkungsentfaltung und des Abbaus. Viele Forschungsarbeiten versuchen, Ordnung und Übersicht in diese unglaublich ausdifferenzierten Moleküle und ihre fein austarierten Funktionen zu bringen. Hier ein kurzer Überblick:[354]

Je nach ihrer Entstehung (Biogenese) und Wirkungsweise unterscheidet man mehrere Arten von ncRNA, die oft als doppelsträngiges Molekül vorliegen: U.a. unterscheidet man miRNA (microRNA) und siRNA (*short interfering* RNA). Während Aufbau und Funktion der miRNA von ihrer genetischen Vorlage (DNA) dominiert werden, sind siRNAs in ihrem Aufbau und Funktion unbestimmter, diese hängen ganz wesentlich von der Bearbeitung durch weitere Enzyme ab. Neben diesen Gruppen gibt es aber auch noch andere Moleküle, wie zum Beispiel besonders lange oder ringförmige ncRNA.

Damit ncRNAs ihre Wirkung entfalten können, sind u.a. zwei Gruppen von Enzymen wichtig: DICER-Enzyme schneiden die RNA-Stücke so, dass sie ihre spezifische biologische Struktur erhalten, Argonautenenzyme sorgen dann dafür, dass die RNA an ihrem Zielort in den Zellen wirksam werden kann. Dabei greift die ncRNA so in die Genregulierung ein, dass bestimmte Gene nicht in Proteine oder andere RNA-Moleküle umgesetzt werden können, oder sie sorgen dafür, dass bereits vorhandene »Genprodukte« wieder abgebaut werden. Der Grundmechanismus beruht dabei auf einer Paarung der RNA-Moleküle mit ihren passenden Zielmolekülen, die aus DNA oder RNA bestehen können. Dadurch werden die Zielmoleküle in ihrer Funktion blockiert oder so verändert, dass sie rascher abgebaut werden. So kann die Funktion von Genen blockiert werden, was dazu führt, dass in der Folge auch die Wirkung anderer Gene verstärkt oder verringert werden kann.

Diese Mechanismen sind bei Pflanzen, Insekten und Säugetieren ähnlich, weisen aber auch Unterschiede auf. So können ncRNA-Moleküle bei

354 Angelehnt an Davalos et al., 2019.

Pflanzen im Laufe ihrer Entstehung durch mehrstufige Prozesse stärker in ihrer Struktur und Funktion verändert werden, als dies bei Säugetieren der Fall ist. Zudem weisen miRNAs bei Pflanzen oft biochemische Veränderungen auf (*Methylierung*), die sie gegen raschen Abbau schützen können.

Allen Prozessen der RNAi ist aber gemeinsam, dass sie auf passgenauen Strukturen beruhen, Übereinstimmungen in der Struktur der ncRNA und ihrer Zielsequenz auf der Ebene der RNA oder DNA. Auf diesem einfachen Mechanismus beruht ein universeller Austausch von Information, Kommunikation und wechselseitiger Beeinflussung der Lebensformen, der uns ständig umgibt, der uns aber bis vor wenigen Jahren verborgen geblieben ist und bis heute längst nicht in allen Details erforscht und verstanden ist.

Passgenaue Übereinstimmungen von Molekülen und Rezeptoren finden sich beispielsweise oft zwischen Pflanzen und Tieren. Einzelne pflanzliche Moleküle könnten sogar in Dutzende von Stoffwechselabläufe im menschlichen Körper eingreifen. Heil- und Nahrungspflanzen und deren miRNA werden konkrete therapeutische Effekte u. a. bei Tumorerkrankungen, Stoffwechselstörungen, viralen Infektionen, Entzündungsprozessen und Immunreaktionen zugeschrieben.[355] Welche biologischen Wirkungen sich aber tatsächlich ergeben, ist oft noch unklar. So findet sich in Brokkoli eine spezifische ncRNA (*miR-159*), die das Wachstum von Brustkrebszellen hemmen sollen. In chinesischen Arzneimitteln (Honeysuckle, Geißblatt) wurde ncRNA (*miR-2911*) entdeckt, die besonders gut gegen einen Abbau im Darm geschützt scheint und zu den medizinischen Wirkungen der Pflanzen beitragen könnte. Die *miR-168a*, die in vielen Nahrungspflanzen enthalten ist, könnte antidiabetisch wirken. Viele dieser RNAs überstehen die Zubereitung von Lebensmitteln und Arzneipflanzen (Verarbeitung, Kochen, Aufbewahrung).

Die Barrieren zwischen den Zellen, zwischen Darm und Organen sind normalerweise hoch: Nur bestimmte Stoffe können hier passieren. Des-

355 Li et al., 2021.

wegen nahm man längere Zeit an, dass ncRNA kaum den Weg von der Pflanze in die Zellen von Mensch und Tier finden würde. Dabei stützte man sich u. a. auf Versuche mit synthetischer RNA, die »nackt« verabreicht wurde und in dieser isolierten Form rasch abgebaut wird. Doch inzwischen sind mehrere Mechanismen beschrieben, die helfen können, die Barrieren zu überwinden: Wie bereits mitgeteilt, ist pflanzliche ncRNA durch biochemische Veränderungen (Methylierung) besonders gegen Abbau geschützt. Zudem enthalten pflanzliche Zellen Nanopartikel, die von den Zellen aufgenommen werden können, ohne sich dabei zu verändern, und als »Fähre« für RNA (und andere biologisch wirksame Moleküle) dienen. Tatsächlich fanden sich bei mehreren Untersuchungen vielfältige ncRNA aus Pflanzen im Blut von Tieren und Menschen, ohne dass immer ganz klar ist, wie diese tatsächlich aufgenommen wurde.

Ein wichtiger Mechanismus, den Moleküle wie ncRNA nutzen können, um von Zelle zu Zelle zu gelangen, sind kleine Vesikel (Exsomen), Bläschen, die u. a. aus Bestandteilen der Zellwände gebildet werden und die Moleküle umschließen, sie zugleich schützen und so von anderen Zellen wieder aufgenommen werden können. Derartige Vesikel finden sich überall in Flüssigkeiten zwischen den Zellen, in Blut, Lymphe, Milch. Es ist bekannt, dass ncRNA und andere biologisch aktive Stoffe so ganz generell und in großem Maßstab zur Kommunikation zwischen den Zellen beitragen: Im Fall von Viruserkrankungen können sie dazu beitragen, dass Zielgene von Viren deaktiviert werden. Immunzellen scheiden miRNA aus, um in das Wachstum von Krebszellen einzugreifen. Und bei neuronalen Erkrankungen finden sich bestimmte miRNAs, die über Exosomen ausgeschieden werden (und auch Prionen, die an degenerativen neuronalen Prozessen beteiligt sind), in den Vesikeln. Gleichzeitig dienen Vesikel auch dem Austausch von Informationen bzw. biologisch aktiven Molekülen zwischen einzelligen Lebewesen wie dem Gentransfer (s. o.).

Innerhalb der Organismen kann die ncRNA über weite Distanzen zwischen den Zellen »reisen«. In Pflanzen scheint es dafür sogar besondere Mechanismen zu geben: Wird bestimmte ncRNA in den Wurzeln gebildet, kann sie bis in die Blüten gelangen. Dabei wird sie nicht unbedingt von Zelle zu Zelle transportiert, sondern, angeregt über Signalkaskaden, in den entsprechenden Zellen neu gebildet. Zudem stehen Pflanzen über ihre Wurzeln und deren Netzwerk von Bodenorganismen (Mykorrhiza) in ständigem Austausch mit anderen Pflanzen und erhalten so u. a. Informationen über Schädlinge und Veränderungen der Umwelt, bevor sie selbst davon betroffen sind.

Zwischen Mensch, Tier und Pflanze spielen die Darmmikroben eine Schlüsselrolle bei der Weitergabe der Moleküle: Sie zersetzen die Pflanzenzellen, in denen die ncRNA in hohen Konzentrationen vorhanden ist, und vermitteln den Stoffaustausch mit Blut und Organen. Die Aufnahme von ncRNA aus Pflanzen durch Darmbakterien beeinflusst die Zusammensetzung der Darmflora und deren Wirkung auf den Körper.[356] Damit ergeben sich neue Perspektiven für die Ernährung und deren Auswirkungen auf den Körper von Tier und Mensch: Unsere Gesundheit und unser Verhalten werden von der eigenen Darmflora beeinflusst. Dabei erhält unser Mikrobiom über die Nahrung und über Kontakt mit anderen Mikrobiomen auch ständig neue Informationen aus der Umwelt und gibt diese an uns weiter. Dieses Dreieck von Nahrung, Mikrobiom und Umwelt ist komplex und für das Verständnis von Gesundheit, Nahrung und Umwelt entscheidend.[357]

Die Kommunikation und die Kooperation in der Welt der Holobionten sind erstaunlich vielfältig.

Und trotz dieser Vielfalt herrscht kein Wirrwarr von Sprachen wie beim »Turmbau zu Babel«, sondern ein zielgenauer Austausch, der lebenserhaltende Kooperation und die weitere Koevolution ermöglicht. Je größer die Komplexität, desto größer die Synergien und die Optionen, um Probleme zu lösen und sich weiterzuentwickeln. Die Grundlage für diese »Ordnung« des Lebendigen ist der gemeinsame Ursprung. Es sind sozusagen die Urzellen, deren Nachkommen sich in einem kontinuierlichen Informationsaustausch befinden und deren unterschiedliche Lebensfor-

356 Teng et al., 2018.

357 Spinler et al., 2018.

men nicht nur miteinander im Wettstreit stehen, sondern auch passgenau kooperieren, kommunizieren und gemeinsam »lernen«. Dabei wächst ihre Problemlösungskompetenz und die der belebten Natur inhärente Biologische Intelligenz in ihrer Gesamtheit.

Was bedeutet diese neu entdeckte enge Vernetzung der biologischen Vielfalt mit ihrer Umwelt für unseren Umgang mit den Grundlagen des Lebens? Im 20. Jahrhundert hatte man gehofft, mit der Entdeckung der DNA alle Fragen der Biologie beantworten zu können. Zwar hat die Entschlüsselung des genetischen Codes tatsächlich einen Quantensprung unseres Verständnisses der Natur ermöglicht. Aber die DNA ist eben kein Herrschaftsmolekül, das alle anderen Prozesse steuert, wie man zunächst dachte. Sie steht nicht über der Komplexität des Lebens, sondern ist ein Teil von ihr. Die Vielfalt der belebten Natur und die Lebensvorgänge der Organismen können nicht auf die Ebene der DNA reduziert bzw. auf dieser Ebene verstanden werden. Ähnlich passgenau, wie die Abläufe in der Zelle organisiert sind, gibt es auch eine genau orchestrierte Kooperation und Kommunikation zwischen den Organismen und ihrer Umwelt. Eines baut auf dem anderen auf. Obwohl sich bestimmte Abläufe in der Evolution auch wiederholen können,[358] ist die künftige Entwicklung in ihrer Gesamtheit aber nur sehr begrenzt aus der bisherigen Erfahrung oder aus den einzelnen Bestandteilen der biologischen Systeme ableitbar.

Stanislaw Lem beschreibt in seinem Science-Fiction-Klassiker »Solaris« (1968) einen Planeten, der um zwei Sonnen kreist, eine rote und eine blaue. Seine Beschreibung des Planeten und seiner Sonnen erinnert an die Art und Weise, wie Organismen und ihre Umwelt sich gegenseitig in ihrer Entwicklung beeinflussen:[359] Der Planet kann entgegen aller physikalischen Gesetzmäßigkeiten seine Bahn zwischen den beiden Sonnen stabil halten. Offensichtlich vollbringt der Ozean die beständigen Kurskorrekturen. Die WissenschaftlerInnen finden bald heraus, dass diese Kurskorrekturen nicht auf Zufall beruhen können. Der Planet steuert seine Bahn aktiv. Möglicherweise verfügt der Ozean über eine Art Bewusstsein. Er

358 Siehe bspw. Shubin, 2021.

359 Siehe auch Then, 2008.

schafft ganze Welten in emporsteigenden Materieknospen, sogenannte Symmetriaden.

> »Wir beobachten einen Krümel des Prozesses, das Beben einer einzigen Saite in einem Symphonieorchester von Super-Riesen, und nicht genug damit, wir wissen – aber wir wissen nur, ohne zu begreifen –, dass gleichzeitig über und unter uns, in gestreckten Abgründen, außerhalb der Grenzen unseres Blicks und unserer Vorstellungskraft Unmengen, Millionen simultaner Umgestaltungen vor sich gehen, wie Noten miteinander verbunden durch den mathematischen Kontrapunkt. (…) Um hier irgend etwas wirklich zu sehen, müsste man weglaufen, in irgendeine ungeheure Ferne zurücktreten – aber in der Symmetriade ist ja alles Innenraum, Vermehrung, die Lawinen von Geburten auswirft, unaufhörliche Gestaltung, wobei die Gestaltung zugleich das Gestaltende ist. (…) Jede Augenblickskonstruktion mit ihrer Schönheit, die sich jenseits der Grenzen des Blicks vollendet, ist hier Mitkonstrukteur und Dirigent aller anderen, die gleichzeitig geschehen; diese wiederum wirken modellierend an jener mit. Eine Symphonie – gut, aber eine, die sich selbst schafft …« [360]

360 Lem, 2006, Seite 161/162.

Kapitel 6
Wie entsteht das Neue?

»Eine leere ökologische Nische existiert nicht.« *Richard Lewontin*[361]

Urknall

Die Evolutionstheorie versucht zu erklären, wie das Neue in die Welt kommt. Schon kurze Zeit nach dem Urknall, vor etwa 13,8 Milliarden Jahren,[362] waren die wesentlichen chemischen Elemente unseres Universums vorhanden, und auch die physikalischen Gesetze waren in Kraft. Seitdem ist aber – zumindest aus der Sicht der Biologie – viel Neues passiert. Vor etwa drei bis vier Milliarden Jahren fand auf unserem Planeten ein weiterer Urknall statt: Es entstand die »Urzelle« beziehungsweise mehrere Varianten von Urzellen, die bereits einfache Biochemie betrieben und Moleküle nutzen und produzieren konnten, die wir noch heute in den Zellen finden. Gemäß den Gesetzen von Chemie und Physik schufen diese Zellen aufgrund ihres einfachen Stoffwechsels negative Entropie, d. h., sie gewannen aus ihrer Umwelt Energie und stellten daraus Ordnung, Strukturen her, die sich selbst vervielfältigen können. Diese Strukturen mussten – um zu überleben – Probleme lösen und sich diversifizieren, um gleichzeitig mehrere Problemlösungen testen zu können. Die Evolution ist demnach ein Prozess, der aus Scheitern und Gelingen (Selektion) besteht, und das Leben, die Arten auf diesem Planeten, sind die Verkörperung eines Lernprozesses aus drei bis vier Milliarden Jahren.

In diesem Kapitel sollen noch einmal wichtige Einflussfaktoren der Entwicklung des Lebens zusammengefasst und anschaulich gemacht werden. Kann man die Entwicklung und Zunahme der Biologischen Intelligenz tatsächlich als Motor der Evolution bezeichnen? Kann die Natur

361 Lewontin, 2002, Seite 47.

362 https://de.wikipedia.org/wiki/Urknall.

lernen und, wenn ja, wie? Und was bedeutet das für die weitere Entwicklung der »Urzelle« und ihrer Vielfalt?

Evolution ist ein langwieriger Prozess, der aus scheinbar unendlich vielen Wiederholungen besteht, die immer weitere Variationen hervorbringen, die neue Lebensformen entstehen lassen. Wenn wir heute die biologische Vielfalt oder heutige Arten betrachten, sollten wir uns bewusst sein, dass die jeweiligen Organismen, sozusagen, schon bevor sie geboren werden, Milliarden Jahre alt sind. Das Leben organisiert sich in einem System, das durch Wiederholung auch beständig etwas Neues hervorbringt. Die Zelle trennt durch eine Zellwand ihre biochemischen Prozesse von der Umwelt, vermehrt diese Einheiten durch Teilung und packt die dafür notwendige Energiegewinnung in Kreisläufe, die sich durch Stabilität auszeichnen, aber auch Variationen und Wandlungen ermöglichen. Sie nutzt die Möglichkeiten der negativen Entropie, um Ordnung und Kohärenz zu schaffen. Es ist eine Ordnung, die das Entstandene erhält und dessen Wandlung zulässt. Und Organismen hervorbringt, die aus Millionen, Milliarden und Billionen dieser Zellen bestehen. Dank ihrer geordneten Komplexität können sie sich vermehren, sich replizieren, sich selbst organisieren und mit der Umwelt interagieren, kommunizieren und sich in weitverzweigten ökologischen Netzwerken weiterentwickeln.

Im Laufe von Milliarden Jahren hat das Leben aber nicht nur die Anzahl der Arten vermehrt, sondern auch die zugrunde liegenden Prozesse der Selbstorganisation und Selbstreplikation weiter vorangetrieben. Weil das Leben nicht »dumm« ist, hat es »dazugelernt«. Die Prozesse, in denen das Leben und die Evolution sich ereignen, wurden im Laufe der Evolution vielfältiger und gleichzeitig effizienter und zielgerichteter. Trotz seiner Vielfalt wurde das Leben nicht chaotisch. Es folgt in seiner Gesamtheit einer gemeinsamen Erinnerung, die in der DNA gespeichert ist. Es verfügt in der Entwicklung über seine eigenen Mechanismen und Regeln, die Erhaltung, Kohärenz, Wandlung und weitere Vielfalt wie auch zunehmende Komplexität ermöglichen. Aus einer Ansammlung von Molekülen entstanden Zellen, Organismen, Arten (und mit ihnen viele verschiedene Umwelten) mit der Fähigkeit, auch rasch auf geänderte Umweltbedingungen reagieren zu können. Dies zeigt sich auch unter den Bedingungen des

Klimawandels. Steigt beispielsweise die Temperatur, können die betroffenen Arten mit einem Ortswechsel reagieren oder sich am selben Standort besser anpassen.[363] Möglich ist eine verbesserte Anpassung durch Veränderung der Epigenetik und/oder der Genetik: Bereits vorhandene, besonders vorteilhafte Erbanlagen können in den Populationen besser zur Geltung kommen, weil sich ihre Regulierung verändert oder sie sich über Selektionsprozesse stärker durchsetzen. Auch der Austausch oder die Veränderung des Mikrobioms können die Überlebenschancen der Art erhöhen (wie zum Beispiel bei Korallen, siehe Kapitel 2). Überdauern ausreichend große Populationen über längere Zeiträume unter den veränderten Umweltbedingungen, können auch neue Mutationen auftreten, die das Überleben der Art begünstigen. Tatsächlich können viele Arten unter geänderten Umweltbedingungen sehr viel raschere Anpassungen vollziehen, als bisher vermutet, dies betrifft beispielsweise verschiedene Amphibien- und Reptilienarten.[364] Ein möglicher Grund dafür: Im Genom heutiger Arten können die Erinnerungen an bereits gefundene Problemlösungen gespeichert sein. Neue Eigenschaften, die bei Arten unter geänderten Umweltbedingungen zutage treten, müssen also gar nicht »neu« sein, sondern können einfach nur die zuvor unbekannte Plastizität und genetische Diversität einer Art zum Ausdruck bringen.

Zufall und Determinismus

Die Evolutionstheorie versucht zu erklären, wie aus diesen Elementen und scheinbar endlosen Wiederholungsschleifen das Neue entsteht, und beruft sich dabei auf Beobachtungen und Erkenntnisse, die bis zurück ins 19. Jahrhundert reichen. Zu den bekanntesten Naturforschern, die schon früh erkannten, dass sich Arten wandeln und weiterentwickeln, gehören Jean-Baptiste de Lamarck (1744–1829), Charles Darwin (1809–1882) und Alfred Russel Wallace (1823–1913).

Lamarck, der die Formung der Arten auf einen Lernprozess zurückführte, lag nach den aktuellen Erkenntnissen gar nicht so falsch. Hätte er

363 Siehe Waldvogel et al., 2019.

364 Wiens et al., 2019.

sein Modell an Bakterien und Pflanzen anstatt an Giraffenhälsen erklärt, wäre es vielleicht heute noch allgemein anerkannt. Sein Problem: Lamarck kannte weder die zugrunde liegenden Mechanismen, noch differenzierte er zwischen individuell erworbenen, vorübergehenden Eigenschaften und denen von Populationen oder Arten. Ebenso wie Lamarck erkannten Darwin und Wallace, dass das Leben und die Arten sich tatsächlich entwickelten und nicht einfach so geschaffen worden waren. Doch zwischen diesen Schulen der Evolutionstheorie bestehen die bekannten Unterschiede: Man kann diese als *stochastische* (zufällige) oder *deterministische* (nicht zufällige) Modelle unterscheiden. Für Lamarck waren die Prozesse der Evolution nicht zufällig, sondern deterministisch: Die Auseinandersetzung mit Problemen (hoher Baum) führte zu angepassten Lösungen (langer Hals). Darwin und Wallace betonten die Rolle der Selektion: Eine ausreichend große Anzahl von Nachkommen ist notwendig, um die am besten angepassten Individuen zu selektieren. Dabei resultiert die biologische Vielfalt aus der Notwendigkeit zur vielfältigen Anpassung an die unterschiedlichen Lebensräume, die Spezialisierung in den jeweiligen ökologischen Nischen.

Mit Thomas Hunt Morgan wurde der Einfluss von Mutationen zum ersten Mal experimentell beweisbar. Nach den Experimenten an Taufliegen war man sich sicher, dass zufällige Mutationen und anschließende Selektion die Treiber der Entwicklung waren. Die Synthetische Theorie ließ so das Pendel weit in Richtung Stochastik und Selektion schwingen. Seit Morgan und seinen Versuchen an Taufliegen ist unsere Vorstellung von den Mechanismen der Evolution ganz wesentlich durch zufällige Mutationen der DNA geprägt. Während zuvor die Evolutionstheorie das Wort »Transmutation« noch allgemein für den Wandel der Arten verwendete,[365] war die Mutation jetzt etwas, das sich in den Zellen lokalisieren und auf den Chromosomen verorten ließ. Mit der Entschlüsselung der DNA, ihrer Isolierbarkeit und Manipulierbarkeit wurde sie zu einem Objekt von höchstem wissenschaftlichen und wirtschaftlichen Interesse. Chromosomen, Zellen, Organismen, Populationen und Arten wurden zu einer Art

365 Glaubrecht, 2018.

Verpackung des Herrschaftsmoleküls der DNA. Veränderungen der DNA folgen stochastischen Wahrscheinlichkeiten, die für alle Orte auf den Chromosomen gleich hoch sein sollten. Und weil die Veränderungen der DNA auch natürlicherweise nur stochastischen Regeln folgt, waren technischen Eingriffen in die Grundlagen des Lebens keine Grenzen gesetzt. Die Synthetische Evolutionstheorie begründete eine uneingeschränkte Verfügbarkeit der Organismen, ihre Reduzierung auf biochemische Elemente und deren Veränderung, bzw. Neukonstruktion. Die Gestaltung der DNA ermöglichte die bewusste und gezielte Lenkung von Zucht und Evolution. Die Mechanismen des Lebens wurden der Dunkelheit der Körper entrissen.

Die Erkenntnisse der letzten Dekaden zeigen dagegen, dass die Zellen bzw. die Organismen sehr wohl in der Lage dazu sind, deterministische Prozesse, d. h. aktive Anpassung, zu organisieren und die Evolution über die Zufälligkeit stochastischer Prozesse hinaus zu beeinflussen. Und die Entwicklung der Vielfalt erscheint keineswegs nur auf eine passive Anpassung an ökologische Nischen reduzierbar. Betrachtet man Lebewesen auf der Ebene der Zelle, verliert sich die klare hierarchische Perspektive. Umwelt, Gen und Individuen sind Teil eines Ganzen, das sich gegenseitig bedingt und weder auf einzelne Bestandteile reduziert noch klar unterteilt werden kann, so wie ein Akkord mehr ist als ein Haufen einzelner Töne. Die wirklichen Mechanismen der Evolution sind mit dem *Survival of the Fittest* und dem Werkzeugkasten der Synthetischen Evolutionstheorie nicht abschließend erklärbar.

Wenn man sich die Evolutionstheorie der letzten 150 Jahre als einen Streit zwischen Darwinisten und Lamarckisten vorstellt, ist Darwin keineswegs widerlegt und Lamark keineswegs bestätigt. Aber die Vorstellungen beider Schulen sind zu großen Teilen miteinander vereinbar. Für diese neue Synthese muss keineswegs die Erkenntnis infrage gestellt werden, dass die biologische Vielfalt aus unzähligen Zufällen und Selektionsprozessen hervorgegangen ist. Kein Zweifel kann darin bestehen, dass die Selektion eine große Rolle in der Entwicklung spielt: Die Selektion entsteht aus einem Strom widriger Einflüsse, gegen die das Leben ankämpft, um zu überleben und sich weiterzuentwickeln. Damit wächst im Laufe der Evolution auch die generelle Kompetenz der Lebensformen (in ihren Arten und deren Interaktionen) zur Lösung von Problemen. Der Begriff der Biologischen Intelligenz bündelt so scheinbar unüberbrückbare Gegensätze und unterschiedliche Lehrmeinungen und öffnet eine neue Perspektive auf die Natur des Lebens.

Moleküle, Zellen, Organismen, Arten

Unter anderem die Forschung an synthetischen Mikroorganismen zeigt, dass die Entwicklung des Lebens nicht nur passiv von Zufall und Selektion gestaltet wird. Vielmehr hat das Leben im Laufe seiner Entwicklung gelernt, diese auch aktiv zu gestalten und so die Balance zwischen Veränderung und Bewahrung zu erhalten. Diese im Laufe der Evolution zunehmende Biologische Intelligenz findet sich auf der Ebene der DNA, der Chromosomen, der Zellen, der Organismen und Arten: Wie in Kapitel 4 gezeigt wurde, sorgen zahlreiche Faktoren, Prozesse und Mechanismen dafür, dass die Veränderungen der DNA in ihrer Gesamtheit keineswegs zufällig sind. Sie treten mit unterschiedlichen Häufigkeiten auf, die u. a. durch Reparaturprozesse und die Anordnung der Gene auf den Chromosomen beeinflusst werden. Aus einfachen und zufälligen molekularen Prozessen entwickelten sich flexible Leitplanken, die das Genom organisieren und auch auf den weiteren Verlauf der Evolution Einfluss nehmen, ohne den Zufall und äußere Einflüsse von der Entwicklung auszuschließen. Aus dieser Perspektive gibt es zwischen Lamarck und den Vorstellungen von Darwin und Wallace keine grundlegenden Widersprüche. Das Lernen in der Evolution funktioniert zwar nicht über den Gebrauch von Organen, aber die Arten lernen aus dem Lösen von Problemen auch, wie neue Herausforderungen noch effektiver angegangen werden können.

Die Rolle der DNA ist es dabei keineswegs nur, Neues hervorzubringen, sondern vielmehr die Erinnerung, die Speicherung bereits gefundener Problemlösungen. Dabei hängt die Funktion der jeweiligen DNA-Sequenzen vom genetischen und zellulären Kontext wie auch der Umwelt ab. Und die Chromosomen sind längst nicht nur die Verpackung der DNA. Vielmehr sind sie in ihrer Gesamtheit, ihren Interaktionen mit der

Zelle und Proteinen eine zusätzliche Ebene der Speicherung, Organisation und Aktivierung von Information. Darüber hinaus sind die Zellen weit mehr als eine passive Hülle. Sie steuern die Genaktivität und beeinflussen Genomorganisation und Genregulation. Sie »übersetzen« die Einflüsse aus der Umwelt in biologische Aktivitäten und steuern die Reaktion darauf. Das hat nicht nur Einfluss auf die Embryogenese (Ontogenese), sondern auch auf die Phylogenese und begünstigt so u. a. die Entstehung neuer Unterarten. Epigenetische Mechanismen ermöglichen die Ausweitung von Lebensräumen und die Erprobung neuer Genotyp-Netzwerke und Genvariationen.

Die Rolle des Zufalls, die nach der Synthetischen Evolutionstheorie der entscheidende Treiber der Entwicklung ist, sollte nicht unterschätzt werden: Spontane Mutationen sind zwar nicht der einzige Motor der Evolution. Sie können aber beispielsweise Kipppunkte *(Tipping Points)* sein, die ganz wesentlich die Entstehung von neuen Phänotypen bis hin zu Unterarten beeinflussen. Dabei muss die Entwicklung nicht primär durch Veränderungen der DNA gesteuert werden. Die aktive Anpassung an neue Umweltbedingungen (durch Ausnutzung der Plastizität des Erbgutes und der Epigenetik) ist wohl in vielen Fällen der erste Schritt hin zu einer Erweiterung oder Erhaltung eines Lebensraumes. Auch nachträglich können sich dann in den Populationen spontane Mutationen und genetische Varianten anhäufen, die für das Überleben unter den aktuellen Bedingungen besonders günstig sind. Ein Beispiel: Reptilienarten, die sich nach wenigen Generationen in zwei Populationen aufspalten, die sich entweder besser auf Zweigen oder am Boden fortbewegen können, haben deswegen noch keine genetisch unterscheidbaren neuen Unterarten gebildet (siehe Kapitel 4). Überleben sie aber über lange Zeiträume in unterschiedlichen Lebensräumen, können Unterarten entstehen, die sich dann auch genetisch deutlich unterscheiden lassen. Wenn also zwischen phylogenetisch weit entfernten Arten viele genetische Unterschiede festgestellt werden, ist es keineswegs gesagt, dass es auch diese waren, die die Entwicklung steuerten beziehungsweise ihr vorausgingen.

Die DNA ermöglicht also nicht nur Veränderung, sondern die Stabilisierung und Verstetigung von Entwicklungswegen. Beide Rollen, Veränderung und Stabilisierung, sind mit den Eigenschaften der DNA gut in Einklang zu bringen. Sie alleine reicht aber nicht aus: Chromosomen, Zellen und Organismen müssen u. a. durch die Mechanismen der Epigenetik die Erinnerung daran bewahren, wie die Gene abgelesen werden, um die Stabilität der Art zu ermöglichen. Das Leben lernt also als Ganzes, nicht nur auf molekularer Ebene, sondern auch auf der von Organismen und Arten. Auch wenn der Vergleich große Schwächen hat, sind KI und BI sich in verschiedener Hinsicht ähnlich. Aus der Perspektive der KI ergeben sich wertvolle Ansätze, um zu verstehen, wie sich das Lernen auch auf biologischer Ebene vollzieht. So schreibt der KI-Experte Mainzer:

> »In der Evolution genetischer Informationssysteme beobachten wir eine Tendenz zur Speicherung immer größerer Informationsmengen, um Struktur und Funktion eines Organismus abzusichern. Es kommt aber nicht nur auf die Entzifferung einer möglichst langen DNA-Sequenz an. Bei höher entwickelten Organismen wie dem Menschen sind die Proteine als Träger vielfältiger Erbanlagen von grundlegender Bedeutung. Die Evolution dieser Systeme beruht geradezu auf der Einführung neuer Regeln für die Grammatik der Proteine und damit neuer Funktionen des Organismus. Es lässt sich sogar zeigen, dass die Regellänge der Proteinstrukturen und damit die Komplexität ihrer Grammatik für die höher entwickelten Organismen wachsen. … In der Evolution des Lebens beschränkt sich die Fähigkeit der Informationsverarbeitung keineswegs nur auf die genetischen Informationssysteme. Von überragender Bedeutung wurde die Informationsverarbeitung mit Nervensystemen und Gehirnen in höher entwickelten Organismen und schließlich mit Kommunkations- und Informationssystemen in Populationen und Gesellschaften von Organismen.«[366]

Ähnlich wie Algorithmen wird das Leben also immer »schlauer«. Die Biologische Intelligenz, die in heutigen Lebensformen verkörpert ist, kann

366 Mainzer, 2018, Seite 84–86.

man demnach höher einstufen als die früherer Evolutionsstufen. Die rezenten Arten konnten mehr Erfahrungen sammeln als die bereits ausgestorbenen. Sie hatten auch mehr Zeit, um auf ihre Umwelt einzuwirken und von Koevolution zu profitieren und diese zu beeinflussen. Die Entwicklung des Lebens ist dabei den Prozessen eines selbstlernenden Systems der KI durchaus vergleichbar. Es beruht auf einer zunehmenden Vielfalt innerhalb des Systems, einem Anwachsen von Komplexität, die neue Ansätze für Problemlösungen ermöglicht. Es ist nicht der »Egoismus« einzelner Gene, der die Entwicklung voranbringt, sondern das System in seiner Gesamtheit ist an diesem Prozess beteiligt. Dass dieser Prozess nicht zielgerichtet laufen muss und trotzdem zum Anwachsen der Lösungskompetenz führt, verdeutlicht ebenfalls die KI:

> »Die Zufälligkeiten von genetischen Algorithmen stoßen bei Programmierern nicht immer auf Gegenliebe. Genetische Algorithmen arbeiten ähnlich wie die natürliche Auslese in der Evolution: Viele Ansätze werden gleichzeitig probiert, von denen die meisten nicht funktionieren, wenige zum Erfolg führen können, aber nicht müssen. … Von der Natur lernen, heißt daher auch lernen, mit Fehlern umzugehen.«[367]

Organismen und Arten können auf genetischer, molekulare, zellulärer oder neuronaler Ebene lernen und Erfahrungen sammeln. Die Prozesse der Evolution folgen dabei ihren eigenen inhärenten Zielen: das Überleben sichern, die Chancen für rasche Anpassungen bzw. passende Reaktionen auf geänderte Umweltbedingungen verbessern, die Lebensbedingungen erleichtern. Das Ergebnis sind scheinbar unendlich viele genetische Variationen, Schaltkreise, kombinierbare Einheiten, die zu fixen Fusionen oder flexiblen Kooperationen führen, vielfältig abstufbar und kombinierbar sind. Zeit ist in dieser Entwicklung ein entscheidender Faktor, der die Entstehung neuer Formen erlaubt (Emergenz), doch Zeit ist nicht der einzige Faktor. Auch die Zellen und Organismen selbst treiben

367 Mainzer, 2018, Seite 94.

die Entwicklung voran und können diese beschleunigen. Ohne von intelligenten DesignerInnen entworfen zu sein, haben die Mechanismen und Prozesse also aus sich heraus eine Art von Biologischer Intelligenz entwickelt, die eine wesentlich schnellere und gezieltere Entwicklung in Interaktion mit der Umwelt ermöglicht, als diese durch reinen Zufall möglich wäre. Wenn man über selbstlernende System spricht, sollte man also keineswegs nur an die Künstliche Intelligenz denken.

Umwelt

Lernprozesse und Gestaltung der Entwicklung des Lebens lassen sich nicht nur auf der Ebene molekularer Prozesse, sondern in den Interaktionen der Organismen mit ihrer Umwelt beobachten. Im Laufe der Evolution entsteht zunächst die Möglichkeit, Energie aus der Umwelt zu gewinnen und so eine Organisationsform der Materie zu generieren. Die Urzellen grenzen sich durch Membranen von der Umwelt ab, schaffen ein geschütztes Innenleben und reproduzieren sich selbst. Die Photosynthese verändert die Zusammensetzung der Atmosphäre auf dem Planeten. Die verschiedenen Arten gestalten ihre Umwelt, bauen Dämme, spinnen Netze, graben Tunnel, bilden Staaten, profitieren von Netzwerken und Kooperationen. Es entstehen die gigantischen Superorganismen und Ökosysteme der Wälder, der Korallen, der Mykorrhiza, des Graslandes oder auch der Tümpel und der Teiche. Der Biologe und Evolutionsforscher Richard Lewontin gilt als einer der Wegbereiter der Theorie einer erweiterten Vererbung. Innere und äußere Umwelt eines Organismus sind seiner Ansicht nach auf das Engste miteinander verknüpft, sind sowohl Subjekt als auch Objekt aller Lebensprozesse. Lewontin spricht von einer »Tripelhelix«, bestehend aus der Doppelhelix der DNA und der Umwelt als dritter Ebene:

> »Zusammenfassend kann man also sagen, die Beziehungen zwischen Gen, Organismus und Umwelt sind wechselseitiger Natur. Jedes dieser drei Elemente ist sowohl Ursache als auch Wirkung. Gene und Umwelt sind Ursachen für die Existenz von Organismen, die wiederum ihrerseits die Erscheinung der Umwelt verursachen, sodass

die Gene in ihrer Eigenschaft als Mittler zwischen Organismus und Umwelt als Ursachen für die Umwelt betrachtet werden müssen.«[368]

Anschaulich werden solche Theorien unter anderem durch Beobachtungen an Bienen. Es ist die Nahrung, die darüber entscheidet, ob aus einer Larve eine Königin oder eine Arbeiterin wird: In Abhängigkeit von bestimmten Proteinen im Futter werden Gene an- und abgeschaltet. Die Königinnen können so mit dem gleichem Erbgut wie die Arbeiterinnen nicht nur 2.000 Eier am Tag legen, sondern leben auch zehnmal länger als die normalen Bienen. Die Entwicklung der Arbeiterinnen wird darüber hinaus noch weiter von Futter und Umwelteinflüssen gesteuert: Je knapper das Futter, desto schneller verläuft ihre Entwicklung. Die Arbeiterbienen sorgen je nach Bedarf dafür, welche Larven wie gefüttert werden. Bienenvolk, Genaktivität und Umwelt sind so in einer Art Endlosschleife miteinander gekoppelt. Sie orchestrieren das biologische Programm des Bienenstocks, der flexibel auf oft wechselnde äußere Einflüsse reagieren muss, ohne dabei aus dem Takt zu geraten.[369]

Während eine reduktionistische Biotechnologie das Bild eines Lebens zeichnet, das weitestgehend passiv den Gesetzen von Mutation und Selektion folgt, ergibt sich durch die Sicht des Lebens als emergente, sich selbst schaffende und gestaltende Daseinsform also ein anderes Bild: Es kommt zu einer stetigen Rückkopplung von Lebewesen, die von der Evolution hervorgebracht werden und diese ihrerseits aktiv gestalten. Diese Rückkopplungen finden auf ganz unterschiedlichen Ebenen statt: Fusionen, Symbiosen, Kooperationen, Wettbewerb und Antagonismen zwischen den Arten ermöglichen rasche Weiterentwicklung, den Austausch von Informationen und Nährstoffen. Staatenbildende Insekten kontrollieren ihre Umwelt durch den Bau komplexer Wohnungen, in denen sogar die Temperatur reguliert werden kann.

An einem steinigen Meeresufer gibt es per se keine ökologischen Nischen. Trotzdem haben sich dort vielfältige Lebensformen wie Algen,

368 Lewontin, 2002, Seite 100.

369 Siehe auch Tautz, 2007.

Pilze, Flechten, Schnecken, Seeigel und Krebse entwickelt, die Ressourcen auf ihre Weise verfügbar gemacht und neue Ökonischen geschaffen haben. Neue Arten entstehen also nicht nur durch eine Anpassung an die Umwelt, sondern neue Arten, neue genetische Variationen und Kombinationen erschaffen auch neue Umwelten. Spinnennetze, Ameisenhügel, Termitenbauten, Wespennester, Biberdämme, Korallenriffe und Vogelnester sind vertraute und sichtbare Zeichen für die Schaffung bzw. Gestaltung spezifischer Umwelten. Zugleich nutzen die verschiedenen Lebensformen auch ganz spezielle Eigenschaften ihrer Umwelt, um ihr eigenes Überleben zu sichern: Ganz unterschiedliche Tierarten wie die Mähnenratte und die Raupen des Monarchfalters setzen das Gift von Pflanzen ihrer Umwelt ein, um sich für ihre Fressfeinde ungenießbar zu machen. Bestimmte Froscharten in den Amazonas kultivieren auf ihrer Haut giftige Mikroben. Ameisen züchten Pilze und halten Läuse ähnlich wie die Menschen ihre Milchkühe.

Ökologische Nischen werden also nicht besetzt. Sie entstehen erst zusammen mit den Organismen, die über bestimmte Formen der Energiegewinnung, der Nahrungsaufnahme, der Möglichkeit zur Interaktion verfügen. Sterben diese Organismen aus, können wieder andere sich ähnliche Nischen schaffen, sie können aber die alte nicht einfach übernehmen. Zwar kann man die Rahmenbedingungen aufgrund von chemisch-physikalischen Eckwerten miteinander vergleichen. Das reicht aber nicht aus, um eine spezifische Ökonische und ihre entscheidenden Faktoren zu beschreiben. Wenn man diese in ihren Details kennt (Nahrungskette, Symbionten, Mikrobiome), ist klar, dass eine Art nie dieselbe Nische einer anderen Art besetzen kann. Vielmehr sterben die ökologischen Nischen zusammen mit ihren Bewohnern. Artenvielfalt und Vielfalt der Umwelt sind untrennbar miteinander verbunden.

Die Lehren der Urzelle

Der Philosoph Karl R. Popper hat in seinem Buch »Auf der Suche nach einer besseren Welt« schon in den 1980er-Jahren so etwas wie eine Naturgeschichte der Urzelle skizziert, die sich über die Lösung von Problemen selbst aktiv weiterentwickelt. Diese (nicht sehr elaborierte) Theorie weicht in entscheidenden Punkten vom Paradigma der Synthetischen Evolutionstheorie ab. Popper beschreibt das Leben als Kontinuum, als eine Neverending Story der ersten Zelle:

> »Die Urzelle lebt noch immer. Wir alle sind die Urzelle (…) Die Urzelle hat vor Milliarden von Jahren begonnen, und die Urzelle hat in Form von Trillionen von Zellen überlebt. Und sie lebt noch immer, in jeder einzelnen aller der jetzt lebenden Zellen. Und alles Leben, alles, was je gelebt hat, und alles, was heute lebt, ist das Resultat von Teilungen der Urzelle. Es ist daher die noch lebende Urzelle.«[370]

Popper weist der Urzelle im Gegensatz zum damals vorherrschenden Modell der Synthetischen Theorie eine aktive Rolle zu. Er stellt dabei alte und neue Vorstellungen der Evolutionstheorie, die er »Ideologien« nennt, gegenüber. Der Begriff der »Ideologie« wird von ihm eingeführt, weil er die Geschichte der Urzelle auch im Kontext der deutschen Geschichte sieht. Er wirft Heidegger und Hitler vor, ihre Weltanschauung aus einem »Irrglauben an die Bösartigkeit« abgeleitet zu haben, der »hauptsächlich politischer Natur ist«, zu dem aber »die alte Interpretation des Darwinismus« einiges beigetragen hat. Er schreibt:

> »Zu der pessimistischen Ideologie gehört eine sehr wichtige These: dass die Anpassung des Lebens an die Umwelt und alle diese (wie ich denke, großartigen) Erfindungen, die das Leben in Milliarden von Jahren gemacht hat und die wir heute im Laboratorium noch nicht nachmachen können, gar keine Erfindungen sind, sondern das Resultat von reinem Zufall. Es wird gesagt, das Leben habe überhaupt keine Erfindungen gemacht, das alles sei der Mechanismus der rein zufälligen Mutationen und der natürlichen Auslese; der innere Druck des Lebens sei nichts als Sich-Vermehren. Alles andere entstehe dadurch, dass wir uns gegenseitig und die Natur bekämpfen, und zwar blind bekämpfen. Und das Resultat des Zufalls seien dann

370 Popper, 1987, Seite 24.

Dinge (meiner Meinung nach großartige Dinge), wie die Verwendung des Sonnenlichts als Nahrung. Ich behaupte, dass das wieder nur eine Ideologie ist, und zwar ein Teil der alten Ideologie, zu der übrigens auch der Mythos vom selbstsüchtigen Gen gehört (Gene können nur durch Kooperation wirken und überleben) und der wiederbelebte Sozialdarwinismus …«[371]

Man muss bei der Interpretation von Popper also berücksichtigen, dass er seine Aussagen nicht als biologische Fakten macht, sondern sie in einen historischen und philosophischen Kontext stellt, der hier nur anklingen kann. Seine Thesen erscheinen im Lichte der skizzierten Diskussion über die Evolutionstheorie aber überraschend aktuell. Dies gilt auch für seine Gegenüberstellung der »alten und neue Ideologie« in der nachfolgenden Tabelle:

Tabelle 3: Gegenüberstellung alter und neuer Evolutionstheorie nach Popper, 1987.[372]

Evolutionstheorie »alt«	Evolutionstheorie »neu«
Der Selektionsdruck kommt von außen, er eliminiert.	Aktiver Selektionsdruck von innen – Gestaltung der Umwelt, das Leben verbessert die Umwelt für das Leben.
Die Organismen werden passiv selektiert.	Organismen sind aktive Problemlöser. Leben ist Problemlösen. Die Lösung ist oft die Wahl oder der Aufbau einer neuen ökologischen Nische. Die Organismen sind nicht nur aktiv, sondern ihre Aktivität nimmt dauernd zu. Die Umwelt war ursprünglich verhältnismäßig undifferenziert, aber das Leben differenzierte sich selbst.
Die Mutationen sind rein zufällig.	Ja, aber die Organismen machen das Leben verbessernde Erfindungen, eliminieren Irrtümer.
Wir leben in einer feindlichen Umgebung, die von der Evolution durch grausame Elimination verändert wird.	Die erste Zelle lebt nach Milliarden von Jahren noch immer und jetzt sogar in Trillionen von Exemplaren. Wo immer man hinblickt, dort ist sie. Sie hat aus unserer Erde einen Garten gemacht und durch die grünen Pflanzen unsere Atmosphäre umgestaltet. Und sie hat unsere Augen erschaffen und sie für unseren blauen Himmel und die Sterne geöffnet. Es geht ihr gut.

371 Popper, 1987, Seite 25.

372 Popper, 1987, Seite 26/27, teilweise gekürzt.

Popper gibt mit seiner Darstellung der Evolution eine Intention: das Überleben. Es ist also keine bewusste Absicht, vielmehr die Logik und Dynamik des Systems Leben, das aus sich heraus Probleme löst, sich weiterentwickelt und stetig seine Lebensbedingungen verbessert. Es ergeben sich vielfältige Anknüpfungspunkte zwischen den Ausführungen von Popper und aktuellen Erkenntnissen beispielsweise über Genomorganisation, Genregulation und Koevolution. Die Biologische Intelligenz wächst im Laufe der Evolution mit der Anzahl der Zellen, Arten, deren Fusionen, Kooperationen der in ihnen gespeicherten Informationen, der Netzwerke von Genotypen und Phänotypen.

Wie zitiert, kann ein System als intelligent bezeichnet werden, wenn es selbstständig effizient Probleme lösen kann. Dabei hängt der Grad der Intelligenz vom Grad der Selbstständigkeit, der Komplexität des Problems und der Effizienz des Problemlösungsverfahrens ab.[373] Vor diesem Hintergrund und unter Bezugnahme auf die letzten Kapitel kann man auch eine allgemeine Charakterisierung von Biologischer Intelligenz versuchen: Jenseits der kognitiven Intelligenz, die sich selbst bewusst werden kann, gibt es eine den biologischen Systemen inhärente Biologische Intelligenz, die sich auf unterschiedlichen Ebenen verkörpert. Von BI kann man bei organisierten Genomen wie bei Viren und bei Zellen, Organismen und Arten sprechen, nicht aber auf der Ebene einzelner Moleküle und deren chemischen Interaktionen. Die Kennzeichen dieser BI sind:

1. Sie organisiert sich als selbstlernendes System, dessen Problemlösungskompetenz im Laufe der Evolution gewachsen ist;
2. die gefundenen Problemlösungen sind in ihrer Gesamtheit nicht rein zufällig;
3. nicht nur DNA, sondern auch Zellen, Organismen und die Ökosysteme tragen zur Findung und Vererbung der Problemlösungen bei;
4. einmal gefundene Problemlösungen können oft an neue Problemstellungen angepasst werden, was zu einer Beschleunigung der Evolution führt;

373 Mainzer, 2018, Seite 3.

5. die den Arten inhärente BI ermöglicht in sich gemeinsam entwickelnden Umwelten auch die Kommunikation und ein »Verstehen« über die Artgrenzen hinweg;
6. wesentliche Ursachen für die Entwicklung der BI sind Wettstreit und Kooperation;
7. wichtige Ergebnisse sind Vielfalt und Komplexität und somit eine erhöhte Kompetenz für das Lösen künftiger Probleme.

Vielfalt, Komplexität und Innovation

Es gibt Kraken mit und ohne Sozialleben. Kopffüßler mit und ohne Schalen. Es gibt helle und dunkle Schnirkelschnecken. Es gibt Vögel, die fliegen, schwimmen, tauchen. Es gibt Fische, die nicht nur schwimmen, sondern auch fliegen und klettern können. In einem Ökosystem kann es gleichzeitig rote und schwarze, kleine und große Ameisen geben. Ausgerechnet Käfer gehören zu den vielfältigsten Lebensformen mit Zigtausenden von Arten, die längst noch nicht alle bekannt sind. Es gibt Primaten, die eher auf dem Boden oder eher in den Bäumen leben, die sich in Horden organisieren und Kriege führen oder friedlich koexistieren. Die Evolution erzeugt ständig neue Varianten, obwohl es in den jeweiligen Lebensräumen bereits ähnliche und verwandte Arten gibt.

Besondere Umstände bringen zum Teil bizarre Problemlösungen: So lebt der Glaskopffisch (*Macropinna microstoma*), der zur Familie der Gespensterfische gehört, in weitestgehender Abwesenheit von Sonnenlicht in einer Wassertiefe von bis zu über 3.500 Metern. Seine Augen liegen in einer großen, durchsichtigen Kuppel. Sie sind nach oben gerichtet, zur Wasseroberfläche. So kann er von unten die Silhouette von Beutetieren erkennen, die über ihm schwimmen. Hat er seine Beute aufgespürt und sich ihr auf Fressdistanz genähert, kippt er seine Augen in der durchsichtigen Kuppel nach vorne. So kann er trotz seines kleinen Mauls zielgerichtet zuschnappen.[374]

Längst nicht bei allen Arten sind ihre Besonderheiten sofort zu erkennen. Trotzdem verbergen sich hier auch für die Medien oft besonders

---

374 Robison/Reisenbichler, 2008.

interessante Geschichten. So zum Beispiel beim Schleimpilz *Physarum polycephalum*, den die Medien 2019 als »Blob« neu erfanden. *Spiegel Online* schreibt:

> »Dabei handelt es sich um einen Schleimpilz, der weite Netzwerke aus gelblich bis braunen Fäden und Fruchtkörpern ausbildet. … Die Organismen haben weder Augen noch ein Gehirn, trotzdem können sie Nahrung erkennen und sich in einem Irrgarten orientieren. … Haben die Lebewesen das Futter einmal ausfindig gemacht, verdauen sie es mithilfe eines Enzyms, das sie ausscheiden. Mund und Magen fehlen. … Der Blob kann Dinge lernen und das Wissen an Artgenossen weitergeben … Der Blob vermehrt sich über sogenannte Konjugation. Gene werden dabei direkt von einer Spender- auf eine Empfängerzelle übertragen. Die Organismen haben dafür 720 verschiedene Varianten entwickelt. Dadurch können sie sich mit einer sehr großen Anzahl unterschiedlicher Artgenossen fortpflanzen.«[375]

Ein anderes Lieblingstier der Medien sind Nacktmulle. Sie sehen eigentlich aus wie Ratten ohne Haare, verfügen aber über eine ganz andere Biologie. So berichtete der *Spiegel*:

> »Wohl kein Nagetier lebt so lang wie Nacktmulle. Das könnte auch an der Geselligkeit der hässlichen Viecher liegen: Sie leben in riesigen Staaten mit klarer Arbeitsteilung – das schützt vor Fressfeinden und macht ein langes Leben erst möglich. Nacktmulle verspüren keinen Schmerz, wenn sie mit Säure übergossen werden. Sie bekommen keinen Krebs und gelten als die langlebigsten Nager der Welt. Immer wieder versuchen Forscher mit ihrer Hilfe herauszufinden, was einen Organismus bis ins hohe Alter fit und gesund hält – bislang vor allem über Genanalysen. Nun gibt es eine weitere Erklä-

375 Merlot Julia (2019) Aufregung um rätselhaften »Blob«, www.spiegel.de/wissenschaft/natur/blob-im-zoo-von-paris-was-hat-es-mit-dem-raetselhaften-organismus-auf-sich-a-1292042.html.

rung: Die Sozialstruktur des Nacktmulls könnte maßgeblich zu seinem langen Leben beitragen.«

Und weiter:

> »Sandgräber, zu denen auch der Nacktmull gehört, sind die einzige Säugetierfamilie, von der einzelne Arten in Staaten leben. Dieses sogenannte eusoziale Verhalten kennt man eigentlich vor allem von Insekten wie Bienen oder Ameisen. Aber auch die unter der Erde lebenden Nacktmulle setzen auf strikte Arbeitsteilung. Die Aufgaben werden je nach Alter verteilt. Als Teenager kümmern sich die Nager um ihre jüngeren Geschwister, später malochen sie im Tunnel und graben gemeinschaftlich wie am Fließband neue Schächte. Kräftige ältere Tiere bewachen die Eingänge des unterirdischen Baus vor Schlangen. Nachwuchs bekommt nur die Königin.«[376]

2021 berichtete die *Süddeutsche Zeitung*, dass Nacktmulle, deren Kommunikation an Vogelgezwitscher erinnert, sogar Dialekte sprechen, die es ermöglichen, die Zugehörigkeit zu einer Kolonie zu erkennen. Diese Dialekte scheinen nicht genetisch festgelegt zu sein, sondern sind sehr variabel, was Parallelen zur menschlichen Sprache aufzeigt.[377]

Die Evolution, die Natur, scheint Vielfalt auch auf Vorrat zu erzeugen, ohne Anpassungsdruck: Die Synthetische Evolutionstheorie erklärt die Entwicklung der Arten durch die Mutation von DNA und die Auslese der am besten angepassten Lebensformen. Wäre diese Theorie zutreffend, würden sich komplexe Genstrukturen erst im Laufe der Evolution herausbilden, immer neue Mutationen wären die Voraussetzung für neue biologische Funktionen. Gleichzeitig würden zwischen den Arten die Unterschiede in der DNA immer größer. Dazu steht die moderne Genomforschung im Widerspruch: Hochkomplexe DNA-Strukturen, die für Säu-

376 Merlot, Juli (2015) In Würde altern, www.spiegel.de/wissenschaft/natur/nacktmulle-starke-gemeinschaft-verlaengert-das-leben-a-1015390.html.

377 Baier Tina (2021) Servus Nacktmull, Süddeutsche Zeitung 1.2. 2021.

getiere typisch sind, lassen sich schon bei sehr einfachen Organismen finden. Wie erwähnt (Kapitel 4) findet sich im Erbgut von Trichoplax, eines sehr einfachen Organismus ohne spezialisierte Körperfunktionen, ein äußerst kompliziertes Genom: Es enthält bereits die Grundbausteine für viele wichtige Genfamilien des Menschen, wie etwa für die Entwicklung eines Nervensystems, die Ausbildung der Körperachsen oder Rezeptoren für Hormone. Ursprüngliche Formen der Schwämme verfügen mit mehr als 18.000 verschiedenen Genen über eine differenzierte Grundausstattung, mit der bereits viele Prozesse codiert wurden, die die Grundlage für komplexere Lebensformen mit einem neuromuskulären System für Muskeln und Nerven bilden.[378] Und die unscheinbaren Bärtierchen (*Tardigrada*) können für einige Zeit sogar im Weltall und radioaktive Strahlung überleben.[379] Ihre außergewöhnlichen biologischen Eigenschaften sind regelmäßig Anlässe für internationale Symposien.[380]

Die Synthetische Evolutionstheorie hat für die Entstehung dieser komplexen Genstrukturen keine ausreichende Erklärung. Es erscheint auch fraglich, inwieweit die Entwicklung der Urzelle als eine Geschichte der Problemlösungen hier zu einer Erklärung beitragen kann. In jedem Fall sind diese Organismen aber anschauliche Beispiele dafür, wie Evolution Vielfalt hervorbringt, die auch für künftige Probleme bereits gerüstet scheint. Nicht die Entwicklung von immer besser angepassten superfitten Arten scheint der gemeinsame Nenner der Evolution, sondern die Kreation von Vielfalt, um für künftige Probleme und die weitere Entwicklung gerüstet zu sein. Auch die von Darwin beobachtete Überzahl von Nachkommen dient wohl keineswegs nur der Selektion der Fittesten, sondern ermöglicht auch die »Verkörperung« von mehreren potenziell geeigneten Problemlösungen, die nicht in jeder Generation nur auf einige wenige besonders fitte Varianten reduziert werden darf, wenn die Art langfristig überleben soll.

---

378 Mann et al., 2010.

379 Hashimoto T. et al., 2016.

380 Beispielsweise fand 2015 das 13. Tardigrada Symposium in Modena, Italien statt, www.tardigrada2015.it.

Das ist (ganz im Sinne von Popper) auch im Hinblick auf die Evolution der Menschheit und als Gegenargument für rassistische Ideologien des Menschen bedeutsam: Die EugenikerInnen des 20. Jahrhunderts verfolgten die Idee, den bestangepassten, fittesten Menschen bzw. Rasse zu schaffen. Diese Idee wurde keineswegs nur von RassistInnen und NationalsozialistInnen verfolgt, sondern auch von Wissenschaftlern wie Francis Galton (1822–1911), einem Vetter Darwins, oder Hermann Joseph Muller (1890–1967), einem Nobelpreisträger von 1946, propagiert. Muller wollte zu diesem Zwecke sogar eine Samenbank für das Sperma von Nobelpreisträgern anlegen.[381] Sie sahen Handlungsbedarf, weil der natürliche Selektionsdruck nachgelassen habe und die natürliche Evolution zum Stillstand gekommen sei. In Wirklichkeit ist sie aber nie stehen geblieben, sondern hat dafür gesorgt, dass über die Jahrtausende die Vielfalt innerhalb der menschlichen Spezies weiter zugenommen hat. Auch das Überleben der Menschheit der Zukunft hängt von ihrer Vielfalt ab – genauso wie die Menschheit davon abhängt, dass die natürliche Vielfalt erhalten bleibt.

381 Siehe Then, 2008.

Kapitel 7
Biologische Demenz

»Angesichts der Tatsache, dass das Redigieren von Genen für unsere Spezies und unseren Planeten so radikale Folgen haben wird, war die Herstellung von Kommunikationsverbindungen zwischen Wissenschaft und Öffentlichkeit nie von so großer Bedeutung wie heute.«
Jennifer Doudna/Samuel Sternberg[382]

Instrumentelle Vernunft und Neue Gentechnik

In den vorangehenden Kapiteln wurde gezeigt, welch komplexe Interaktionen, Verhaltensweisen und biologische Prozesse sich im Laufe der Evolution herausgebildet haben, ohne auf bewusste Entscheidungen angewiesen zu sein. Dieses »Erbe« der Evolution macht den Kern einer Biologischen Intelligenz aus, die im Lösen von Problemen extrem kompetent ist, wenn es um das zukünftige Überleben und die Weiterentwicklung der Arten geht. Es wurden Einblicke in die Grundlagen der Evolutionsbiologie gegeben und Mechanismen erläutert, mit denen die biologische »Erinnerung« an die gemeinsame Herkunft bewahrt wird. Die existierenden Lebensformen haben im Laufe der Evolution über Milliarden Jahre Probleme gelöst, Erfahrungen gespeichert und deren Austausch und Weitergabe organisiert. Diese Zusammenhänge von Evolution, Biologie, BI und Artenschutz werden gerne verdrängt, wenn es um Eingriffe in die »Natur des Lebens« mit den Mitteln der Gentechnik geht. In letzter Zeit wurde das insbesondere im Zusammenhang mit der sogenannten Neuen Gentechnik deutlich. Deren wichtigstes Werkzeug ist derzeit die Genschere CRISPR/Cas (siehe Kapitel 2). Mit ihrer Hilfe machen sich bekannte WissenschaftlerInnen wie Jennifer Doudna und George Church jetzt daran, die Evolution aus der Perspektive der menschlichen Spezies zu optimie-

382 Doudna/Sternberg, 2019, Seite 251.

ren. Demnach stehen wir, in Anlehnung an ein Zitat von Churchill, am »Ende vom Anfang«. Damit ist gemeint, dass die gentechnische, vom Menschen gemachte Gestaltung der Evolution die bisherige »blinde« Entwicklung des Lebens ablösen wird. Jennifer Doudna schreibt dazu in ihrem Buch »Eingriff in die Evolution«:

> »Die Zeiten, in denen das Leben ausschließlich durch die schwerfälligen Kräfte der Evolution geprägt wurde, sind vorüber. Wir stehen an der Schwelle zu einem neuen Zeitalter, in dem wir die Herren über die genetische Ausstattung allen Lebens und alle ihre vielfältigen, lebensprühenden Folgen sind. Schon jetzt ersetzen wir das taube, dumme, blinde System, das über die Erdzeitalter hinweg das genetische Material auf unserem Planeten geformt hat, durch ein System der bewussten, absichtsvollen, von Menschen gelenkten Evolution.«[383]

Und George Church drückt es so aus:

> »Synthetic genomics has the potential to recapitulate the course of natural genomic evolution, with the difference that the course of synthetic genomics will be under our own conscious deliberation and control instead of being directed by the blind and opportunistic processes of natural selection.«[384]

Angesichts der vielfältigen Potenziale und Anwendungsmöglichkeiten der Neuen Gentechnik stellt sich die grundsätzliche Frage, welche Auswirkungen die Einführung von mit technischer Intelligenz veränderten Lebensformen auf die biologische Vielfalt haben kann. Was passiert, wenn diese Geschöpfe, gestaltet aus der Perspektive der instrumentellen Vernunft, auf die Netzwerke der BI treffen, die die Evolution hervorgebracht hat? Wie werden sie interagieren, kommunizieren und sich

---

383 Siehe oben.

384 Church/Regis, 2012, Seite 13.

gemeinsam weiterentwickeln? Diese Fragestellung geht weit über das hinaus, was bisher im Zusammenhang mit Risiken und Potenzialen der Gentechnik (bzw. Synthetischen Biologie) diskutiert, untersucht und geprüft wurde.

Die Gefahr: Bei einer massenhaften Einführung gentechnisch veränderter Organismen könnte die »gemeinsame Erinnerung« an die Erfahrungen der Evolution erheblich gestört werden. Dadurch könnten, ähnlich wie bei einem Massenaussterben, das planetare Leben und seine Ökosysteme destabilisiert werden. Aus einer Art »Demenz« oder »Verwirrung« der biologischen Erinnerung würde so eine Kettenreaktion entstehen, die die bestehende Vielfalt und ihre Zukunft erheblich gefährdet. Eine Parallele zu den Gefahren des Klimawandels liegt in der zeitlichen Dimension: Wir treffen jetzt Entscheidungen, die eine Weichenstellung für die Zukunft sind, die nicht mehr umkehrbar ist. Wir können die Entscheidungen der voran gegangenen Generation nicht mehr korrigieren. Ist der Meeresspiegel erst einmal um mehrere Meter gestiegen, ändern auch effektive Maßnahmen zur Reduktion von Klimagasen daran zunächst nichts mehr. Die Geo- und Biosphäre des Planeten hat dann einen Kipp-Punkt überschritten, einen neuen Zustand eingenommen, dessen weitere Entwicklung von anderen Faktoren beeinflusst wird und eine andere Dynamik hat, als dies in der Vergangenheit (die auch unsere Gegenwart ist) der Fall war.

Ähnlich ist es im Zusammenhang mit der Gentechnik: Setzen wir jetzt Organismen frei, die sich unkontrolliert in der Umwelt ausbreiten und in der Folge die natürlichen Ökosysteme stören oder gar zerstören, droht auch hier die Überschreitung von Kipp-Punkten, die es uns unmöglich machen, zum vorherigen Zustand und seiner natürlichen Entwicklungsdynamik zurückzukehren. Ein einfaches Beispiel: Man könnte, fasziniert von der natürlichen Intelligenz der Kraken, diese zu einem Leuchtturmprojekt der Neuen Gentechnik erheben und versuchen, die noch zu schlauer zu machen. Dazu könnte man ihre Lebenszeit erhöhen und es so ermöglichen, ihrer erlernten Fähigkeiten mit nachfolgenden Generationen zu teilen. Das würde sich möglicherweise positiv auf den Schutz der Kraken auswirken: Eine Folge wäre vermutlich, dass die Versuche von SporttaucherInnen, diese mit einer Harpune zu erlegen, kaum mehr Erfolg haben würden. Auch gegen Attacken von Raubfischen könnten neue Strategien entwickelt werden. Schließlich könnten die Kraken außerdem lernen, in der Gruppe zu jagen und so ihre eigene Art noch erfolgreicher machen. Die Folgen könnten erheblich sein: Die Anzahl der Kraken in den jeweiligen Ökosystemen würde zunächst zunehmen (alleine schon wegen der erhöhten Lebenszeit), dann aber könnten die betroffenen Ökosysteme, die durch die Spezies Mensch bereits an ihre Grenzen gebracht wurden, wegen der Überjagung von Beutetieren wie Schnecken, Muscheln, Seeigeln, Seesternen, Krabben und Seespinnen zusammenbrechen. Bis dahin hätten die Kraken vielleicht gelernt, in der Gruppe auch größere Beutetiere zu erlegen, was das Ausmaß der ökologischen Zerstörung erheblich steigern könnte. Durch die längere Lebenszeit könnten die Kraken auch anfällig für Krankheiten werden, die schließlich zu ihrem Aussterben führen. Das Beispiel der Kraken ist hypothetisch, aber nicht völlig unrealistisch. Wir haben heute erstmals die technischen Möglichkeiten, Zellen zu erzeugen, die sich erheblich von denen unterscheiden, die aus der »Urzelle« hervorgegangen sind. Wir können Organismen schaffen, die die weitere Entwicklung der bestehenden Lebensformen, deren Selbstregulation und Selbstorganisation sowie die ökologischen Netzwerke verändern, stören oder gar zerstören. Vieles spricht also dafür, dass jetzt tatsächlich so etwas wie das »Ende vom Anfang« eingeläutet werden könnte. Wir können in die »Keimbahn der biologischen Vielfalt« eingreifen und die Zukunft der Biosphäre einem Design »aus dem Genlabor« unterwerfen. Um die bekannte Metapher von »Frankenstein« in diesen Kontext zu stellen: In ihrem Kern verdeutlicht diese Geschichte, dass unsere instrumentelle Vernunft nicht unbedingt in Einklang mit der Biologischen Intelligenz steht, die uns hervorgebracht hat. Lebewesen, die auf Grundlage eines technischen Designs entstanden sind, können wahre Monster werden.

In jedem Fall haben Doudna und Church in einem Punkt recht: Die Evolution funktioniert nach anderen Regeln und Gesetzmäßigkeiten als die Gentechnik. Leben in seinen bestehenden Formen ist ein Kontinuum seit seinem Ursprung, der Milliarden Jahre zurückliegt. Das ändert sich erst mit der Gentechnik.

Die neue Schöpfung

Unsere aktuellen technischen Schöpfungen werden nicht mehr (wie Frankenstein) aus Teilen von Leichen zusammengesetzt, sondern generieren sich selbst aus per Gentechnik veränderten Bauplänen, die sie auch an nachfolgende Generationen vererben. Seit der industriellen Revolution, seit Forschern wie Jacques Loeb (siehe Kapitel 1), geht es nicht nur um das Verständnis von Biologie und Vererbung, sondern um die Neukonstruktion des Lebens. Letztlich auch darum, mithilfe der modernen Biotechnologien die künftige Geschichte der Menschheit neu schreiben zu können. Hermann Joseph Muller eröffnete der experimentellen Genetik mit der Schaffung von Hunderten künstlicher Mutanten neue, ungeahnte Spielräume. Die Synthetische Evolutionstheorie vereint Evolution und Genetik. Damit wandelte sich auch das Bild vom Menschen. Unsere Daseinsform ist demnach weder gottgegeben noch unveränderlich. Sie unterliegt den Mechanismen der Evolution und Genetik und bietet daher die Option zum Experiment. Auch die Geschichte der Menschheit kann mithilfe der Biologie neu gestaltet werden, ganz ohne den Rassenwahn der Nationalsozialisten. Hermann Joseph Muller versuchte unsere Zukunft durch das Erbgut überragender Männer zu gestalten, denen es gestattet sein solle, mit mehreren Frauen Kinder zu zeugen, um den menschlichen Zuchtfortschritt zu beschleunigen. Konsequent betrieb er den ersten Aufbau einer Samenbank, in der vor allem Sperma von Nobelpreisträgern eingelagert werden sollte. Muller betonte die Rolle der Biologie als Agens der Geschichte. Die Evolution des Menschen erscheint ihm machbar und wird Aufgabe der gesamten Gesellschaft: »Von nun an ist die Evolution das, was wir daraus machen, vorausgesetzt, dass wir uns für das Gute und Wahre entscheiden. … Wenn wir an unserem Ideal festhalten, wird die Evolution zum ersten Mal zu einem bewußten Prozess werden.«[385] Muller glaubt, dass die Konsumgesellschaft die einfachste Möglichkeit zur Durchsetzung seiner Ideen sei. Er propagierte eine »freiwillige« Eugenik: Samenbanken, Genanalyse, das Klonen von Genies soll auf der Basis

385 Zitiert nach Wess, 1998, Seite 182/183.

von Nachfrage und Angebot dazu führen, dass der Volkskörper in seiner genetischen Qualität verbessert wird.

Diese naive Eugenik, deren DNA bis heute wirkt, treibt insbesondere in den Formen des Transhumanismus neue Blüten. Physische Untersterblichkeit war und ist in manchen Religionen ein großes Thema. Vom alten Ägypten bis zu Christus scheint es in mancher Beziehung nur ein kurzer Weg zu sein, von der leiblichen Auferstehung der Toten bis zum Genlabor und den Transhumanisten ebenfalls. Dialektisch kann man Gentechnik durchaus als eine Technologie verstehen, die aus der Sehnsucht der Religion entstanden ist. Sie versucht unsere Natur, unsere eigene Biologie dahingehend zu verändern, dass Krankheit und Tod überwunden werden. Daraus resultiert aber auch gleichzeitig ein Motiv der Abgrenzung, der Ablehnung bisheriger (jeglicher religiöser) Vorstellungen über den Ursprung des Lebens. Die moderne Biologie, die Gentechnik, steht in Konkurrenz zu bisherigen Welterklärungen und will die Geschichte der Menschheit neu erzählen, neu interpretieren. Gleichzeitig entstehen neue Wahrheiten: Züchtet man Erbsen, kennt man die Gesetze der Vererbung. Mutiert man Taufliegen, versteht man die Gesetze der Evolution. Kann man DNA gezielt verändern, ist man sogar schlauer als die Evolution. Ganz in diesem Sinne geht George Church davon aus, dass man nach der Wiederauferstehung des Mammuts (per Neuer Gentechnik) auch dem menschlichen Leben eine neue Zukunft geben kann:

> »Dieselbe Technologie könnte zur Herstellung eines Neandertalers verwendet werden, man würde vom Genom einer menschlichen Stammzelle ausgehen und dieses Stück für Stück in das Genom eines Neandertalers umbauen (…). Wenn die Gesellschaft sich mit dem Klonen anfreundet und den Wert wahrer menschlicher Vielfalt erkennt, könnte die ganze Neandertaler-Kreatur mithilfe einer Schimpansen-Leihmutter oder mithilfe einer extrem mutigen menschlichen Frau geklont werden.«[386]

386 Church/Regis, 2012, zitiert nach Then, 2015.

Verliert das Leben den Schutz eines von Gott gewollten und geschaffenen Daseins, zerfällt es, dumm, taub und blind, in restlos verfügbare Einzelteile, die von Synthetische Biologie und Gentechnik neu zusammengesetzt werden. Die Prozesse der Natur und der Evolution werden für zu umständlich bzw. dumm und primitiv erklärt. Sie müssen gemäß der menschlichen Vernunft domestiziert und »zugerichtet« werden. Es geht auf einer Metaebene um eine vollständige Kontrolle über die Grundlagen des Lebens, die Disruption natürlicher Prozesse und deren Neukonstruktion.

Gentechnik als disruptiver Prozess

Wie gezeigt wurde, ist die Vielfalt der Arten nicht absichtsvoll designt, sie beruht aber auch nicht auf einer Lotterie der Gene und wurde nicht aus reinem Zufall generiert. Auch wird in der herkömmlichen Züchtung das Erbgut keineswegs »*durcheinandergewirbelt*«, wie Emmanuelle Charpentier, eine der ErfinderInnen der Genschere CRISPR/Cas, dies laut *Süddeutscher Zeitung* gesagt haben soll.[387] Schon Theodosius Dobzhansky, einer der Väter der Synthetischen Evolutionstheorie, betont in seinem Buch »Genetics and the Origin of Species«, wie wichtig die Grenzen zwischen den Arten für die Bewahrung der Ergebnisse der Evolution und den Erhalt der Vielfalt sind: »(…) reproductive isolation prevents the appearance of great masses of disharmonious gene patterns, and thus preserves the integrity of the historically evolved arrays of genotypes which are the existing species.«[388] Durch die Grenzen zwischen den Arten wird die Vielfalt in ihrer stetig zunehmenden Komplexität erst ermöglicht: Würde genetische Information zwischen den Arten wahllos ausgetauscht, gäbe es keine stabilen Merkmale einer Art. Vielmehr würden diese Merkmal sich rasch nivellieren, das Lebendige hätte zu großen Teilen eine ähnliche Ausstattung an genetischer Information, die um einen Mittelwert pendeln würde, ohne eine Entwicklung zur Vielfalt. Die Evolution wäre so möglicherweise über die Ebene der Einzeller nicht hinausgekommen.

387 http://sz.de/1.3502623.

388 Dobzhansky, 1951, Seite 297.

Auf keinen Fall könnte sich die komplexe Ordnung stabiler Ökosysteme entwickeln, vielmehr wäre umfassendes Chaos zu erwarten. Dobzhansky stützt mit seinem Verständnis von Evolution also nicht die Perspektive von »Ingenieurswissenschaften«, die versuchen, das Leben auf das Prinzip eines Baukastens zu reduzieren.

Die Sicht von Dobzhansky stellt die Gentechnik in einen größeren Zusammenhang: Transgene Organismen überschreiten die Grenzen zwischen den Arten. Geneditierte Organismen können neue Genkombinationen und Genotypen hervorbringen, die die Eigenschaften der Organismen tiefgreifend verändern. Die Einführung von gentechnisch veränderten Organismen in die Ökosysteme ist tatsächlich das Gegenteil der natürlichen evolutionären Prozesse. Anstelle von neuen Eigenschaften, die sich meist nur allmählich in den natürlichen Populationen ausbreiten, können die nicht angepassten Organismen massenhaft freigesetzt werden und die entsprechenden Ökosysteme regelrecht fluten. Unter Umgehung der »flexiblen Leitplanken« im Erbgut werden neue Genotypen geschaffen, die sich von denen aus natürlichen Prozessen deutlich unterscheiden. Gleichzeitig werden die Produktionszyklen der gentechnischen Verfahren immer weiter verkürzt. In der Folge könnten in immer geringeren Zeitabständen immer mehr der technisch designten »Aliens« in die Umwelt entlassen werden. Dauerhafter Stress für die Ökosysteme ist eine wahrscheinliche Folge einer unkontrollierten Freisetzung von Gentechnik-Organismen. Betroffen sein könnten alle Ebenen der biologischen Vielfalt. Es droht, wie oben schon erwähnt, eine Art der »Demenz« der Ökosysteme, analog zur Gefährung neuronaler Intelligenz: Neuronen können komplexe Erinnerungen nur dann erhalten und neue kreative Ideen nur dann entfalten, wenn sie nicht unter dauerndem Stress stehen. Werden die Neuronen nicht geschützt, drohen u.a. Verhaltensstörungen und Demenz. Ähnlich drohen eine tiefgreifende Störung und Destabilisierung der Ökosysteme und der Biosphäre durch eine »appearance of great masses of disharmonious gene patterns« wie Dobzhansky dies ausgedrückt hat. Deren Folgen lassen sich weder verlässlich vorhersagen, noch verhindern oder kontrollieren. Das gilt für die »alte« Gentechnik genauso wie für die »neue«. Bisher brachte die »alte« Gentechnik nur wenige Produkte hervor, Pflanzen, die Insektengifte produzieren oder gegenüber Herbiziden resistent gemacht wurden. Trotzdem haben sich die Folgen in ihrer Gesamtheit weder als vorhersehbar noch als kontrollierbar erwiesen. Der Einsatz von Pestiziden nimmt weiter zu, die ohnehin bereits stark geschädigten Agrarökosysteme werden so weiter destabilisiert. Einige der Gentechnik-Pflanzen breiten sich unkontrolliert aus. Anders als bei neuen invasiven Spezies erfolgt diese Ausbreitung innerhalb der etablierten Arten, sie unterliegt damit einer anderen Dynamik und greift in die bestehenden Wechselwirkungen der jeweiligen Ökosysteme ein, wie etwa die sich in Mexiko ausbreitende Gentechnik-Baumwolle (siehe Kapitel 1).

Diese Fälle der ungewollten und unkontrollierten Ausbreitung dürften in Zukunft stark zunehmen, weil sich viele Anwendungen der Neuen Gentechnik auf Kulturarten beziehen, die in der Umwelt persistieren und sich vermehren können. Viele von ihnen haben auch natürliche Kreuzungspartner (siehe Kapitel 2). Ein Beispiel: In den USA und der EU interessieren sich viele GentechnikerInnen für den Leindotter (*Camelina sativa*). Ein Fokus liegt dabei auf der Produktion von Agrosprit. In den USA hat eine Firma mithilfe der Genschere CRISPR/Cas ingesamt 18 Genorte verändert. Im Ergebnis zeigen diese Pflanzen ein Muster der genetischen Veränderung und Veränderungen der Ölqualität, die mit konventioneller Züchtung nicht oder allenfalls nur sehr schwer erreichbar wären, obwohl keine zusätzlichen Gene eingefügt wurden. Leindotter gehört zu den ältesten Kulturpflanzen in Europa. Die Pflanzen können in der Umwelt überleben und sich vermehren. Sie können sich auch mit natürlichen Populationen kreuzen. ExpertInnen warnen vor den Risiken, die mit einem Anbau von Gentechnik-Camelina mit veränderter Ölqualität und ihrer unkontrollierten Ausbreitung einhergehen:[389] Zum Beispiel können die Ölsäuren, die in gentechnisch veränderten Pflanzen gebildet werden, die Gesundheit, das Wachstum und die Fortpflanzungsrate von Wildtieren verändern, die von solchen Pflanzen fressen. Auch die Interaktionen mit Insekten (u.a. Bestäubern wie Bienen) oder Bodenorganismen können gestört werden. Weitere Probleme sind wahrscheinlich,

389 Kawall, 2021.

wenn die Ölsaaten ungewollt in Lebens- und Futtermittel geraten. In den USA wurde 2018 gentechnisch veränderter Leindotter ohne Auflagen zum Anbau freigegeben.[390] Wie ein Blick auf die bis September 2020 erfolgten Deregulierungen von Gentechnik-Pflanzen in den USA zeigt,[391] könnten dort viele weitere Nutzpflanzen in Freisetzung und Anbau gelangen, die Eigenschaften aufweisen, die so weder aus herkömmlicher Züchtung noch aus evolutionären Prozessen zu erwarten sind. Mehrere dieser Arten (wie *Camelina sativa*) können in der Umwelt überdauern, sich vermehren und ausbreiten und mit verwandten Arten kreuzen. Dabei können auch neue, ungewollte Eigenschaften *(next generation effects)* auftreten, die weder im Labor noch den danach folgenden Experimenten beobachtet werden konnten.[392] Dadurch kann eine zuverlässige, belastbare Risikobewertung unmöglich werden (siehe auch Kapitel 2).

In naher Zukunft ist noch einmal mit einer wesentlichen Beschleunigung zu rechnen, wenn es um Bakterien, Pflanzen und Tieren mit völlig neuen Genotypen geht. Neue Verfahren erlauben die Umgehung der »flexiblen Leitplanken« im Erbgut von Bakterien und die gleichzeitige Erzeugung von vielen neuen Genvarianten.[393] Bei Pflanzen und Tieren arbeitet man an Zuchtlinien, bei denen die Veranlagung für die Genschere CRISPR/Cas fest im Erbgut verankert ist und über die Generationen vererbt wird. Diese Pflanzen und Tiere sind als Ausgangspunkt für immer neue Genotypen verwendbar. Je nach Nutzungsinteressen können dann unterschiedliche Guide-RNAs injiziert werden (siehe Kapitel 2), wodurch jeweils unterschiedliche Gene und ggf. auch mehrere Genorte auf einmal verändert werden. Unter anderem sollen die Verfahren bei Schweinen und Hühnern eingesetzt werden, um so innerhalb kurzer Zeiträume immer wieder Tiere mit neuen Eigenschaften produzieren zu können.[394]

---

390 Die Pflanzen finden allerdings noch keine Anwendung in der Landwirtschaft.

391 www.aphis.usda.gov/aphis/ourfocus/biotechnology/am-i-regulated/Regulated_Article_Letters_of_Inquiry.

392 Bauer-Panskus et al., 2020.

393 Schubert et al., 2021.

394 Rieblinger et al., 2021.

Wie erwähnt, sind die Ziele der Neuen Gentechnik keineswegs auf domestizierte Pflanzen und Tiere oder auf Organismen beschränkt, die im Labor gehalten werden. Es gibt eine wachsende Anzahl von Projekten, in denen es um Eingriffe in natürliche Populationen wie Insekten, Nagetiere und Bäume geht, die alle in ihre komplexen Ökosysteme eingebettet sind. Das bekannteste Beispiel sind sogenannte *Gene Drives*, durch die insbesondere Insekten und Nagetiere so verändert werden sollen, dass man ganze Populationen ausrotten oder verändern könnte.[395] Es gibt zudem immer mehr Projekte, bei denen gentechnisch veränderte Mikroorganismen im Fokus stehen. In vielen Fällen geht es darum, die engen Symbiosen zwischen Tier, Pflanzen und ihrem Mikrobiom zu nutzen, um Tiere und Pflanzen selbst zu verändern. Zudem sollen Viren, die Pflanzen oder Tiere befallen, so verändert werden, dass sie die Gene aus dem Labor übertragen. Mit diesen gentechnisch designten Viren lassen sich beispielsweise nicht mehr nur isolierte Zellen von Pflanzen im Labor, sondern ganze Pflanzen direkt im Gewächshaus oder in der freien Umwelt (auf dem Acker) verändern. Die Viren aus dem Genlabor könnten freigesetzt werden, um Pflanzen zu befallen und dabei auch die jeweils erwünschten genetischen Eigenschaften zu übertragen. Unkräuter könnten anfälliger für Herbizide gemacht, Nutzpflanzen gegen Krankheiten »aufgerüstet« werden (siehe unten).

Ähnlich lassen sich Bakterien im Rahmen der *Paratransgenese* einsetzen (siehe Kapitel 2). Dabei dienen die Mikroben als Hilfsmittel zur Beeinflussung der mit ihnen eng verbundenen »Wirte« wie Pflanzen und Tiere. Beispielsweise verändert man Darmbakterien, um damit die biologischen Eigenschaften von Bienen zu beeinflussen (siehe Kapitel 2). Ähnliche Anwendungen an Darmmikroben sind auch für Menschen als künftige Therapieform in der Diskussion. Hier stellt sich ähnlich wie bei Bienen die Frage, wie die Folgen abgeschätzt und eine unkontrollierte Ausbreitung der gentechnisch veränderten Mikroorganismen verhindert werden soll. Es gibt inzwischen viele Beispiele für Projekte und mögliche Anwendungen von gentechnisch veränderten Mikroorganismen und Viren, die ein

395 Siehe z. B. Critical Scientists Switzerland, 2019.

besonderes Risiko für die Umwelt und die Ökosysteme bedeuten, weil sie mit unkontrollierter Ausbreitung und nicht vorhersehbaren Wechselwirkungen einhergehen können:[396]

- Gentechnisch veränderte Mikroorganismen sollen zur Entgiftung von Böden eingesetzt werden.[397]
- Die Qualität landwirtschaftlicher Böden soll per Gentechnik-Bakterien beeinflusst werden.[398]
- Auch die Veränderung der Mikrobiome von Nutzpflanzen, ihrer Mykorrhiza und Endophyten wird erforscht.[399]
- Es gibt Pläne, gentechnisch veränderte Mikroorganismen auch als Pestizide einzusetzen.[400]
- Die Darmbakterien von Bienen können verändert werden, um diese beispielsweise resistent gegenüber Pestiziden und Parasiten zu machen oder auch das Verhalten der Bienen zu beeinflussen.[401]
- Veränderung der Darmmikroben ist auch ein Thema bei anderen Insekten wie Fliegen[402] und Mücken.[403]
- Um die Übertragung von Malaria zu bekämpfen, sollen Mücken mit transgenen mikrobiellen Pilzen infiziert werden, die ein Insektengift produzieren.[404]
- Korallen will man durch gentechnische Veränderungen ihres Mikrobioms an höhere Temperaturen bzw. den Klimawandel anpassen.[405]

---

396 Siehe auch Testbiotech, 2020b.

397 Wang et al., 2013; Mee et. al., 2014; Qian et al., 2020.

398 Temme et al., 2012; Shelake et al., 2019; Shulse et al., 2019.

399 Vorholt et al., 2017; Checcucci et al. 2018; Hettiarachchige et al., 2019; Arif et al., 2020.

400 Leclère et al., 2005; Tseng et al., 2005; Wang et al., 2011; Fang et al., 2014; Scheepmaker et al., 2016; Azizoglu et al., 2020.

401 Leonard et al., 2020; siehe auch Rangberg et al., 2012.

402 De Vooght et al., 2014; Gilbert et al., 2016.

403 Ren et al., 2008; Fang et al., 2011; Bilgo et al., 2017.

404 Lovett et al., 2019.

405 Levin et al., 2017.

- Die Genschere CRISPR/Cas kann in Viren verpackt und dazu verwendet werden, Pflanzen und Tiere außerhalb der Labore, direkt in der Umwelt, gentechnisch zu verändern.[406]
- Diskutiert wird, Insekten mit dem Ziel einzusetzen, gentechnisch veränderte Viren in der Umwelt zu verbreiten.[407]

Bei der Abschätzung der biologischen Risiken wird die eigentliche Komplexität der ökologischen Systeme oft außer Acht gelassen. Diese Komplexität kann mit einer Herangehensweise, die sich vor allem an Kosten und Nutzen bzw. an Evidenz für manifeste Schäden orientiert, auch nur schwer analysiert und verstanden werden. Es liegt aber keinerlei Plausibilität in der Annahme, dass menschliche Intelligenz (bzw. unsere instrumentelle Vernunft) dazu in der Lage sei, mithilfe von gentechnischen Verfahren in die komplexen Grundlagen des Lebens auf sichere und vorhersagbare Art und Weise einzugreifen. Im Gegenteil, ähnlich wie Pathogene, die viele Arten in ihrer Existenz bedrohen, oft durch menschliche Aktivität verschleppt und verbreitet werden, können auch gentechnisch veränderte Organismen, die in natürliche Populationen eingebracht werden, die Gesundheit von Mensch, Tier und Pflanzen und die biologische Vielfalt gefährden. Wie bereits dargelegt, können sich die Eigenschaften von gentechnisch veränderten Organismen, die sie im Labor oder unter kontrollierten Versuchsbedingungen zeigen, erheblich von denen unterscheiden, die sie unter veränderten Umweltbedingungen oder nach mehreren Generationen aufweisen.[408] Es ist möglich, dass sich die biologischen Eigenschaften der Gentechnik-Organismen zudem durch äußere Einflüsse oder durch Kreuzung mit Wildpopulationen ganz erheblich verändern. Aber auch die Umwelt, in der diese Organismen leben, kann sich unter ihrem Einfluss oder wegen anderer Faktoren (Klimawandel) dramatisch verändern. Und schließlich können sich auch die Eigenschaften der Gentechnik-Organismen und die der Umwelt gleichzeitig wandeln.

406 Nuismer/Bull, 2020; Killiny, 2020.

407 Reeves et al., 2018.

408 Bauer-Panskus et al., 2020.

All das führt dazu, dass Vorhersagen über die Risiken oft nicht verlässlich sein können. In dem Moment, in dem ein Schaden tatsächlich bemerkbar wird, kann aber bereits eine Entwicklung ins Rollen gekommen sein, die sich nur noch schwer beeinflussen lässt. Sind bestimmte Kipppunkte überschritten, folgt die Entwicklung neuen, möglicherweise chaotischen Regeln, die auch zu biologischen Katastrophen führen können. Fest steht: Komplexe Wechselwirkungen zwischen Mikrobe und Wirt machen die Risikoabschätzung extrem schwierig bzw. unmöglich. Auch die Europäische Lebensmittelbehörde EFSA (2020b) warnt:

> »Even with the complete genetic information of a synthetic micro-organism, it is beyond the capacity of any existent bioinformatic analysis to fully predict the capability of a synthetic organism to survive, colonise and interact with other organisms under natural conditions, given the uncountable diversity of potential microhabitats and their temporal variability.«[409]

Das Beispiel des Marmorkrebses

Invasive Arten sind ein anschauliches Beispiel für mögliche Störungen der Ökosysteme durch die Einführung von nicht angepassten Organismen (Neobiota), für die in vielen Fällen der Mensch verantwortlich ist.[410] Dabei gibt es allerdings deutliche Unterschiede zwischen gentechnisch veränderten Organismen und der Ausbreitung von invasiven Arten: Neobionten breiten sich in Lebensräumen aus, für die sie ursprünglich nicht angepasst waren, weil sie sich, durch biogeografische Grenzen bedingt, getrennt entwickelt haben. Im Fall gentechnisch veränderter Organismen handelt es sich dagegen um Arten, deren Ausgangsformen oft bereits an die jeweiligen Lebensräume angepasst sind und in deren Genpool zusätzliche Gene oder ein neues Muster veränderter Gene eingeführt werden. Die Dynamik und Folgen einer Ausbreitung von neuer

---

409 Der Begriff »synthetic micro-organism« wird von der EFSA hier mehr oder weniger gleichbedeutend mit »gentechnisch veränderten Mikroorganismen« eingesetzt.

410 https://neobiota.bfn.de.

genetischer Information innerhalb bereits etablierter Arten können sich von der neuer Arten innerhalb bestehender Ökosysteme erheblich unterscheiden.

Ein gutes Beispiel, um die Gemeinsamkeiten und die Unterschiede zwischen den Risiken von Neobionten und gentechnisch veränderten Organismen zu diskutieren, ist der bereits vorgestellte Marmorkrebs (*Procambarus virginalis*, siehe Kapitel 4). Als »Ausgangsorganismus« gilt der Sumpfkrebs (*Procamabarus fallax),* der in Ökosystemen Floridas vorkommt. Durch ein einziges biologisches Ereignis, eine sogenannte *Makromutation*, wurde aus dem Sumpfkrebs eine neue Art, der Marmorkrebs, der sich in seiner äußeren Erscheinungsform, seinem Verhalten und seiner genetischen Ausstattung von der ursprünglichen Art deutlich unterscheiden lässt.[411] Auffälligster Unterschied der Marmorkrebse im Vergleich zu den Sumpfkrebsen ist ihre erhöhte Invasivität, das heißt, sie können neue Lebensräume rascher besiedeln und die dort angestammten Arten verdrängen. Der Marmorkrebs ist aus dem Sumpfkrebs wahrscheinlich als Zufallszuchtprodukt unter menschlichem Einfluss entstanden. Im Aquarium gezüchtete Tiere spielen dabei eine zentrale Rolle. Die genaue Herkunft des Marmorkrebses ist aber nicht restlos geklärt. Tatsächlich tauchten die Tiere 1995 zum ersten Mal in deutschen Aquarien auf, ohne dass sie als neue Art erkannt wurden. Von dort gelangten die Krebse über den Handel, das Abwasser, als Fischköder und andere menschliche Aktivitäten in die Umwelt. Das besondere Merkmal des Krebses ist seine Fortpflanzung: Es gibt nur weibliche Tiere, die sich ohne Paarung vermehren können, man spricht hier von Parthenogenese. Dabei können in kurzer Zeit große Populationen entstehen, da die Tiere sehr viele Eier legen.[412] So droht jedem Aquarium, in dem ein einzelner Marmorkrebs gelandet ist, rasch die Überbevölkerung. Da die Krebse in ihrer Nahrung nicht wählerisch sind und sich von Pflanzen und Tieren gleichermaßen ernähren können, wird der Krebs für die Lebensgemeinschaft im Aquarium rasch zur Bedrohung. Um eine Tötung der Tiere zu vermeiden, wurden die

411 Lyko, 2017.

412 Lyko, 2017.

Krebse weitergegeben oder in der Umwelt entsorgt. Das hatte erhebliche Folgen. Innerhalb von nur 20 Jahren entwickelte er sich von einem Aquarienbewohner zu einem Tier, das in Madagaskar eine Bedrohung der dort einheimischen Krebse und ihrer Ökosysteme darstellt, er lebt aber u. a. auch in Deutschland, Ungarn, Kroatien und der Ukraine.[413] Inzwischen hat die Vermehrung der Krebse in Madagaskar ein Ausmaß erreicht, dass sogar eine spezielle wirtschaftliche Verwertung diskutiert wird. Genetisch unterscheiden sich die Marmorkrebse von ihren nächsten Verwandten, den Sumpfkrebsen, vor allem durch einen dreifachen Chromosomensatz. Ob dieser mehrfache Chromosomensatz eine Voraussetzung für ihre parthenogenetische Vermehrung ist, wird diskutiert.[414] Möglicherweise ist es aber nicht der zusätzliche Chromosomensatz, sondern die Effekte einer fehlerhaften Zellteilung nach einer Paarung, die dazu führten, dass sich die biologischen Eigenschaften der Krebse und insbesondere ihre Genregulierung veränderten.[415] Im Vergleich zu seiner Ausgangsart, dem Sumpfkrebs, haben viele Gene des Marmorkrebses einige oder alle epigenetischen Marker (Methylgruppen) verloren, mit denen die Genaktivität reguliert und gedrosselt werden kann. Gleichzeitig variiert die Expression dieser Gene stärker. Weil alle Nachkommen der Marmorkrebse von einem einzigen Klon abstammen und die Tiere untereinander nur geringe genetische Variationen zeigen, werden als Ursache für ihre Anpassungsfähigkeit die genannten epigenetischen Veränderungen diskutiert.[416]

Durch ihr besonders aggressives Verhalten können sich die Marmorkrebse oft gegenüber stärkeren Krebsen durchsetzen. Dabei scheint eine auffällige Verhaltensänderung zu einem Vorteil zu werden: Anders als andere Krebse tritt beim Kontakt mit Feinden kein Kampf- und Fluchtreflex auf, sondern die Tiere verharren zunächst in Schreckstarre. Damit unterlaufen sie normale Verhaltensmuster und erhalten sozusagen einen Überraschungsvorteil. Möglicherweise auch von Vorteil ist für sie, dass sie

413 Gutekunst et al., 2018; Lyko, 2017.

414 Martin et al., 2016.

415 Gatzmann et al., 2018; Vogt et al., 2008.

416 Gatzmann et al. 2018.

Warnsignale, die andere einheimische Krebse über den Urin absondern, wohl gar nicht wahrnehmen oder diese teilweise ignorieren. Jedenfalls reagieren sie nicht mit dem typischen Verhaltensmuster.[417] Im Vergleich zur als nicht invasiv geltenden Ausgangsart, dem Sumpfkrebs, sind zudem sein Panzer und seine Scheren und auch seine Nachkommenschaft deutlich größer.[418]

Das Beispiel des Marmorkrebses zeigt für die Risiken einer unkontrollierten Ausbreitung von gentechnisch veränderten Organismen interessante Aspekte auf: (i) Die veränderten Eigenschaften der Krebse gehen auf Veränderungen in ihrem Erbgut zurück. Die Kenntnis dieser *Makromutation* bedeutet aber nicht, dass alle neuen Eigenschaften der Krebse vorhersagbar wären. Seine erhöhte Anpassungsfähigkeit beruht nicht nur auf einer Veränderung seiner genetischen Information, sondern auch auf einer erhöhten Variabilität der Genaktivität. (ii) Um das invasive Potenzial der Krebse richtig abschätzen zu können, muss man ihr tatsächliches Verhalten in der freien Umwelt und ihre speziellen phänotypischen Eigenschaften kennen. Die für eine Risikoprüfung relevanten Eigenschaften der Krebse ergeben sich nicht allein aus ihrer geänderten (Epi-)Genetik, sondern erst in Wechselwirkung mit der Umwelt.

Der Marmorkrebs ist ein Beispiel für das Auftreten einer neuen Art, die sich, verstärkt durch menschliche Aktivitäten, rasant in der Umwelt ausbreitet. Hier verlief die Ausbreitung der Krebse deutlich schneller, als sich die Ökosysteme anpassen konnten. Zugleich ist der Krebs ein Beispiel dafür, dass zufällige Mutationen tatsächlich ein Treiber der Evolution sein können, insbesondere wenn eine Mutation die Regulation vieler Gene auf einmal verändert. Das macht den Krebs auch für die Theorie von Evo-Devo interessant. Normalerweise verläuft die Evolution in deutlich langsameren Prozessen. Einzelne Mutationen, die sich in einigen wenigen Individuen einer Population ereignen, gehen oft wieder verloren. Setzen sie sich dennoch durch, vergehen meist lange Zeiträume, bis sich die neuen Merkmale innerhalb der gesamten Populationen ausbreiten und

417 Linzmaier et al., 2018.

418 Lyko, 2017.

deutliche Auswirkungen auf die Ökosysteme haben. Hier zeigt das Beispiel des Marmorkrebses, welche Folgen die rasche Einführung von nicht angepassten Genotypen für die Ökosysteme haben kann.

Gefahr für den Erhalt der biologischen Vielfalt

Wenn man zurück auf die Geschichte blickt, stehen oft von Menschen bewusst getroffene Entscheidungen im Vordergrund. Kriege werden geführt, Herrscher werden gestürzt, Reiche erobert oder zerstört. Erfindungen werden gemacht, Kunstwerke geschaffen, neue Formen des gesellschaftlichen Miteinanders entwickelt und vereinbart. Übersehen wird oft, dass die Geschichte der Zivilisationen von Anbeginn sehr stark auch durch Einflüsse aus der Umwelt bestimmt wird, darunter eben auch Interaktionen mit der biologischen Vielfalt, die u. a. zu Pandemien oder Hungersnöten führen können. Viele dieser Umweltbedingungen wurden vom Menschen ungewollt verursacht oder beeinflusst. James C. Scott (2019) beschreibt, wie schon in Mesopotamien und anderen ersten Hochkulturen mit der Domestizierung von Haustieren auch eine neue Schicksalsgemeinschaft für die Entstehung von Krankheitserregern geschaffen wurde. Kyle Harper schildert in seinem Buch »Fatum«, wie das alte Rom durch seine Ausdehnung und perfekte Infrastruktur auch zu einem Schauplatz von ersten Pandemien wurde, die durch eine Art Kettenreaktion ausgelöst wurden: Die Organisation der Getreideversorgung, die für das Römische Reich von zentraler Wichtigkeit war, sorgte auch für eine Ausbreitung von Ratten, die mit dem Erreger der Pest infiziert waren. Starben die Ratten, weil etwa die Getreideversorgung aufgrund von Klimaschwankungen schlechter wurde, gingen die Flöhe, die die Pest verbreiteten, von der Ratte auf die Menschen über. Klimawandel (damals nicht vom Menschen gemacht) und Krankheitserreger sorgten so dafür, dass die Strukturen des mächtigen Reiches immer instabiler wurden. Die Eroberung Roms durch die Westgoten wurde also längst nicht nur durch Strategien und Waffen entschieden, sondern zu erheblichen Teilen durch Klimawandel, Ratten und Seuchenzüge.

Zu dieser Entwicklung von Klimawandel und Seuchenzügen gibt es zahlreiche aktuelle Parallelen: Wie erwähnt, warnen die IPBES-ExpertInnen der UN davor, dass, je stärker wir in die biologische Vielfalt eingreifen, je mehr wir natürliche Lebensräume zerstören, auch die Gefahr zunimmt, dass Viren wie Ebola, HIV oder Corona auf uns übergehen.[419] Allerdings weisen andere WissenschaftlerInnen darauf hin, dass Seuchen wie die *SARS-CoV-2* Pandemie auch aus dem Labor kommen können (siehe Kapitel 1). Möglicherweise bleibt die tatsächliche Herkunft des Virus auch ungeklärt.

Erheblichen Einfluss hat die Menschheit insbesondere auf das Artensterben. Geht eine Art verloren, weil sie ausstirbt, können andere Arten die Lücke nach einiger Zeit oft schließen, manche evolutionären Entwicklungen wiederholen sich auch oder kommen auf unterschiedlichen Wegen zu ähnlichen Ergebnissen. Das Verschwinden bestehender und Auftauchen neuer Arten ist an sich natürlich und Ergebnis von veränderten Umwelten. Wird aber ein gewisses Ausmaß überschritten, können mit dem Aussterben bestimmter Arten auch ganze Ökosysteme kippen. Vor dem fortschreitenden, vom Menschen verursachten Massenaussterben warnen beispielsweise Elisabeth Kolbert in ihrem Buch »Das sechste Sterben« (2014) oder Dave Goulson in »Das Summen in der Wiese« (2018) eindringlich.[420] Jede heute existierende Art kann für sich als eine einzigartige Erinnerung an Millionen oder gar Milliarden Jahre Evolution angesehen werden. Erreicht das Artensterben ein bestimmtes Ausmaß, wird das Netzwerk, der gemeinsame Zusammenhang, der ihre Ökosysteme ausmacht, empfindlich gestört oder sogar zerstört. Oder wie Goulson es ausdrückt: »Das komplexe Gewebe der Lebensformen« löst sich auf. Versteht man die DNA als die gespeicherte Erfahrung und geordnete Erinnerung an Millionen oder gar Milliarden Jahre von Evolution, könnte man in Analogie vom Risiko einer »biologischen Demenz« sprechen: Gehen »wichtige« oder sehr viele Arten verloren, bedroht das die Funktion der bestehenden Ökosysteme ebenso wie deren zukünftige Entwicklung.

419 IPBES, 2020.

420 Zu den nachfolgenden Absätzen siehe auch Then, 2019.

Doch nicht nur das Aussterben von Arten kann zu »biologischer Demenz« führen: Auch Eingriffe in das Erbgut können die dort gesammelten Informationen in ihrer Struktur, Konsistenz und Funktion gefährden und so disruptive Prozesse einleiten. Bleibt man in dieser Analogie, besteht das Risiko, dass durch eine unkontrollierte Ausbreitung von gentechnisch veränderten Organismen in natürlichen Populationen deren »gemeinsame Erinnerungen« an die Ergebnisse der Evolution »verwirrt« werden. In Anlehnung an Dobzhansky könnte man auch von »einer großen Menge an nicht aufeinander abgestimmten Genmustern« sprechen, die sich nicht in Übereinstimmung mit denen befinden, die durch die Evolution hervorgebracht wurden, und so die »Integrität der über lange Zeit evolvierten Genotypen, die die existierenden Arten ausmachen«,[421] gefährden. Das Risiko, das wir mit der gentechnischen Veränderung von natürlichen Populationen eingehen, ist hoch: Breiten sich Organismen mit veränderten Inhaltsstoffen, neuartigen biologisch aktiven Molekülen oder veränderten Verhaltensmustern in natürlichen Populationen aus, kann dies wie ein »Störsender« auf die Ökosysteme wirken, von dem die Nahrungs- und die Kommunikationsnetze verändert, gestört oder auch zerstört werden. Es kann zum Zusammenbruch von Ökosystemen kommen, zu einer Beschleunigung des Artensterbens oder einer Verschiebung ökologischer Gleichgewichte und evolutionärer Entwicklungspfade. Dabei können sich die jeweiligen Störfaktoren gegenseitig verstärken und beschleunigen. Es ist zu befürchten, dass durch die Freisetzung gentechnisch veränderter Organismen und deren Ausbreitung in natürlichen Populationen die Anpassungsfähigkeit der Ökosysteme überschritten werden könnte. Die Gentechnik kann so zusätzlich zu den vom Menschen bereits verursachten Schäden zu einer Destabilisierung der Ökosysteme beitragen beziehungsweise entsprechende Effekte noch verstärken.

Es gibt inzwischen viele von mit neuer Gentechnik veränderte Pflanzen und Tieren, die sich in den natürlichen Populationen ausbreiten können. Bei mehreren dieser Organismen sind Freisetzungen sehr wohl geplant oder werden sogar bereits durchgeführt. Dabei können sich, ähnlich wie

421 Dobzhansky, s. o., Übersetzung Then.

bei der »Monarchfliege« (siehe Kapitel 2), auch ohne Einfügung zusätzlicher Gene aus wenigen kleinen genetischen Veränderungen neue biologische und komplexe Wirkungen ergeben.

Wie erwähnt, sind beispielsweise in den USA[422] bereits viele Nutzpflanzen ohne jede weitere Kontrollen für Freisetzung und Anbau zugelassen, die oft gleichzeitig mit alter und neuer Gentechnik verändert wurden. Viele dieser Pflanzen weisen Eigenschaften auf, die so weder aus herkömmlicher Züchtung noch aus evolutionären Prozessen zu erwarten sind. Einige Arten, wie der Leindotter, können in der Umwelt überdauern, sich vermehren und ausbreiten. Welche Belastung das langfristig für die Ökosysteme mit sich bringen kann, wurde bei ihrer Zulassung nicht untersucht. Freisetzungen, bei denen in großem Maßstab natürliche Populationen von Insekten, Bäumen und andere Wildpflanzen und Wildtiere gentechnisch verändert werden sollen, könnten in naher Zukunft folgen. Auch groß angelegte Freisetzungen gentechnisch veränderter Mikroben bis hin zu Viren drohen schon in naher Zukunft (siehe oben).

Und der Klimawandel?

Derzeit sorgt der von der Menschheit verursachte Klimawandel für Chaos in den Ökosystemen.[423] Invasive Arten, neue Krankheiten und Schädlinge gefährden die Artenvielfalt und unsere Ernährung. Extreme Wetterereignisse wie Hagel, Starkregen und Hitze bedrohen ganze Landstriche. Im Ergebnis sind Artenvielfalt, Ökosysteme und Landwirtschaft einem beschleunigten Wandel mit erheblichen Schäden ausgesetzt. Oft sind die Ökosysteme bereits durch andere menschliche Aktivitäten vorgeschädigt. Der Klimawandel ist ein zusätzlicher Stressfaktor, der die Systeme zum Kippen bringt. Das Artensterben ist jetzt bereits zehn- bis hundertmal schneller als im Durchschnitt der letzten 10 Millionen Jahre.[424] Welche Rollen können hier maßgeschneiderte Organismen aus dem Labor spielen? Können wir beispielsweise mithilfe der Gentechnik Pflanzen für die

---

422 www.aphis.usda.gov/aphis/ourfocus/biotechnology/am-i-regulated/Regulated_Article_Letters_of_Inquiry.

423 Siehe bspw. Kegel, 2021.

424 https://ipbes.net/news/Media-Release-Global-Assessment, siehe auch Kegel, 2021.

Landwirtschaft erzeugen, die gegen alle widrigen Einflüsse ausreichend geschützt sind? Können wir bedrohte Arten vor dem Aussterben retten, indem wir ihre Gene »optimieren«?

Wie gezeigt wurde, sind die Spielregeln der Evolution nicht unbedingt darauf angelegt, dass einzelne Arten optimal angepasst sind. Nicht »der Fitteste« überlebt auf Dauer, sondern die Populationen und Ökosysteme, die vielfältig genug sind, um auch auf neue Herausforderungen rasch reagieren zu können. Es geht also eher um Vielfalt als um optimierte Anpassung. Vor diesem Hintergrund sind beispielsweise Vorschläge, die Agrarökologie durch eine Erhöhung der Sorten- und Artenvielfalt diverser zu machen, wissenschaftlich gut begründbar. Im Zentrum der Theorie der Agrarökologie steht die Förderung positiver Wechselwirkungen und Synergien zwischen Pflanzen, Tieren, Boden und Wasser. Sie setzt auf Diversifizierung z. B. durch den Anbau von Mischkulturen und Zwischenfrüchten, Agroforstwirtschaft und Nutzung von lokal angepasstem Saatgut.[425] Ähnliche Prinzipien gelten auch für andere Ökosysteme wie Wälder und Grünland: Mischwälder reagieren wesentlich robuster auf den Klimawandel als die Monokulturen der Fichtenwälder. [426] Auch bei Grünland (Wiesen) können Ökosysteme mit einem größeren Artenspektrum eine höhere Widerstandskraft als jene mit geringerer genetischer Vielfalt zeigen.[427]

Auf den Klimawandel können die Arten mit einem Ortswechsel reagieren, sie können aber auch versuchen, sich am selben Standort anzupassen.[428] Möglich ist diese Anpassung am Standort insbesondere durch die Plastizität des Erbgutes und Veränderungen der Epigenetik. Denkbar ist auch, dass sich unter den veränderten Umweltbedingungen die genetischen Eigenschaften der Arten verändern, weil sich bereits vorhandene, besonders vorteilhafte Erbanlagen in den Populationen stärker durchsetzen (siehe Kapitel 4 und Kapitel 6). Wie die Forschung an Amphibien und

425 GIZ (2020).

426 KIT (2020); siehe auch Morin et al., 2018.

427 Isbell et al., 2015.

428 Siehe Waldvogel et al., 2019.

Reptilien zeigt, können viele Arten unter geänderten Umweltbedingungen sehr viel raschere Anpassungen vollziehen, als bisher vermutet. Die Anpassungsrate übertraf den erwarteten Veränderungsdruck durch den Klimawandel erheblich.[429] Die AutorInnen folgern: »These species clearly did not adapt evolutionarily to these conditions instantaneously, but instead must have been able to tolerate them before their introduction.«[430]

Die Klimaforschung zeigt auch in anderen Fällen, dass viele Arten sehr schnell und mit überraschenden Reaktionen auf veränderte Umweltbedingungen reagieren können und so ihr Überleben sichern.[431] Säugetiere entwickeln längere Schwänze und Ohren, Vögel größere Schnäbel, um ihre Oberfläche zu vergrößern und die Abkühlung zu erleichtern.[432] Es kann angenommen werden, dass sich im Genom heutiger Arten die Erinnerung an viele bereits gefundenen Problemlösungen findet, die unter ganz anderen klimatischen Bedingungen entwickelt wurden. Für viele kann das die Rettung sein, um sich und ihre Ökosystem rasch anzupassen.

Die Einführung von neuen Genotypen, die nach den Vorstellungen unserer technischen Vernunft designt sind, könnte dagegen dazu führen, dass die ökologischen Systeme noch weiter destabilisiert werden. Gentechnisch veränderte Bienen, Korallen oder Bäume könnten kurzfristig als eine Lösung erscheinen. Langfristig aber könnte das technische Design ihres Genoms die betroffenen Arte bzw. ihre Ökosystem sogar noch anfälliger für Krankheiten oder Umweltstress machen. Selbst wenn ein per Gentechnik eingefügtes Merkmal vorübergehend Vorteile für eine Art bietet, heißt das nicht, dass die ökologischen Netzwerke und ihre Interaktionen dadurch langfristig gestützt werden. Unter geänderten Bedingungen können scheinbare Vorteile rasch zu Nachteilen werden. Es wurde gezeigt, dass sich unter den Bedingungen des Klimawandels beispielsweise Bestäuber (Bienen) und jeweilige Pflanzenarten im Gleichtakt

429 Wiens et al., 2019.

430 S. o.

431 siehe bspw. Kegel 2021, Seite 149 ff.

432 Blawat, Kathrin (2021) Größere Ohren, längere Schwänze, in: Süddeutsche Zeitung, 9. September 2021.

anpassen können.[433] Eine wichtige Rolle könnte die Wirkung von biologisch aktiven Molekülen (ncRNA) bei Bienen spielen, die von den Pflanzen stammen und mit wichtigen Genfunktionen der Bestäuber interagieren können.[434]

Bei gentechnisch veränderten Organismen können dagegen verstärkt *evolutionäre Mismatch-Effekte* auftreten; d. h., die Interaktionen zwischen den Arten und ihrer Umwelt (bzw. gemeinsame Entwicklung) werden gestört. Ein Beispiel ist die veränderte Produktion von Pflanzennektar bei insektengiftiger Bt-Baumwolle. Dadurch ändern sich die Anzahl und das Artenspektrum der Ameisen, die auf diesen Pflanzen zu finden sind. Daraus können sich invasive Eigenschaften der Bt-Baumwolle entwickeln. Deren unkontrollierte Ausbreitung gefährdet das Zentrum der biologischen Vielfalt der wilden Baumwolle in Mexiko (siehe Kapitel 1).[435]

Wir müssen pessimistisch sein. Der vom Menschen gemachte Klimawandel geht in seinem Tempo und seinen globalen Auswirkungen über das hinaus, was die ökologischen Systeme in den letzten Millionen Jahren auszuhalten hatten. Wir müssen den Klimawandel stoppen, weil wir weder auf unsere Reparaturtechnologien noch auf die »Selbstheilungskräfte« der Natur vertrauen können. Auch wenn beispielsweise vielfältige Pflanzengesellschaften Dürreperioden über mehrere Jahre gut überstehen können, kann sich länger anhaltender Trockenstress deutlich auf die Zusammensetzung der Arten auswirken.[436] Die Effekte sind im Einzelnen nicht vorhersagbar und können sich unter ähnlichen Bedingungen auch sehr unterschiedlich entwickeln. Vor diesem Hintergrund scheint die Diskussion um den Einsatz der Gentechnik im Kampf gegen den Klimawandel zu großen Teilen eine von Interessen getriebene Stellvertreterdiskussion, die mit der Lösung der tatsächlichen Probleme wenig zu tun hat. Wir dürfen uns nicht in falscher Sicherheit wiegen: Stoppen wir den Klimawandel nicht, wird keine Technologie der Welt den Verlust vieler Tausender

433 Bartomeus et al. 2011; siehe auch Kegel 2021, Seite 134.

434 Zhu et al., 2017; Han/Luan, 2015; Gharehdaghi et al., 2021.

435 Vázquez-Barrios et al., 2021.

436 Komatsu et al., 2019.

Arten verhindern können. Im Gegenteil, die Freisetzung von gentechnisch veränderten Organismen könnte sich in Zeiten des Klimawandels als ein Problembeschleuniger erweisen. Die Lösungskonzepte und Heilsversprechen aus dem 20. Jahrhundert müssen neu bewertet werden. Sie sind nicht mehr zeitgemäß, weil in den letzten Jahren klar geworden ist, dass die Gentechnik in ihrer instrumentellen Logik die bestehenden Probleme auch erheblich verschärfen kann.

Kapitel 8

Schutz der Lebensgrundlagen

»Unablässig versucht der moderne Mensch, die Welt in Reichweite zu bringen: Dabei droht sie uns jedoch stumm und fremd zu werden: Lebendigkeit entsteht nur aus der Akzeptanz des Unverfügbaren.« Hartmut Rosa[437]

Verantwortung

Wenn die Arten ihre ökologischen Nischen selbst hervorbringen, was heißt das dann für die Ausbreitung von gentechnisch veränderten Organismen in natürlichen Populationen? Wenn in den Genen auch die Veranlagung für Instinkte, Kommunikation und Interaktion großer Teile der biologischen Vielfalt fixiert ist, was bedeutet es für ökologische Netzwerke, wenn diese Grundlagen verändert werden? Gibt es Kipppunkte für den Erhalt der biologischen Vielfalt, die durch eine gleichzeitige Freisetzung verschiedener gentechnisch veränderter Organismen überschritten werden? Was wollen oder müssen wir überhaupt schützen? Eine Struktur, die nur aus chemischen Wechselwirkungen und einer endlosen Verkettung von Zufällen entstanden ist, mag natürlich sein, aber sie ist nicht unbedingt schützenswert und kann auch kaum als intelligent angesehen werden. Dieser Logik folgte insbesondere Richard Dawkins mit seiner offensichtlich nicht ausreichend durchdachten Idee vom »egoistischen Gen«. Dawkins erklärt den Menschen (ebenso wie Pflanze und Tier) zu »Genmaschinen«, zu »Überlebensmaschinen« und »Vehikeln« ihrer Gene, die er »Replikatoren« tauft: »Sie sind in dir und in mir, sie schufen uns, Körper und Geist, und ihr Fortbestehen ist der letzte Grund unserer Existenz. (…) Heute tragen sie den Namen Gene, und wir sind ihre Überlebensmaschinen.«[438] Nach Dawkins sind allein die Gene und ihr blinder

437 Rosa, 2019.

438 Dawkins, 2006, Seite 63.

Überlebensdrang die in Wirklichkeit treibende Kraft der Evolution, nicht die Organismen (Individuen) oder Arten. Aber auch Wissenschaftler wie Edward O. Wilson[439] scheinen im Zusammenhang mit der Freisetzung gentechnisch veränderter Organismen und dem Schutz der biologischen Vielfalt wenige oder keine grundsätzlichen Probleme zu sehen. Eine mögliche Ursache könnte sein, dass in der Debatte um die Gentechnik der Begriff der Biologischen Intelligenz bisher keine Rolle spielte. Was bedeutet es, wenn wir das Erbgut als eine lebendige, komplexe und verletzliche Erinnerung begreifen? Wenn wir erkennen, dass die im Erbgut gespeicherten Mechanismen und Problemlösungen auch für die Zukunft unverzichtbar sind? Dass es neben unserer kognitiven Intelligenz noch eine andere, unbewusste Intelligenz gibt, die für unser eigenes Überleben unverzichtbar ist?

Entlässt man gentechnisch veränderte Organismen ohne räumliche und zeitliche Kontrollierbarkeit in die Umwelt, schafft man damit Tatsachen für die Zukunft. Deren Auswirkungen folgen dann neuen Spielregeln, und die Vorhersagen oder Algorithmen, die vielleicht zutreffend waren, bevor diese Organismen in die Welt gesetzt wurden, sind dann nicht mehr verlässlich. Die Verantwortung unserer Generation für den Umgang mit diesen Gefahren wiegt ähnlich schwer wie der Umgang mit dem Klimawandel. Die Option, eine Klimakatastrophe aufzuhalten, hat man nur zu einem Zeitpunkt, zu dem die Entwicklung noch umkehrbar ist. Ansonsten entwickeln sich Prozesse nach Regeln, die für den gesamten Planeten zu einem nicht umkehrbaren Schicksal werden können. Vor diesem Hintergrund wäre es unverantwortlich, gentechnisch veränderte Organismen freizusetzen, die sich in der Umwelt verbreiten und vermehren können, ohne Möglichkeiten einer wirksamen räumlichen und zeitlichen Kontrolle zu haben. Da dieses Problem offensichtlich ist, hat man in internationalen Verträgen ebenso wie in der EU das Vorsorgeprinzip eingeführt. Es besagt im Wesentlichen, dass man Risiken eingehen kann, aber auch geeignete Mittel haben muss, um einzugreifen, wenn sich tatsächliche Schäden zei-

439 Wilson, 2016.

gen. Um das Vorsorgeprinzip wirksam zu machen, genügt es nicht, auf den Zeitpunkt zu warten, an dem sich ein Schaden zeigt. Vielmehr müssen geeignete Maßnahmen vorher ergriffen werden, die geeignet sind, den Eintritt eines Schadens zu verhindern oder dessen Folgen zu kontrollieren. Im Bereich der Gentechnik kann es angesichts der tatsächlichen Komplexität der biologischen Zusammenhänge wohl nur eine geeignete Maßnahme geben, um dem Vorsorgeprinzip zu genügen: grundsätzlich zu verhindern, dass sich die Organismen aus dem Labor unkontrolliert in der Umwelt ausbreiten. Sonst werden unsere oft auf kurzfristigen Gewinn ausgerichteten Aktivitäten auch im Erbgut kommender Generationen ihre ungewollten Spuren hinterlassen. Die Bedrohung der biologischen Vielfalt und der natürlichen Grundlagen des Lebens kommt nicht mehr nur von außen, sondern wird im Erbgut der Arten verankert.

Wir können die natürliche biologische Vielfalt nicht dadurch reparieren, dass wir Mammuts wiederauferstehen lassen oder Bienen gegen Pestizide resistent machen. Der Gentechnik müssen vielmehr wirksame Grenzen gesetzt werden, damit sie nicht zusätzlich dazu beiträgt, die Ökosysteme zu destabilisieren und den Artenschwund noch zu beschleunigen. Was aber hindert uns daran, entsprechende Gesetze zu beschließen, um den weltweiten Schutz des Erbguts der biologischen Vielfalt effektiv zu sichern? Neben konkreten wirtschaftlichen Interessen geht um unsere generelle Sicht auf die Natur: Ihr Schutz steht hinter den Interessen unserer eigenen Spezies zurück. Die Natur des Planeten wird bisher fast nur nach den Maßstäben, Gesetzen und Interessen der Menschen geschützt bzw. ausgebeutet und so für unsere Interessen verfügbar gemacht. Wenn wir diese Perspektive auf die Umwelten nicht ändern, wird unsere instrumentelle Vernunft zu einem steigenden Risiko für die Vielfalt und die Biologische Intelligenz, die uns hervorgebracht hat und und auch für unser Überleben entscheidend ist.

Verfügbarmachung

Patente sind verklausulierte Schöpfungsansprüche. Patente auf Lebewesen sind ein Kristallisationspunkt und Treiber, wenn es darum geht, die Natur auszubeuten und auf unsere Zwecke zuzurichten. Sie sind wichtig für das

Verständnis unseres gestörten Verhältnisses zur Natur: Sie sind eine Art amtliche Bestätigung für die Herrschaft der instrumentellen Vernunft über die Grundlagen des Lebens. Mit Patenten wird die Veränderung von genetischer Information zu einem gleichermaßen technologischen, juristischen und ökonomischen Vorgang. Aus dem Eigenwert der Kreatur wird durch Patente der Warenwert des Kapitalismus. 2012 gilt als das Jahr, in dem die Genschere CRISPR/Cas erfunden wurde. Auf diese Erfindung und die damit generierten Geschöpfe wurden auch Patentanträge eingereicht, so zum Beispiel EP3401400, das als eines der wichtigsten Grundlagenpatente in diesem Bereich angesehen werden kann. Es wurde 2013 von Jennifer Doudna und Emmanuelle Charpentier angemeldet, die als Erfinderinnen und wichtige Wegbereiterinnen der Neuen Gentechnik gelten. 2019 wurde das Patent vom Europäischen Patentamt erteilt. Darin wird auch die gentechnische Veränderung menschlicher Zellen beansprucht. Zudem bezieht sich das Patent auch auf alle anderen Zellen, die entsprechend gentechnisch verändert sind, wie die von Pflanzen und Tieren. Im Patent genannt werden dabei Primaten inklusive Menschenaffen. Es umfasst also nicht nur technische Verfahren, sondern auch die wirtschaftliche Verwertung aller Organismen bzw. Zellen, die mit diesem Verfahren in ihrem Erbgut verändert werden.

Schon 1992 wurde in Europa das erste Patent auf Säugetiere erteilt, nämlich auf die sogenannte *Krebsmaus*, EP 0169672.[440] Die Mäuse wurden so manipuliert, dass sie mit erhöhter Wahrscheinlichkeit an Krebs erkranken. Die technische Veränderung von Tieren führt also dazu, dass das Tier selbst und dessen Nachkommen als industrielle Erfindung definiert werden. Etwa 200 Jahre nach Beginn der Industrialisierung kommt auch die belebte Natur damit im Zeitalter ihrer Industrialisierung an. Wie von Jacques Loeb postuliert, werden mechanistische Erklärungen vollständig zur Deckungsgleichheit mit der belebten Natur gebracht. Mit der Verleihung von Patenten wird diese Entwicklung abgeschlossen und amtlich bestätigt. Die belebte Natur wird aus dieser Perspektive nicht mehr als Ressource genutzt, sondern planmäßig produziert.

440 Für nachfolgende Absätze siehe auch Then, 2008.

> »Ein Tier, das ausgestorben ist und wieder zum Leben erweckt wurde, ist für alle praktischen Zwecke überhaupt kein Tier. Es kann keine Rechte haben. Es ist bereits ausgestorben. Wenn es dennoch existiert, kann es nur etwas sein, was wir gemacht haben. Wir haben es gemacht, wir lassen es patentieren, uns gehört es. In Zukunft kann man Medikamente an kleinen Dinosauriern so erfolgreich testen, wie jetzt an Hunden und Ratten – aber mit viel geringerem juristischem Risiko.«

So schrieb Michael Crichton schon 1990 in seinem Roman »The Lost World«, in dem es um einen Ausflug in den imaginären »Jurassic Park« geht.[441] Crichton bringt so zum Ausdruck, dass das Patentrecht den bestehenden Beziehungen zwischen Mensch und der belebten Natur eine weitere Ebene hinzufügt, die deutlich über das hinausgeht, was bisher unter Besitz und Eigentum verstanden wurde: Es wird nicht nur das Recht beansprucht, Versuche an Tieren durchzuführen, sondern auch jenes, die Tiere zu einem Gegenstand einer industriellen Herstellung zu machen. Mit Patenten wie dem auf die Krebsmaus manifestiert sich eine Matrix der Verwandlung der Körper durch das Patentrecht: Leben wird zum Produkt der TechnologInnen. Gegenstand eines Patentes ist nicht ein konkreter Gegenstand, sondern ein abstrakter Anspruch. Es geht nicht um das einzelne Lebewesen, sondern um eine Verfügungsgewalt, ein virtuelles, dynamisches Verhältnis. Diese Perspektive der Verwertung legt keinen Wert auf das einzelne Lebewesen und kennt ihm gegenüber keine Verantwortung. Sein Wert entsteht nicht durch das Lebewesen selbst, sondern durch das abstrakte ökonomische Verhältnis, das durch das Patentrecht geschaffen wird: Es garantiert einen grundsätzlichen Verwertungsanspruch gegenüber der belebten Natur, der keine Rückzugsgebiete kennt und Lebewesen keinen Selbstzweck zugesteht. Patente schaffen zugleich erheblichen zeitlichen Druck, die jeweilige Erfindung vor ihrem Ablauf (nach 20 Jahren) zu verwerten. Auf diese Weise werden durch »Patente auf Leben« starke Anreize für potenziell disruptive Prozesse gesetzt.

441 Zitiert nach Then, 2008.

Belohnt wird nicht der Erhalt der Artenvielfalt als Allgemeingut, sondern die privatwirtschaftliche Verwertung technisch designter Lebensformen. Inzwischen gibt es Tausende von Patenten, die unter anderem Anwendungen der Gentechnik an Pflanzen und Tieren betreffen. Die Folgen:

- Aus ForscherInnen werden »Stakeholder« mit wirtschaftlichen Interessen. Ihre Expertise ist nicht mehr unabhängig, wenn es um die Folgenabschätzung des Einsatzes der Technologie für die Allgemeinheit geht.
- Auch ethisch bedenkliche Anreize im Hinblick auf den Menschen sind keineswegs ausgeschlossen. Zudem wird ein Anreiz zu vermehrten Tierversuchen zu medizinischen oder landwirtschaftlichen Zwecken geschaffen.
- Im Bereich der Pflanzenzucht entstehen neue Patentmonopole und Kartelle der PatentinhaberInnen, die den Zugang zu biologischem Material behindern oder blockieren können. Die Konzentration im Saatgutmarkt wird durch CRISPR & Co. ganz wesentlich vorangetrieben.[442]
- Freisetzungen von risikobehafteten Gentechnik-Organismen finden unter dem Druck wirtschaftlicher Erwartungen von InvestorInnen statt.

Umweltethik

Dieses Verständnis dessen, was vom Menschen manipuliert, erfunden, erschaffen und als sein geistiges Eigentum betrachtet werden kann, geht auf ein Rechtsverständnis zurück, das sich, ausgehend von Europa, über Jahrhunderte hinweg entwickelt hat. Demnach ist die Menschheit die einzige Inhaberin von Rechten. Alles andere Leben auf dem Planeten kann dagegen zum Wohle der Menschheit genutzt werden und ist per se rechtlos. Soweit für die Menschen nützlich, kann der Erhalt der Natur durchaus auch geschützt werden. Auch Arten, die dem Menschen ähnlich sind, können in den Genuss von besonderen Schutzvorschriften kommen. Aber außer der Spezies Mensch hat keine Lebensform einen unabhängigen, rechtlich relevanten Eigenwert. Die Spezies Mensch ist gegenüber der Natur, der biologischen Vielfalt, den einzelnen Arten zu nichts verpflichtet. Es reicht, wenn wir uns um die Teile der Umwelt kümmern, die einen

442 Then et al., 2021.

konkreten Nutzen für uns haben. Unser Umgang mit der biologischen Vielfalt und den natürlichen Grundlagen des Lebens ähnelt dem Blick des privilegierten weißen Mannes, der andere Erdteile kolonialisiert, Eingeborene tötet und versklavt. Ähnlich selbstverständlich wie die Kolonialherren ihre Rechte aus einer Perspektive der Macht ableiteten und sich andere Erdteile verfügbar machten, wird heute das Recht beansprucht, uns die belebte Natur untertan und für unsere Zwecke nutzbar zu machen.

Die Synthetische Evolutionstheorie wurde von vielen AkteurInnen als eine wissenschaftliche Grundlage für eine Entrechtung und Verfügbarmachung der belebten Natur bis hinein in das Erbgut begriffen. Die Gentechnik wurde zu einer Art »Naturrecht« und die Verfügbarkeit und Manipulierbarkeit der belebten Natur eine Selbstverständlichkeit. Gibt es keinen Schöpfergott, gibt es auch keine schützenswerte Schöpfung und kein Recht auf »Natürlichkeit«. Ähnlich mühsam, wie sich SklavInnen den Zugang zu Menschenrechten gegen scheinbare Selbstverständlichkeiten erkämpften, müssen wir heute versuchen, ein Recht der biologischen Vielfalt auf ihre Natürlichkeit zu erringen. Schutzwürdig sind nicht nur die Vielfalt, sondern auch die komplizierten Mechanismen, vielfältigen Prozesse sowie die Dynamik der Entwicklung und der Selbsterhaltung der Arten. Auch wenn Natürlichkeit in Bezug auf unsere Umwelt oft kaum noch einen sinnvollen Bezug erlaubt, ist das Vorhandensein von »Natur« in Bezug auf Zellen und Organismen evident und definierbar. Der Philosoph Popper war einer der Ersten, die unter den Bedingungen der modernen »Genforschung«, d. h., nachdem der sogenannte Code der Vererbung geknackt war, unter Berufung auf biologische Gegebenheiten einen gänzlich anderen Blick auf die Natur des Lebens einforderte. Er propagiert eine neue Sichtweise der Evolution, die das Lebendige als eine aktiv gestaltende Kraft begreift, die sich selbst und ihre Umwelt in beständiger Wechselwirkung weiterentwickelt. Aus Opfern zufälliger Prozesse werden so geniale Problemlöser, Popper spricht davon, dass Leben regelrecht »Erfindungen« macht (siehe Kapitel 6). Unter einer Perspektive, wie sie von Popper formuliert wird und welche den heute aktuellen Vorstellungen von Genregulation, Genomorganisation und den Mechanismen der Evolution sehr nahe kommt, ist der gentechnische Eingriff in die »Keimbahn der biologischen Vielfalt« nicht zu rechtfertigen. Gerade angesichts der technischen Potenziale der Gentechnik darf die biologische Vielfalt nicht länger als freie Verfügungsmasse für gentechnische Experimente angesehen werden.

Wird der gentechnische Eingriff in die Evolution propagiert, ist das Kriterium der »Natürlichkeit« wichtiger denn je. Die Menschheit hat die Natur bereits erheblich geschädigt: Große Teile der biologischen Vielfalt wurden vernichtet, immer mehr Arten und ihre Lebensräume gehen verloren. Jetzt greifen wir immer radikaler in die Grundlagen der Vererbung ein und verändern das, was man die »Natur des Lebens« nennen könnte. Vor diesem Hintergrund erhält die Idee eines »Naturvertrages« neue Aktualität, wie er von Michel Serres vorgeschlagen wurde. In seinem Buch »Naturvertrag«, das 1990 erschien, legt er dar, dass Ereignisse wie der Klimawandel uns dazu zwingen, die Natur aus einer anderen Perspektive zu sehen:

> »Erde, Fluten und Klima, die stumme Welt, die schweigenden Dinge (…) all das, was keinen je interessierte, zieht sich von nun an brutal und ohne Vorwarnung quer durch unsere Intrigen. In unsere Kultur, die sich davon immer nur eine lokale und vage, eines kosmetische Vorstellung gemacht hatte, bricht sie ein: die Natur.«[443]

Serres schlägt vor, den Gesellschaftsvertrag (nach Thomas Hobbes 1588–1679), mit dem wir gelernt haben, innerhalb der menschlichen Gesellschaft Konflikte zu regeln, auf den Bereich der Natur auszuweiten. Zwar bleibt er in seinem Buch konkrete Vorschläge bezüglich einer Ausgestaltung des Naturvertrages schuldig. Doch sein Ansatz kann aus Sicht der Umweltethik wichtige Impulse liefern. So heißt es beispielsweise 2021 auf einer Website der Uni Tübingen über geplante Projekte:

> »Der Mensch stand lange Zeit unangefochten im Mittelpunkt der abendländischen Ethik. Die Vorstellung einer moralischen Son-

443 Serres, 2015, Seite 14.

> derstellung des Menschen ist in unserem Denken tief verwurzelt, während der Umwelt von den meisten Menschen eine Bedeutung zugesprochen wird, die ihren instrumentellen Wert kaum übersteigt. Seit den 70er-Jahren des 20. Jahrhunderts wird in der Philosophie jedoch größere Aufmerksamkeit auf das moralische Verhältnis zwischen Mensch und natürlicher Umgebung gerichtet; die Entwicklung einer angemessenen ›Umweltethik‹ ist zu einem Projekt ausgewachsen, das nicht nur die Grenzen der individuellen Disziplinen, sondern auch – wie die aktuelle Debatte zum Klimawandel zeigt – die Trennlinie zwischen Wissenschaft und Gesellschaft durchbricht. Im kommenden Jahr möchten wir uns mit der Frage befassen, wie eine übergreifende Umweltethik am besten begründ- und umsetzbar ist, wenn zugleich nur der Mensch als ›moral agent‹ aufzutreten scheint. Dabei möchten wir uns zuerst mit einigen Grundfragen der Umweltethik näher auseinandersetzen, wie zum Beispiel: Welche Bedeutung hat unser modernes kosmologisches Weltbild für die Umweltethik? Inwiefern wird die moralische Sonderstellung des Menschen von Erkenntnissen aus der Evolutionsbiologie untergraben? Haben Individuen bzw. Arten einen ›Wert an sich‹? Und muss eine Umweltethik notwendigerweise auf anthropozentrischer Basis formuliert werden? Anschließend möchten wir – in Analogie zum Gesellschaftsvertrag von Hobbes, Locke und Rousseau – die Grundzüge eines Naturvertrags entwickeln und das Potenzial dieses umweltethischen Modells anhand eines Fallbeispiels kritisch analysieren.«[444]

Das Verständnis der Biologischen Intelligenz, die uns ebenso wie alle Lebewesen auf diesem Planeten formt, liefert gute Gründe für eine erweiterte Umweltethik im Sinne eines neuen Naturvertrages. In Zukunft sollten nicht nur Rechte für leidensfähige und mit besonderer neuronaler Intelligenz ausgestattete Tiere wie Affen und Hunde diskutiert werden. Die Gesellschaft ist auf die Natur angewiesen und Natur von Gesell-

444 https://uni-tuebingen.de/einrichtungen/zentrale-einrichtungen/center-for-interdisciplinary-and-intercultural-studies/studium/studienkolleg/archiv/studienkolleg0910/naturvertrag/.

schaft nicht zu trennen. Dabei sind wir uns bereits einig darüber, dass auch nachfolgende Generationen ein Recht darauf haben, den natürlichen Artenreichtum und die biologische Vielfalt zu erleben und zu nutzen. So heißt es beispielsweise im deutschen Naturschutzgesetz (Artikel 1):

> »Natur und Landschaft sind auf Grund ihres eigenen Wertes und als Grundlage für Leben und Gesundheit des Menschen auch in Verantwortung für die künftigen Generationen (…) so zu schützen, dass (1) die biologische Vielfalt (…), (3) die Vielfalt, Eigenart und Schönheit sowie der Erholungswert von Natur und Landschaft auf Dauer gesichert sind (…).«

Zudem ist den letzten Jahren eine wachsende Bereitschaft zu beobachten, Natur und Lebewesen nicht nur als rechtlosen Rohstoff zu behandeln, sondern diese auch als Inhaber von Rechten zu begreifen, um sie besser gegenüber Missbrauch und Zerstörung zu schützen.[445] Die Fortschritte sind zwar zögerlich, aber erkennbar. So wurde es von vielen BeobachterInnen als ein wichtiger Meilenstein angesehen, dass sich im November 2020 bei einem Referendum in Orange County, Florida (USA), fast 90 Prozent der Befragten dafür aussprachen, die Gewässer im Bezirk mit einklagbaren Rechten auszustatten. In der Folge wurde »im Namen des Flusses« eine Klage vor Gericht eingereicht, mit der verhindert werden soll, dass wertvolle Feuchtgebiete einem Bauprojekt zum Opfer fallen.[446] Bereits zuvor hatten Richter in Kolumbien dem Fluss Atrato im Amazonasgebiet eigene Rechte zugesprochen.[447] Vor diesem Hintergrund ist zu prüfen, inwieweit ein »Recht« der natürlichen Arten und der biologischen Vielfalt auf Wahrung ihrer natürlichen genetischen Integrität und ihrer weiteren Entwicklung gesetzlich verankert werden kann. Zu begründen ist diese Forderung mit einem Eigenwert der biologischen Vielfalt. Dieser Eigenwert ist heute besser als je zuvor definierbar. Unter anderem der

---

445 Siehe z. B. Boyd, 2018; Chapron et al., 2019.

446 Wetzel Hubert (2021) Im Namen des Flusses, Süddeutsche Zeitung, 4. Mai 2021.

447 Wolfgang Jenisch (2021) Wenn ein Fluss vor Gericht gewinnt, 23./24. Oktober 2021.

Begriff der Biologischen Intelligenz kann dazu dienen, diesen Eigenwert besser zu verstehen und zu begründen.

Auf dieser Basis sollten wirkungsvolle nationale und internationale Übereinkünfte, Vorschriften und Regeln entwickeln werden, und zwar nicht nur aus der Perspektive des aktuellen Nutzens unserer eigenen Spezies. An die Stelle des Warenwertes tritt ein Eigenwert der Natur, der anerkennt, dass unserer instrumentellen Vernunft klare Grenzen gesetzt werden müssen, um die Zukunft des Lebens vor Missbrauch und Zerstörung zu schützen. Falls es mit unserem derzeitigen Rechtssystem in naher Zukunft nicht möglich sein sollte, andere Lebensformen als Menschen mit Rechten auszustatten, so ist es doch gesetzlich möglich und notwendig, unsere Gesellschaft kurzfristig zu mehr Respekt und Vorsorge im Umgang mit der biologischen Vielfalt zu verpflichten und klare Regeln für den Umgang mit der Gentechnik zu beschließen.

In jedem Fall müssen wir die Perspektive wechseln. Der Mensch steht nicht über allem, es gehört ihm nicht alles, die belebte Natur hat ihre eigenen Regeln und verfügt über eine Biologische Intelligenz, die wir mit unserer instrumentellen Vernunft längst nicht überblicken können. In einem nichtreligiösen Sinne sind wir Mitgeschöpfe, nicht Herrscher über das Leben. Und wir brauchen unseren ganzen Verstand, um die Grenzen des Wissens und unser Ausmaß an Verantwortung zu bestimmen.

Wissenschaft

Die Kritik am Gebrauch instrumenteller Vernunft ist nicht neu. Unter anderem sprechen Max Horkheimer und Theodor Adorno in ihrem Buch »Dialektik der Aufklärung« von einer »Zurichtung der Dinge«: »Die Aufklärung verhält sich zu den Dingen wie der Diktator zu den Menschen. Er kennt sie, insofern er sie manipulieren kann. Der Mann der Wissenschaft kennt die Dinge, insofern er sie machen kann.«[448] Aber die Antwort der Gesellschaft darauf kann nicht sein, dass wir auf Wissenschaft, Forschung und Aufklärung verzichten. Im Gegenteil. Unsere technische Intelligenz ist ein genialer Problemlöser. Unser Überleben, das Überleben des Pla-

448 Horkheimer/Adorno, 1944, zitiert nach Then, 2008.

neten hängt (zumindest solange es unsere Spezies gibt) erheblich davon ab, wie wir unseren Verstand nutzen. Auch die Ausführungen in diesem Buch beruhen ja nicht auf irgendeiner unmittelbaren Einsicht, sondern auf Forschung und Wissenschaft. Die Erforschung der Grundlagen der Vererbung, der Genomorganisation, der Entstehung der Arten und ihrer Koevolution ist eine Leistung der kognitiven Intelligenz vieler ForscherInnen. Und diese Forschung ist längst nicht abgeschlossen. Jeder neue experimentelle Ansatz kann weitere Erkenntnisse zutage fördern, die ein neues Licht auf die biologischen Grundlagen des Lebens werfen, die ohne Design und ohne Bewusstsein entstanden sind und jetzt zum ersten Mal beschrieben werden können.

Das Schöne an Experimenten: Man hat in der Regel einen Versuchsaufbau, der von anderen WissenschaftlerInnen wiederholt werden kann. Experimente können so verifiziert (bestätigt) oder auch falsifiziert (widerlegt) werden. Diese Möglichkeiten, die insbesondere vom Philosophen Karl Popper explizit gemacht wurden, sind für Bereiche, die sich unserer direkten Beobachtungsgabe entziehen (wie das Innenleben von Zellen), besonders wichtig. Ohne gezielte Experimente wüssten wir über die »Natur des Lebens« wesentlich weniger, aber sie sind auch wie eine helle Taschenlampe: Bestimmte Winkel werden besonders sichtbar, andere bleiben aber erst mal im Dunkeln. Die Ergebnisse von Experimenten sind überprüfbar, zugleich aber auch selektiv, das heißt von der Fragestellung abhängig. Deswegen gilt auch: Man sollte nicht davon ausgehen, dass die so erzielten Ergebnisse unbedingt ein Verständnis »des Ganzen« ermöglichen. Um die Grenzen des Wissens zu erkennen, brauchen wir unsere analytischen Fähigkeiten daher genauso wie zur Ausweitung der Forschung und der Entwicklung neuer Fragestellungen.

Macht, Kapital und Verwertungsinteressen stehen einem angemessenen Gebrauch unserer Vernunft aber oft entgegen. Sie beanspruchen die Wissenschaft für ihre Zwecke und versuchen ihre Perspektive mit wohlbekannten Mitteln der Propaganda wie der ständigen Wiederholung und der Beeinflussung der Medien als »alternativlose Wahrheit« zu inszenieren. »Die Industrie« und ihre Netzwerke sind Meister einer interessengeleiteten Bedeutungshoheit, die zugleich auf ein gewisses Maß von Verwirrung angewiesen sind: Die Ziele des Kapitals sollen ebenso wenig von den Zielen der Gesellschaft unterschieden werden können wie der Unterschied zwischen Erkenntnis und Konstruktion in der Wissenschaft. »Wahr ist, was funktioniert.«[449] Vergessen ist, was die Differenz zwischen dem ist, was wir von den Dingen wissen, und dem Wesen der Dinge selbst. Hier trifft die Kritik von Horkheimer und Adorno ins Schwarze: »Kein Sein ist in der Welt, das Wissenschaft nicht durchdringen könnte, aber was von der Wissenschaft durchdrungen werden kann, ist nicht das Sein.«[450] Dadurch, dass die Differenz von Bezeichnetem und Bezeichnung geleugnet wird, laufen wir in die Falle jeglicher absolut gesetzter Wahrheit: Sie wird totalitär. Aufklärung droht in ihr Gegenteil umzuschlagen. Ein Vertrauen in »die Wissenschaft« kann es unter diesen Umständen nicht geben. So wird es für die Gesellschaft und auch für informierte Personen oft unmöglich zu beurteilen, wie der Stand des Wissens im Hinblick auf Nutzung und damit verbundene Risiken tatsächlich ist. Auch unter ExpertInnen gibt es hier in vielen Fällen keinen Konsens. Und gerade die ExpertInnen, die einen Konsens behaupten, müssen kritisch hinterfragt werden: Ein Konsens, der über Abwehr von Gefahren wie Klimawandel, Pandemien und Hungersnöten besteht, muss einen anderen Stellenwert haben als ein behaupteter Konsens über die Sicherheit neuer Technologien oder Produkte, hinter denen konkrete wirtschaftliche Interessen stehen. Ob es dabei um Autos, Zigaretten, Pestizide, Atomkraft oder die Gentechnik geht, die Mechanismen, mit denen die »wissenschaftliche Wahrheit« oder ein »Konsens« inszeniert wird, ähneln sich. Der Bonner Philosoph Markus Gabriel gehört zu denen, die vor einer Verdrängung der wirtschaftlichen Rahmenbedingungen warnen, die für die Produktion und Anwendung von Wissen entscheidend sind. Er schreibt:

> »Was sich heute gegenübersteht, ist nicht einfach die fortschrittsfreundliche, demokratische, moderne Wissenschaft einerseits und der düstere Aberglaube der Populisten und Religiösen anderer-

449 Eibach, 1980.

450 Horkheimer/Adorno, 1944, zitiert nach Then, 2008.

seits, wie dies Verfechter eines ›wissenschaftlichen Weltbildes‹ meinen (…). Es bestehen nämlich unzählige, sehr reale Gefahren, die aus der Kooperation von Wissenschaft, Technik und Kapital herrühren. Diese Gefahren werden in den Hintergrund gedrängt, wenn man sich gegen die Skepsis und für die Wissenschaft entscheidet.«[451]

Um zu erkennen, wo uns diese Allianz von Staat, Industrie und Wissenschaft in die Irre leitet oder selbst von bestimmten Erwartungen und Interessen in die Irre geleitet werden, brauchen wir nicht weniger Aufklärung, Wissenschaft und Forschung, sondern mehr. Aber nicht um nur noch immer mehr oder besser zu produzieren, sondern um Natur, Mensch und Umwelt wirksamer schützen zu können. Wir müssen das nicht Verfügbare, das Schützenswerte und seine Gefährdung benennen können, um unserer instrumentellen Vernunft die richtigen Schranken zu setzen. Unsere Spezies kann nicht »zurück zur Natur«. Wir müssen aber erkennen, wie und warum unsere eigene Umwelt unteilbar mit der Natur verbunden ist. Dieser Anspruch ist erfüllbar.

Wir sollten darüber hinaus aber auch grundsätzlicher über unser Verhältnis zur Natur und Wissenschaft nachdenken. Die Leopoldina, der nationale Zusammenschluss akademischer Forschungseinrichtungen, nennt sich heute »Nationale Akademie der Wissenschaften«. Sie führt aber auch immer noch als Relikt aus ihren Gründungstagen den Titel »Deutsche Akademie der Naturforscher«. Sieht man sich heute die Lehrpläne der Universitäten an, findet man dort im Bereich der Lebenswissenschaften eine große Vielfalt an wissenschaftlichen Themen und Disziplinen. Was man allerdings nicht mehr findet, ist die Disziplin der Naturforscher. Schade eigentlich.

Politik

Die Forschungspolitik der EU verhält sich tendenziell oft »schizophren«: Während im Bereich Umwelt- und Gesundheitsschutz das Vorsorgeprin-

451 Gabriel Marcus (2019) Fakten, Fakes und der blinde Fleck, Süddeutsche Zeitung, 25. Oktober 2019.

zip die oberste Priorität genießen soll, sind die Schwerpunkte in der Technologie- und Forschungspolitik oft ausschließlich an Wettbewerb und Produktentwicklung orientiert. Als Ziele werden zwar regelmäßig gesellschaftlich drängende Probleme genannt (Klimawandel, Seuchen, Hunger, Umweltverschmutzung), in der Umsetzung der Forschungsprogramme findet aber keine Rückkopplung zum Vorsorgeprinzip statt und oft auch keine systematische vorausschauende Technologiebewertung, um im Vorfeld der Entscheidung mögliche risikoarme und umweltfreundliche Alternativen zu identifizieren. Erst nachdem oft schon Milliarden Euro investiert wurden und die ersten Anwendungen auf den Markt kommen sollen, werden einzelne Produkte »end of pipe« auf ihre Risiken geprüft. Über die grundlegende Ausrichtung der Technologieentwicklung ist da aber schon längst entschieden, die Logik der Verwertung und der Vermarktung entfaltet ihre eigene Dynamik. Diese kann oft kaum noch infrage gestellt werden.

Es werden vor diesem Hintergrund auch immer wieder Zweifel daran geäußert, ob angesichts einer extrem dynamischen Entwicklung in der Gentechnik die unabhängige Risikoforschung tatsächlich in ausreichendem Umfang gewährleistet ist. Die spezifischen Probleme in diesem Bereich sind seit Jahren bekannt:

- Eine systematische vorsorgeorientierte Risikoforschung müsste unabhängig von den Interessen derer durchgeführt werden, die von Entwicklung, Anwendung und Vermarktung von gentechnisch veränderten Organismen profitieren. Diese Unabhängigkeit scheint derzeit aber schwer erreichbar, da viele WissenschaftlerInnen und ExpertInnen u. a. über Drittmittelforschung selbst an der Entwicklung von neuen Anwendungen beteiligt sind und dabei auch oft mit der Industrie kooperieren.
- Der Staat (bzw. die EU) hat erheblich zur Entstehung einer zu einseitigen Forschungslandschaft beigetragen: Staatliche Forschungsprogramme haben ein zu einseitiges Interesse an Produkt- und Technologieentwicklung und bzw. der Förderung von Innovation und Wettbewerb. Sie befördert eine systematische Verflechtung von Wissenschaft und Verwertungsinteressen, insbesondere über Patente.

In der Folge gibt es für eine Forschung, die konsequent auf die vorsorgeorientierte Risikoforschung ausgerichtet ist, kaum finanzielle Anreize. Damit fehlt aber innerhalb der Forschungslandschaft die Heterogenität wissenschaftlicher Kontroversen, auf die die Gesellschaft angewiesen ist, wenn sie vernünftige Entscheidungen über den Umgang mit Risikotechnologien treffen will. Im Ergebnis wurde in den letzten 20–30 Jahren die Debatte bezüglich der Risiken der Gentechnik weitgehend von AkteurInnen beherrscht, die ein wirtschaftliches Interesse an deren Anwendung haben. Was den Aufbau einer Risikoforschung betrifft, die unabhängig von diesen Interessengruppen ist, hat die Politik in Deutschland und der EU bisher weitgehend versagt. Es gibt fast keine Forschungsprogramme mit einem Schwerpunkt auf dem Schutz von Mensch und Umwelt. Stattdessen werden über Verträge, die im Rahmen von öffentlichen Förderprogrammen geschlossen werden, die Forschungseinrichtungen regelmäßig dazu verpflichtet, ihre Erkenntnisse im Hinblick auf mögliche wirtschaftliche Verwertungen zu prüfen und Patente anzumelden. So wird die Verknüpfung zwischen staatlich geförderter Forschung und industrieller Verwertung systematisch befördert.

Zurückzuführen ist der Mangel an vorsorgeorientierter Risikoforschung also nicht auf einzelne WissenschaftlerInnen oder bestimmte wissenschaftliche Einrichtungen. Es resultiert vielmehr ganz wesentlich aus den grundlegenden Bedingungen der gegenwärtigen Forschungspolitik. Für eine Forschung, die konsequent und systematisch auf die Schutzziele ausgerichtet ist, gibt es keine (oder kaum) entsprechende finanzielle Anreize. Es handelt sich hier nicht nur um ein Finanzierungsproblem bestimmter Forschungsrichtungen, sondern um einen zentralen Aspekt der Willensbildung und Entscheidungsfindung der Gesellschaft. Im Ergebnis können – aufgrund einer fehlenden Weichenstellung in der Forschungspolitik – weder die Wissenschaft an den Universitäten noch die außeruniversitäre Forschung als ausreichend verlässliche Garanten für die Produktion von Wissen im Hinblick auf einen vorsorgenden Umwelt- und Verbraucherschutz gelten.

Ohne gezielte politische Gegenmaßnahmen zur Förderung der vorsorgeorientierten, unabhängigen Risikoforschung werden Gesellschaft und Umwelt zunehmend zum Spielball wirtschaftlicher Interessen. Das führt zu einer wachsenden gesellschaftlichen Spannung, wenn es um die Bewertung und Wahrnehmung von Risikotechnologien und speziell der Gentechnik geht. Dieses Problem droht durch die Einführung neuer Technologien wie Genome Editing und Synthetische Biologie erheblich verschärft zu werden. Um die Situation hin zu einer vorsorgeorientierten Risikoforschung zu gestalten, wäre eine Veränderung im Bereich der Governance bzw. Partizipation entscheidend, die durch die Bereitstellung geeigneter finanzieller Anreize ergänzt werden müsste:

- Konkret muss die Perspektive der »Betroffenen« (Umwelt und VerbraucherInnen) in der Entscheidung über Projekte im Bereich der Risikoforschung gestärkt werden. Dieser Ansatz einer partizipativen Governance könnte u. a. durch eine Einbeziehung von Umwelt- und Verbraucherverbänden in die Entscheidungsprozesse realisiert werden.
- Die finanziellen Anreize, um eine Forschung, die auf die Schutzziele ausgerichtet ist, systematisch zu fördern, müssten erheblich sein, um von der »Mainstreamforschung« wahrgenommen zu werden. Ansonsten besteht aber die Gefahr einer »Nischenwissenschaft«, in der kein ausreichender Wettbewerb zwischen den geeigneten Institutionen und möglicherweise auch ein Mangel an wissenschaftlicher Expertise bestehen. Dabei könnten für geeignete Forschungsprogramme auch neue Finanzierungsquellen unter Einbeziehung der Industrie erschlossen werden.

Es ist zu befürchten, dass es aufgrund von Mechanismen einer gewissen »Pfadabhängigkeit« etlicher Jahre bedarf, um eine ausreichend diverse Forschungslandschaft entstehen zu lassen. Neben der Höhe der finanziellen Anreize wird es daher auch um die Kontinuität und Langfristigkeit der Forschungsförderung gehen. Angesichts einer extrem dynamischen Entwicklung im Bereich der Gentechnik und der Entwicklung von immer neuen Verfahren mit großen technischen Potenzialen müssen wir dem Schutz unserer natürlichen Lebensgrundlagen eine wesentlich höhere Priorität einräumen.

Literatur

Agrawal A. A./Laforsch C./Tollrian R. (1999) Transgenerational induction of defences in animals and plants, Nature, Vol 401, Seite 60–63

Akiyama K./Ogasawara S./Ito S/Hayashi H. (2010) Structural Requirements of Strigolactones for Hyphal Branching in AM Fungi, Plant Cell Physiol. 51(7): 1104–1117, doi:10.1093/pcp/pcq058

Alexander M./Ho S. Y. W./Molak M./Barnett R. et al. (2015) Mitogenomic analysis of a 50-generation chicken pedigree reveals a rapid rate of mitochondrial evolution and evidence for paternal mtDNA inheritance. Biol. Lett. 11:20150561. http://dx.doi.org/10.1098/rsbl.2015.0561

Almeida M. F./Tavares C. S./Araújo E. O./Picanço M. C. et al. (2021) Plant Resistance in Some Modern Soybean Varieties May Favor Population Growth and Modify the Stylet Penetration of Bemisia tabaci (*Hemiptera*: *Aleyrodidae*). Journal of Economic Entomology, Volume 114, Pages 970–978, https://doi.org/10.1093/jee/toab008

Alonso C./Ramos-Cruz D./Becker, C. (2019). The role of plant epigenetics in biotic interactions. New Phytol. 221, 731–737. doi: 10.1111/nph.15408

Al-Shahrour F./Minguez P./Marqués-Bonet T./Gazave E. et al. (2010) Selection upon Genome Architecture: Conservation of Functional Neighborhoods with Changing Genes. PLoS Comput Biol 6(10): e1000953. doi:10.1371/journal.pcbi.1000953

Annaluru N./Muller H./Mitchell L. A./Ramalingam S. et al. (2014) Total Synthesis of a Functional Designer Eukaryotic Chromosome, www.sciencemag.org/content/early/2014/03/26/science.1249252.abstract

Acevedo-Rocha C. G./Fang G./Schmidt M./Ussery S. W./Danchin A. (2013) From essential to persistent genes: a functional approach to constructing synthetic life. Trends in Genetics, 29(5), 273–279

Arif I./Batool M./Schenk P. M. (2020) Plant microbiome engineering: expected benefits for improved crop growth and resilience. Trends Biotechnol. https://doi.org/10.1016/j.tibtech.2020.04.015

Avise J. C./Tatarenkov A. (2015) Population genetics and evolution of the mangrove rivulus *Kryptolebias marmoratus*, the world's only self-fertilizing hermaphroditic vertebrate. Journal of Fish Biology 87, 519–538, doi:10.1111/jfb.12741

Azizoglu U./Jouzani G. S./Yilmaz N./Baz E./Ozkok D. (2020) Genetically modified entomopathogenic bacteria, recent developments, benefits and impacts: A review. Sci Total Environ. https://doi.org/10.1016/j.scitotenv.2020.139169

Bachman P.M./Bolognesi R./Moar W.J./Mueller G.M. et al. (2013) Characterization of the spectrum of insecticidal activity of a double-stranded RNA with targeted activity against Western Corn Rootworm (Diabrotica virgifera virgifera LeConte). Transgenic Res 22, 1207–1222

Barrangou R./Fremaux C./Deveau H./Richards M. et al. (2007). CRISPR provides acquired resistance against viruses in prokaryotes. Science 315, 1709–1712. doi: 10.1126/science.1138140

Bartomeus I./Ascher J.S./Wagner D./Danforth B.N. et al. (2011) Climate-associated phenological advances in bee pollinators and bee-pollinated plants, www.pnas.org/cgi/doi/10.1073/pnas.1115559108

Bauer-Panskus A./Miyazaki J./Kawall K./Then C. (2020) Risk assessment of genetically engineered plants that can persist and propagate in the environment. Environmental Sciences Europe, 32, 32, https://doi.org/10.1186/s12302-020-00301-0

Belfield E.J./Ding, Z.J./Jamieson, F.J.C./Visscher, A.M. et al. (2018) DNA mismatch repair preferentially protects genes from mutation. Genome Research, 28(1): 66–74. http://genome.cshlp.org/lookup/doi/10.1101/gr.219303.116

Beiler, K.J./Durall D.M./Simard, S.W./Maxwell, S.A./Kretzer A.M. (2010) Architecture of the Wood-Wide Web: *Rhizopogon* spp. genets link multiple Douglas-Fir cohorts, New Phytologist 185, 543–553

Biel M./Wascholowski V./Giannis A. (2005) Epigenetik – ein Epizentrum der Genregulation: Histone und histonmodifizierende Enzyme. Angew. Chem. 2005, 117, 3248–3280

Biémont C./Vieira C. (2006): Junk DNA as an evolutionary force. Nature. Bd. 443, S. 521–524. https://www.nature.com/articles/443521a

Bilgo E./Lovett B./Fang W./Bende N. et al. (2017) Improved efficacy of an arthropod toxin expressing fungus against insecticide-resistant malaria-vector mosquitoes. Sci Rep, 7: 3433. https://doi.org/10.1038/s41598-017-03399-0

Boukas L./Bjornsson H.T./Hansen K.D. (2020) Purifying selection acts on germline methylation to modify the CpG mutation rate at promoters. bioRxiv. https://doi.org/10.1101/2020.07.04.187880

Boyd D. (2017) Die Natur und ihr Recht. Verlag EcoWin

Bradshaw W./Holzapfel C. (2006) Evolutionary Response to rapid climate change. Science, 312, 1477

Breckling B. (2013) Transgenic evolution and ecology are proceeding. In Breckling B. & Verhoeven R. (Eds.), GM–Crop cultivation-Ecological effects on a landscape scale. Theorie in der Ökologie, 17: 130–135. Frankfurt, Peter Lang

Brooks A.W./Kohl K.D./Brucker R.M./van Opstal E.J./Bordenstein S.R. (2016) Phylosymbiosis: Relationships and Functional Effects of Microbial Communities across Host Evolutionary History. PLoS Biol 14(11): e2000225. doi:10.1371/journal.pbio.2000225

Bryson B. (2005) Eine kurze Geschichte von fast allem. Goldmann (5. Auflage)

Buck A. H./Coakley G./Simbari F./McSorley H. J. et al. (2014) Exosomes secreted by nematode parasites transfer small RNAs to mammalian cells and modulate innate immunity. Nat Commun 5, 5488

Buerger P./Alvarez-Roa C./Coppin C. W./Pearce S. L. et al. (2020) Heat-evolved micro-algal symbionts increase coral bleaching tolerance, Sci. Adv. 6: eaba2498

Brinkman E. K./Chen T./de Haas M./Holland H. A. et al. (2018). Kinetics and Fidelity of the Repair of Cas9-Induced Double-Strand DNA Breaks. Mol Cell, 70(5), 801–813 e806. doi: 10.1016/j.molcel.2018.04.016

Caldwell R. L./Ross R./Rodaniche A./Huffard C. L. (2015) Behavior and Body Patterns of the Larger Pacific Striped Octopus. PLoS ONE 10(8): e0134152. doi:10.1371/journal.pone.0134152

Callaway E. (2020) »It will change everything«: DeepMind's AI makes gigantic leap in solving protein structures, Nature 588, 203–204

Canguilhem G. (1979) Wissenschaftsgeschichte und Epistemologie. Hrsg von Wolf Lepenies, suhrkamp taschenbuch wissenschaft

Capel J./Montero L. M./Martinez-Zapater J. M./Salinas J. (1993) Non-random distribution of transposable elements in the nuclear genome of plants. Nucleic Acids Res, 21(10), 2369–2373

Caroll S. B. (2008) Evo Devo, Das neue Bild der Evolution. Berlin, Univ. Press

Cello J./Paul A. V./Wimmer E. (2002) Chemical synthesis of poliovirus cDNA: generation of infectious virus in the absence of natural template, Science 297, 1016–1018

Chan L. Y./Kosuri S./Endy D. (2005) Refactoring bacteriophage T7. Molecular Systems Biology, 1. 0018

Chang L./Neu J. (2015) Early Factors Leading to Later Obesity: Interactions of the Microbiome, Epigenome, and Nutrition. Curr Probl Pediatr Adolesc Health Care 2015;45:134–142

Chapron G./Epstein Y./López-Bao J. V. (2019) A rights revolution for nature. Science 363 (6434), 1392–1393

Checcucci A./diCenzo G. C./Ghini V./Bazzicalupo M./et al. (2018) Creation and characterization of a genomically hybrid strain in the nitrogen-fixing symbiotic bacterium *Sinorhizobium meliloti*. ACS Synth Biol, 7: 2365–2378. https://doi.org/10.1021/acssynbio.8b00158

Cheng Y. T./Zhang L./He S. Y. (2019) Plant-microbe interactions facing environmental challenge. Cell Host Microbe. 26, 183–192, doi: 10.1016/j.chom.2019.07.009

Church G./Regis E., (2012) Regenesis, how synthetic biology will reinvent nature and ourselves. Basis Books, New York.

Coghlan A. (2012) Prions point to a new style of evolution. New Scientist

Coughlin B. C. (2000) Evolutionary Developmental Biology. Special Feature, PNAS, Vol 97, No 9, Seite 4424–4425

Couto J.M./McGarrity A./Russell J./Sloan W.T. (2018) The effect of metabolic stress on genome stability of a synthetic biology chassis Escherichia coli K12 strain. Microb Cell Fact, 17:8

Costantino N./Court D.L. (2003) Enhanced levels of lambda red-mediated recombinants in mismatch repair mutants. Proc. Natl. Acad. Sci. U.S.A. 100, 15748–15753

Crawford C.H./Randall Z.S./Hart P.B./Page L.M. et al. (2020) Skeletal and muscular pelvic morphology of hillstream loaches (Cypriniformes: Balitoridae), journal of morphology. https://doi.org/10.1002/jmor.21247

CSS, Critical Scientists Switzerland (2019) Gene Drives, A report on their science, applications, social aspects, ethics and regulations. https://genedrives.ch/report

Danchin, A. (2015) The cellular chassis as the basis for new functionalities: shortcomings and requirements, in Synthetic Biology, Giese B. (Hrsg.), Springer Buch

Danchin A./Fang G. (2016) Unknown unknowns: essential genes in quest for a function. Microb Biotechnol 9: 530–540

da Silva P.H.M./Abrahão O.S. (2020) Gene flow and spontaneous seedling establishment around genetically modified eucalypt plantations. New Forests. https://doi.org/10.1007/s11056-020-09800-7

Dávalos A./Henriques R./Latasa M.J./Laparra M./Coca M. (2019) Literature review of baseline information on non-coding RNA (ncRNA) to support the risk assessment of ncRNA-based genetically modified plants for food and feed. EFSA supporting publication 2019:EN-1688. 220 pp. doi:10.2903/sp.efsa.2019.EN-1688

Dawkins R. (2006) Das egoistische Gen. Jubiläumsausgabe, Elsevier, Spektrum Akademischer Verlag (Erstausgabe 1976)

Dean J.M./De Moraes C.M. (2006) Effects of genetic modification on herbivore-induced volatiles from maize. J Chem Ecol 32:713–724

Degenhardt J. (2009) Indirect Defense Responses to Herbivory in Grasses. Plant Physiology, Vol. 149: 96–102. www.plantphysiol.org

Dennett D.C. (2018) Von den Bakterien zu Bach – und zurück. Suhrkamp

Denison M.R./Graham R.L./Donaldson E.F./Eckerle L.D./Baric R.S. (2011) Coronaviruses, An RNA proofreading machine regulates replication fidelity and diversity, RNA Biology, 8:2, 270–279. https://doi.org/10.4161/rna.8.2.15013

de Vooght L./Caljon G./De Ridder K./Van Den Abbeele J. (2014) Delivery of a functional anti-trypanosome nanobody in different tsetse fly tissues via a bacterial symbiont, *Sodalis glossinidius*. Microb Cell Fact, 13: 156. https://doi.org/10.1186/s12934-014-0156-6

Di Giorgio S./Martignano F./Torcia M.G./Giorgio Mattiuz G./Conticello S.G. (2020) Evidence for host-dependent RNA editing in the transcriptome of SARS-*CoV-2*, Science Advances: Vol. 6, no. 25, eabb5813, DOI: 10.1126/sciadv.abb5813

Dobzhansky T. (1951) Genetics and the Origine of Species. 3rd Edition, revised, a Columbia Paperback

Doudna J. A./Charpentier E. (2014) Genome editing. The new frontier of genome engineering with CRISPR-Cas9. Science 346:1258096. doi: 10.1126/science.1258096

Doudna J./Sternberg S. H. (2019) Eingriff in die Evolution. Springer

Duensing N./Sprink T./Parrott W. A./Fedorova M. et al. (2018) Novel features and Considerations for ERA and Regulation of Crops Produced by Genome Editing, Front Bioeng Biotechnol, 6: 79. https://doi.org/10.3389/fbioe.2018.00079

Dunning L. T./Olofsson J. K./Parisod C./Choudhury R. R. et al. (2019) Lateral transfers of large DNA fragments spread functional genes among grasses. www.pnas.org/cgi/doi/10.1073/pnas.1810031116

EFSA, European Food Safety Authority (2020a) Editorial: Exploring the need to include microbiomes into EFSA's scientific assessments. EFSA J, 18(6):e18061. https://doi.org/10.2903/j.efsa.2020.e18061

EFSA, European Food Safety Authority (2020b) Scientific Opinion on the evaluation of existing guidelines for their adequacy for the microbial characterisation and environmental risk assessment of microorganisms obtained through synthetic biology. EFSA Journal 2020;18(10):6263, 50 pp. https://doi.org/10.2903/j.efsa.2020.6263

EGE, The European Group on Ethics in Science and New Technologies to the European Commission (2008): Ethical aspects of animal cloning for food supply. Opinion number 23. http://ec.europa.eu/european_group_ethics/publications/index_en.htm

Eibach U. (1980) Grenzen und Ziele der Gentechnologie aus theologisch-ethischer Sicht in Genforschung im Widerstreit. Hrsg. Klingmüller, Wissenschaftliche Verlagsgesellschaft, Stuttgart

Endy D. (2005) Foundations for Engineering Biology. Nature, 438, 449–453

EU-Kommission (2005) Synthetic Biology Applying Engineering to Biology, Report of a NEST High-Level Expert Group. EUR 21796. Luxembourg: Office for Official Publications of the European Communities

Engelen S./Vallenet D./Médigue C./Danchin A. (2012) Distinct co-evolution patterns of genee associated to DNA polymerase III DnaE and PolC. BMC Genomics 13, 69

Fang G./Rocha E./Danchin A. (2005) How essential are nonessential genes? Molecular Biology and Evolution, 22 (11), 2147–2156

Fang G./Rocha E./Danchin A. (2008) Persistence drives gene clustering in bacterial genomes, BMC genomics, 9 (4)

Fang J./Nan P./Gu Z./Ge X. et al. (2018) Overexpressing exogenous 5-enolpyruvylshikimate-3-phosphate synthase (EPSPS) genes increases fecundity and auxin content of transgenic Arabidopsis plants, Front Plant Sci, 9: 233. https://doi.org/10.3389/fpls.2018.00233

Fang W./Lu H. L./King G. F./Leger R. J. S. (2014) Construction of a hypervirulent and specific mycoinsecticide for locust control. Sci Rep, 4: 7345. https://doi.org/10.1038/srep07345

Fang W./Vega-Rodríguez J./Ghosh A. K./Jacobs-Lorena M. et. al (2011) Development of transgenic fungi that kill human malaria parasites in mosquitoes. Science, 331(6020): 1074–1077. https://doi.org/10.1126/science.1199115

Feord R.C./Sumner M.E./Pusdekar S./Kalra L. et al. (2020) Cuttlefish use stereopsis to strike at prey. Sci. Adv. 2020; 6: eaay6036

Ferber D. (2004) Microbes Made to order, Science Vol 303: 158–161

Fletcher S.J./Reeves P.T./Hoang B.T./Mitter N. (2020) A Perspective on RNAi-Based Biopesticides. Front. Plant Sci. 11:51. doi: 10.3389/fpls.2020.00051

Fire A./Xu S./Montgomery M.K./Kostas S.A./Driver S.E./Mello C.C. (1998) Potent and specific genetic interference by double-stranded RNA in Caenorhabditis elegans. Nature 391, 806–811

Foo E./Plett J.M./Lopez-Raez J.A./Reid D. (2019) Editorial: The Role of Plant Hormones in Plant-Microbe Symbioses, Front. Plant Sci. 10:1391. doi: 10.3389/fpls.2019.01391

Fox-Keller E. (2001) Das Jahrhundert des Gens. Campus

Fredens J./Wang K./de la Torre D./Funke L.F.H. et al. (2019) Total synthesis of Escherichia coli with a recoded genome. Nature, 569(7757): 514. https://www.nature.com/articles/s41586-019-1192-5

Frigola J./Sabarinathan, R./Mularoni, L./Muiños, F. et al. (2017) Reduced mutation rate in exons due to differential mismatch repair. Nature Genetics, 49: 1684–1692. https://doi.org/10.1038/ng.3991

Gale M. (1998) Comparative genetics in the grasses. PNAS, Vol. 95, Issue 5: 1971–1974

Gantz V.M./Bier E. (2015) The mutagenic chain reaction: A method for converting heterozygous to homozygous mutations. Science, 348: 442–444. https://science.sciencemag.org/content/348/6233/442.short

Gaines T.A./Patterson E.L./Neve P. (2019) Molecular mechanisms of adaptive evolution revealed by global selection for glyphosate resistance. New Phytologist, 223(4): 1770–1775. https://doi.org/10.1111/nph.15858

Gharehdaghi L./Bakhtiarizadeh M.R./He K./Harkinezhad T. et al. (2021) Diet-derived transmission of MicroRNAs from host plant into honey bee Midgut. BMC Genomics 22:587, https://doi.org/10.1186/s12864-021-07916-4

Gatzmann F./Falckenhayn C./Gutekunst J./Hanna K. et al. (2018) The methylome of the marbled crayfish links gene body methylation to stable expression of poorly accessible genes. https://doi.org/10.1186/s13072-018-0229-6

GeneWatch (2020) Submission to USDA APHIS docket APHIS-2020-0030: Petition for Determination of Nonregulated Status for Blight-Tolerant Darling 58 American Chestnut. https://kurzelinks.de/gid255-pk oder www.genewatch.org

Gibcus J.H./Dekker J. (2013) The hierarchy of the 3D genome. Molecular Cell, 49(5): 773–782. https://doi.org/10.1016/j.molcel.2013.02.011

Gibson D.G./Glass J.I./Lartigue C./Noskov V.N. et al. (2010) Creation of a Bacterial Cell Controlled by a Chemically Synthesized Genome. Science, 329(5987): 52–56

Gilbert J.A./Medlock J./Townsend J.P./Aksoy S. et al. (2016) Determinants of human African trypanosomiasis elimination via paratransgenesis. PLoS neglect trop d, 10(3): e0004465. https://doi.org/10.1371/journal.pntd.0004465

GIZ, Deutsche Gesellschaft für Internationale Zusammenarbeit (2020) Agrarökologie. www.giz.de/de/downloads/giz2020_de_Agrarökologie_SV_Nachhaltige_Landwirtschaft.pdf

Glass J.I./Assad-Garcia N./Alperovich N./Yooseph S. et al. (2006) Essential genes of a minimal bacterium. PNAS, vol. 103, no. 2, 425–430

Glaubrecht M. (2018) Am Ende des Archipels. Galiani (3. Auflage)

Goodale B.C./Hampton T.H./Ford E.N./Jackson C.E. et al. (2019) Profiling microRNA expression in Atlantic killifish (*Fundulus heteroclitus*) gill and responses to arsenic and hyperosmotic stress. Aquat Toxicol, 206: 142–153. doi:10.1016/j.aquatox.2018.11.009

Godoy-Herz M.A./Kornblihtt A.R./Barta A./Kalyna M./Petrillo E. (2014) Shedding light on the chloroplast as a remote control of nuclear gene expression. Plant Signaling & Behavior, 9:11, e976150, DOI: 10.4161/15592324.2014.976150

Gonzalez-Perez A./Sabarinathan R./Lopez-Bigas N. (2019) Local Determinants of the Mutational Landscape of the Human Genome. Cell 177(1): 101–114. https://doi.org/10.1016/j.cell.2019.02.051

Gould S.J. (1994) Zufall Mensch. Das Wunder des Lebens als Spiel der Natur. Deutscher Taschenbuch-Verlag, München

Goulson D. (2018) Das Summen in der Wiese. Ullstein Verlag

Guo T./Fang Y. (2014) Functional organization and dynamics of the cell nucleus. Frontiers in Plant Sciences. https://doi.org/10.3389/fpls.2014.00378

Graham L.A./Davies P.L. (2021) Horizontal Gene Transfer in Vertebrates: A Fishy Tale. Trends in Genetics, Vol. 37, No. 6, pp 501–503

Hadorn E./Wehner R. (1978), Allgemeine Zoologie (20. Auflage)

Haeckel E. (1909), Die Welträtsel. Alfred Kröner Verlag, Leipzig

Harper K. (2020) Fatum. C.H. Beck

Hashimoto T./Horikawa D.D./Saito Y./Kuwahara H. et al. (2016) Extremotolerant tardigrade genome and improved radiotolerance of human cultured cells by tardigrade-unique protein. Nature Communications, 7:12808, DOI: 10.1038/ncomms12808

Halstead M.M./Kern C./Saelao P./Wang Y. et al. (2020) A comparative analysis of chromatin accessibility in cattle, pig, and mouse tissues. BMC Genomics 21:698. https://doi.org/10.1186/s12864-020-07078-9

Halfmann R./Jarosz D.F./Jones S.K./Chang A. et al. (2012) Prions are a common mechanism for phenotypic inheritance in wild yeasts. Nature 482, 363–368

Han L./Luan YS. (2015) Horizontal Transfer of Small RNAs to and from Plants. Front Plant Sci 6, 1113

Harari Y.N. (2017) Homo Deus. Eine Geschichte von Morgen. C.H. Beck

Hasty J./McMillen D./Collins J.J. (2002) Engineered gene circuits. Nature Vol 420, Seite 224–230

He Y./Wang M./Dukowic-Schulze S./Zhou A. et al. (2017) Genomic features shaping the landscape of meiotic double-strand-break hotspots in maize. PNAS, 114(46): 12231–12236. https://doi.org/10.1073/pnas.1713225114

Hettiarachchige I. K./Elkins A. C./Reddy P./Mann R. C. (2019) Genetic modification of asexual Epichloë endophytes with the perA gene for peramine biosynthesis. Mol Genet Genomics, 294(2): 315–328. https://doi.org/10.1007/s00438-018-1510-x

Hibdige S. G. S./Raimondeau P./Christin P-A./Dunning L. T. (2021) Widespread lateral gene transfer among grasses. New Phytologist. doi: 10.1111/nph.17328

Hill R. E./Lettice L. A. (2013) Alterations to the remote control of Shh gene expression cause congenital abnormalities. Phil Trans R Soc B 368: 20120357. http://dx.doi.org/10.1098/rstb.2012.0357

Huang Y./Li G.-M. (2018) DNA mismatch repair preferentially safeguards actively transcribed genes. DNA Repair, 71: 82–86. https://doi.org/10.1016/j.dnarep.2018.08.010

Horkheimer M./Adorno T. (1944) Dialektik der Aufklärung. Fischer (Ausgabe 1992)

Hosseini S.-R./Wagner A. (2018) Genomic organization underlying deletional robustness in bacterial metabolic systems, PNAS, vol. 115, no. 27, 7075–7080

Hutchison C. A./Chuang R.-Y./Noskov V. N./Assad-Garcia N. et al. (2016) Design and synthesis of a minimal bacterial genome. Science, Vol 351, 6280

Huxley J. (1945) Evolution/The modern synthesis. London, Allen & Unwin Ltd, 4. Auflage

IPBES, Intergovernmental Platform on Biodiversity and Ecosystem Services (2020) IPBES Workshop on Biodiversity and Pandemics, executive summary. https://ipbes.net/pandemics

Isbell F./Craven D./Connolly J./Loreau M. et al. (2015), Biodiversity increases the resistance of ecosystem productivity to climate extremes. Nature 526, 574–577

Jablonka E./Raz G. (2009): Transgenerational epigenetic inheritance: Prevelance, mechanisms and implications for the study of heredity and evolution. The Quarterly review of Biology, Vol 84, No 2, PP 131–176

Jahn I. (2000) Geschichte der Biologie. Spektrum Akademischer Verlag, Gustav Fischer

Jahn I./Schmitt M. (2001) Darwin und Co. Eine Geschichte der Biologie in Portraits, Bd 1, C. H. Beck

Jee J./Rasouly A./Shamovsky L./Akivis Y. et al. (2016) Rates and mechanisms of bacterial mutagenesis from maximum-depth sequencing. Nature 534, 693–696

Jiang X.-Q./Yang X./Lu B.-R. (2021) Increased Longevity and Dormancy of Soil-Buried Seeds from Advanced Crop–Wild Rice Hybrids Overexpressing the EPSPS Transgene. Biology, 10, 562. https://doi.org/10.3390/biology10060562

Jinek M./Chylinski K./Fonfara I./Hauer M./Doudna J. A./Charpentier E. (2012) A programmable dual-RNA-guided DNA endonuclease in adaptive bacterial immunity. Science, 337, 816–821. doi:10.1126/science.1225829

Jones D. M./Wells R./Pullen N./Trick M. et al. (2018) Spatio-temporal expression dynamics differ between homologues of flowering time genes in the allopolyploid Brassica napus. The Plant Journal, 96: 103.118. https://doi.org/10.1111/tpj.14020

JRC, Joint Research Center (2021) New genomic techniques State-of-the-art review. Publications Office of the European Union. https://op.europa.eu/en/publication-detail/-/publication/5a661f2b-a180-11eb-b85c-01aa75ed71a1/language-en

Kaiser V. B./Semple C. A. (2017) When TADs go bad: chromatin structure and nuclear organisation in human disease. F1000 Res, 6. doi: 10.12688/f1000research.10792.1

Karageorgi M./Groen S. C./Sumbul F./Pelaez J. N. et al. (2019) Genome editing retraces the evolution of toxin resistance in the monarch butterfly. Nature, 574(7778): 409–412.https://www.nature.com/articles/s41586-019-1610-8/

Kawall K. (2019) New possibilities on the horizon: genome editing makes the whole genome accessible for changes. Frontiers in Plant Science, 10: 525. https://www.frontiersin.org/articles/10.3389/fpls.2019.00525/abstract

Kawall K. (2021) Genome edited Camelina sativa with a unique fatty acid content and its potential impact on ecosystems. Environ Sci Eur 33(1):1–12. https://doi.org/10.1186/s12302-021-00482-2

Kawall K./Cotter J./Then C. (2020) Broadening the EU GMO risk assessment in the EU for genome editing technologies in Agriculture. Environ Sci Eur, 32(1): 1–24. https://doi.org/10.1186/s12302-020-00361-2

Kay L. E. (2001) Das Buch des Lebens. Hanser

Kegel B. (2015) Die Herrscher der Welt. Dumont

Kegel B. (2021) Die Natur der Zukunft. Dumont

Kenkel C./Matz M. V. (2016) Gene expression plasticity as a mechanism of coral adaptation to a variable environment. Nature Ecology & Evolution, 1(1): 1–6. https://www.nature.com/articles/s41559-016-0014

Kersting D. K./Linares C. (2019) Living evidence of a fossil survival strategy raises hope for warming-affected corals. Science Advances, 5(10), eaax2950. https://advances.sciencemag.org/content/5/10/eaax2950.abstract

Killiny N. (2020) The efficacy of Citrus tristeza virus as a vector for virus induced gene silencing in Huanglongbing-affected citrus. Tropical Plant Pathology volume 45, 327–333

Kim B./Kim J./Chun M./Park I. et al. (2021) Multiplexed CRISPR-Cas9 system in a single adeno associated virus to simultaneously knock out redundant clock genes. Scientific Reports, 11:2575. https://doi.org/10.1038/s41598-021-82287-0

KIT, Karlsruher Institut für Technologie (2020) Klimawandel: Mischwälder sind anpassungsfähiger als Monokulturen. www.klima-umwelt.kit.edu/downloads/KIT_PI_2020_069_Klimawandel_Mischwaelder%20sind%20anpassungsfaehiger%20als%20Monokulturen.pdf

Kohno H./Suenami S./Takeuchi, H./Sasaki T./Kubo, T. (2016) Production of Knockout Mutants by CRISPR/Cas9 in the European Honeybee, Apis mellifera L. Zoological Science, 33(5): 505–512. www.bioone.org/doi/abs/10.2108/zs160043

Kolbert E. (2014) Das sechste Sterben. Suhrkamp

Kolbert E. (2021) Life Hacks. The New Yorker, January 18, Seite 32 ff.

Komatsu K. J./Avolio M. L./Lemoine N. P./Isbell F. et al. (2019) Global change effects on plant communities are magnified by time and the number of global change factors imposed. www.pnas.org/cgi/doi/10.1073/pnas.1819027116, PNAS vol. 116, no. 36; 17867–17873

Koonin E. V./Wolf Y. I. (2012) Evolution of microbes and viruses: a paradigm shift in evolutionary biology? Frontiers in Cellular and Infection Microbiology, 2, 119 1–15

Koonin E. V./Wolf Y. I. (2016) Just how Lamarckian is CRISPR-Cas immunity: the continuum of evolvability mechanisms, Biology Direct 11:9. DOI 10.1186/s13062-016-0111-z

Kutschera U. (2015) Evolutionsbiologie. Ulmer (4. Auflage)

Kvon E. Z./Kamneva O. K./Melo U. S./Barozzi I. et al. (2016) Progressive loss of function in a limb enhancer during snake evolution. Cell 167, 633–642

Lagesen K./Ussery D. W./Wassenaar T. M. (2010) Genome update: The 1000th genome – a cautionary tale. Microbiology, 156 (3), 603–608

LaMonte G./Philip N./Reardon J./Lacsina J. R. et al. (2012) Translocation of sickle cell erythrocyte microRNAs into Plasmodium falciparum inhibits parasite translation and contributes to malaria resistance. Cell Host Microbe 12, 187–199

Lange A. (2012) Darwins Erbe im Umbau. Königshausen & Neumann

Leclère V./Béchet M./Adam A./Guez J. S. et al. (2005) Mycosubtilin overproduction by Bacillus subtilis BBG100 enhances the organism's antagonistic and biocontrol activities. Appl Environ Microbiol, 71(8): 4577–4584. https://doi.org/10.1128/AEM.71.8.4577-4584.2005

Lee J. (2019) Development of Film-assisted Honey Bee Egg Collection System (FECS) and Its Application to Honey Bee Genome Editing. Doctoral dissertation, Department of Agricultural Biotechnology, Seoul National University. http://s-space.snu.ac.kr/handle/10371/150961

Lee H./Popodi E./Tang H./Foster P. L. (2012) Rate and molecular spectrum of spontaneous mutations in the bacterium Escherichia coli as determined by whole-genome sequencing. www.pnas.org/cgi/doi/10.1073/pnas.1210309109

Lem S. (2006), Solaris. List Taschenbuch

Lemons D./McGinnis W. (2006) Genomic Evolution of Hox Gene Clusters. Science 313, 1918. DOI: 10.1126/science.1132040

Leonard S. P./Powell J. E./Perutka J./Geng P. et al. (2020) Engineered symbionts activate honey bee immunity and limit pathogens. Science, 367: 573–576. https://doi.org/10.1126/science.aax9039

Levin R. A./Voolstra C. R./Agrawal S./Steinberg P. D. et al. (2017) Engineering strategies to decode and enhance the genomes of coral symbionts. Front Microbiol, 8: 1220. https://www.frontiersin.org/articles/10.3389/fmicb.2017.01220

Lewin H. A./Robinson G. E./Kress W. J./Baker W. J. et al. (2018) Earth BioGenome Project: Sequencing life for the future of life. Proc Natl Acad Sci USA, 115(17): 4325–4333. www.pnas.org/content/115/17/4325.short

Lewontin R. (2002) Die Dreifachhelix. Gen, Organismus und Umwelt. Springer

Li Z./Liu Z. B./Xing A./Moon B.P et al. (2015) Cas9-guide RNA directed genome editing in soybean. Plant Physiol, 169(2): 960–970. https://doi.org/10.1104/pp. 15.00783

Li D./Yang J./Yang Y./Liu J. et al. (2021) A Timely Review of Cross-Kingdom Regulation of Plant-Derived MicroRNAs. Front. Genet. 12:613197. doi:10.3389/fgene.2021.613197

Lisch D./Bennetzen J. L. (2011) Transposable element origins of epigenetic gene regulation. Curr. Opin, Plant Biol. 14, 156–161

Loeb J. (1906) Untersuchungen über künstliche Parthenogenese und das Wesen des Befruchtungsvorganges. Verlag von Johann Ambrosius Barth, Leipzig

Loeb J. (1911) Das Leben. Vortrag gehalten auf dem ersten Monisten-Kongresse zu Hamburg, am 10. September 1911. Alfred Kröner Verlag Leipzig

Loeb J. (1912) The Mechanistic Conception of Life. Edited by Donald Fleming. Harvard University Press (1964)

Lovelock J. (2020) Novozän. C. H. Beck

Lovett B./Bilgo E./Millogo S. A./Ouattarra A. K. et al. (2019) Transgenic Metarhizium rapidly kills mosquitoes in a malaria-endemic region of Burkina Faso. Science 364 (6443): 894–897. https://science.sciencemag.org/content/364/6443/894.abstract

Losos J. B. (2018) Glücksfall Mensch. Hanser

Lujan S. A./Clausen A. R./Clark A. B./MacAlpine H. K. et al. (2015), Heterogeneous polymerase fidelity and mismatch repair bias genome variation and composition. Cold Spring Harbor Laboratory Press; 24:1751–1764

Luo C./Dong J./Zhang Y./Lam E. (2014) Decoding the role of chromatin architecture in development: coming closer to the end of the tunnel. Frontiers in Plant Sciences, 5: 73. https://doi.org/10.3389/fpls.2014.00374

Luo H./Gao F./Lin Y. (2015) Evolutionary conservation analysis between the essential and nonessential genes in bacterial genomes. Scientific Reports, 5:13210. DOI: 10.1038/srep13210

Lyko F. (2017) The marbled crayfish (Decapoda: Cambaridae) represents an independent new species. Zootaxa, 4363(4): 544–552. https://www.mapress.com/j/zt/article/view/zootaxa.4363.4.6

Lynch M./Conery J. S. (2000) The Evolutionary Fate and Consequences of Duplicate Genes. Science 290, 1151. DOI: 10.1126/science.290.5494.1151

Ma A./Hiu X./Edgecombe G. D./Strausfeld N. J. (2012) Complex brain and optic lobes in an early Cambriam arthropod. Nature Vol 490, 258–261

Mainzer K. (2018) Künstliche Intelligenz. Springer (2. Auflage)

Mann A. (2010) Sponge genome goes deep. Nature, Vol 466, 5

Margulis L. (1999) Die andere Evolution. Spektrum Akademischer Verlag

Martin P./Thonagel S./Scholtz G. (2016) The parthenogenetic Marmorkrebs (*Malacostraca: Decapoda: Cambaridae*) is a triploid organism. J Zool Syst Evol Res, 54: 13–21. https://onlinelibrary.wiley.com/doi/abs/10.1111/jzs.12114

Martincorena I./Seshasayee A. S. N./Luscombe N. M. (2012) Evidence of non-random mutation rates suggests an evolutionary risk management strategy. Nature, Vol 485, 9, doi:10.1038/nature10995

Martínez-Carranza E./Barajas H./Alcaraz L.-D./Servín-González L. et al. (2018) Variability of Bacterial Essential Genes Among Closely Related Bacteria: The Case of *Escherichia coli*. Front. Microbiol. 9:1059. doi: 10.3389/fmicb.2018.01059

Martinez-Garcia E./de Lorenzo V. (2019) Pseudomonas putida in the quest of programmable chemistry. Current Opinion in Biotechnology, 59, 111–121. https://doi.org/10.1016/j.copbio.2019.03.012

Mayr E. (2003) Das ist Evolution. Bertelsmann, München

McAfee A./Pettis J. S./Tarpy D. R./Foster L. J. (2019) Feminizer and doublesex knock-outs cause honey bees to switch sexes. PLoS Biol 17(5): e3000256. https://journals.plos.org/plosbiology/article?rev=2&id=10.1371/journal.pbio.3000256

McKenna D. D./Shina S./Ahrens D./Balked, M. et al. (2019) The evolution and genomic basis of beetle diversity. www.pnas.org/cgi/doi/10.1073/pnas.1909655116

Mee M. T./Collins J. J./Church G. M./Wang H. H. (2014) Syntrophic exchange in synthetic microbial communities. Proc Natl Acad Sci USA, 111(20): E2149-E2156. https://doi.org/10.1073/pnas.1405641111

Mendelsohn M. L./Gathmann A./Kardassi D./Sachana M. et al. (2020) Summary of Discussions From the 2019 OECD Conference on RNAi Based Pesticides. Front. Plant Sci. 11:740. doi: 10.3389/fpls.2020.00740

Mesnage R./Teixeira M./Mandrioli D./Falcioni L. et al. (2021) Use of Shotgun Metagenomics and Metabolomics to Evaluate the Impact of Glyphosate or Roundup MON 52276 on the Gut Microbiota and Serum Metabolome of Sprague-Dawley Rats. Environmental Health Perspectives. https://doi.org/10.1289/EHP6990

Mikkelsen T. S./Wakefield M. J./Aken N./Amemiya C. T. et al. (2007) Genome of the marsupial Monodelphis domestica reveals innovation in non-coding sequences. NATURE, Vol 447, 167–178

Modrzejewski D./Hartung F./Sprink T./Krause D. et al. (2019) What is the available evidence for the range of applications of genome-editing as a new tool for plant trait modification and the potential occurrence of associated off-target effects: a systematic map. Environ Evid 8(1): 27. https://doi.org/10.1186/s13750-019-0171-5

Mojica F. J./Diez-Villasenor C./Garcia-Martinez J./Soria E. (2005) Intervening sequences of regularly spaced prokaryotic repeats derive fron foreign genetic elements. J. Mol. Evol. 60, 174–182. doi: 10.1007/s00239-004-0046-3

Monroe J. G./Srikant T./Carbonell-Bejerano P./Exposito-Alonso M. et al. (2020) Mutation bias shapes gene evolution in Arabidopsis thaliana. bioRxiv. https://doi.org/10.1101/2020.06.17.156752 (posted June 18, 2020)

Morin X./Fahse L./Jactel H./Scherer-Lorenzen M. et al. (2018) Long-term response of forest productivity to climate change is mostly driven by change in tree species composition, Scientific Reports 8:5627, DOI:10.1038/s41598-018-23763-y

Mushegian A. R./Koonin E. V. (1996) A minimal gene set for cellular life derived by comparison of complete bacterial genomes. Proceedings of the National Academy of Sciences USA, 93 (19), 10268–10273

Nature Editorial (2004) Futures of artificial life, Nature Vol 431: 613

Noble C./Adlam B./Church G.M./Esvelt K.M./Nowak M.A. (2018) Current CRISPR gene drive systems are likely to be highly invasive in wild populations. Elife, 7: e33423, https://elifesciences.org/articles/33423

Nora L.C./Westmann C.A./Guazzaroni M.-E./Siddaiah C. et al. (2019) Recent advances in plasmid-based tools for establishing novel microbial chassis. Biotechnology Advances, 37, 107433. https://doi.org/10.1016/j.biotechadv.2019.107433

Noordermeer D./Leleu M./Splinter, E./Rougemont J. et al. (2011) The Dynamic Architecture of Hox Gene Clusters. Science 334, 222, DOI: 10.1126/science.1207194

Nuismer S.L./Bull J.J. (2020) Self-disseminating vaccines to suppress zoonoses. Nature Ecology & Evolution, VOL 4, 1168–1173. www.nature.com/natecolevol

Nüsslein-Volhard C./Wieschaus E. (1980) Mutations affecting segment number and polarity in Drosophila. Nature Vol 287, 795–801

O'Connel M. (2017) Unsterblich sein. Hanser

OECD, Organisation for Economic Co-operation and Development (1992) Biotechnology, Agriculture and Food, OECD, Paris

Oliver T.A./Palumbi S.R. (2011) Many corals host thermally resistant symbionts in high-temperature habitat. Coral Reefs, 30: 241–250. https://link.springer.com/article/10.1007/s00338-010-0696-0

Ono R./Yasuhiko Y./Aisaki K./Kitajima S. et al (2019) Exosome-mediated horizontal gene transfer occurs in double-strand break repair during genome editing. Communications Biology, 2:57. https://doi.org/10.1038/s42003-019-0300-2

Otto S. (2007) The evolutionary consequences of polyploidy. Cell, 131: 452–462. https://doi.org/10.1101/2020.06.17.156752

Palazzo A.F./Gregory T.R. (2014) The Case for Junk DNA. PLoS Genet 10(5): e1004351. doi:10.1371/journal.pgen.1004351

Parenti M.D./Santoro A./Del Rio A./Franceschi C. (2019) Literature review in support of adjuvanticity/immuno-genicity assessment of proteins. EFSA Supporting Publications, 16(1): 1551E, https://doi.org/10.2903/sp.efsa.2019.EN-1551

Pauly P.J. (1987) Controlling Life. Oxford University Press

Pembrey M.E./Bygren L.O./Kaati G./Edvinsson S. et al. (2006) Sex-specific, male-line transgenerational responses in humans. European Journal of Human Genetics 14, 159–166

Piriyapongsa J./Marino-Ramirez L./Jordan I.K. (2007) Origin and evolution of human microRNAs from transposable elements. Genetics 176, 1323–1337

Popper K.R. (1987) Auf der Suche nach einer besseren Welt. Piper Verlag, München, Zürich

Popkin G. (2018) Can a transgenic chestnut restore a forest icon? Science 361 (6405), 830–831. DOI:10.1126/science.361.6405.830

Proctor L.M. (2011) The Human Microbiome Project in 2011 and beyond. Cell Host Microbe 10:287–291. doi: 10.1016/j.chom.2011.10.001 PMID: 22018227

Quadrana L./Etcheverry M./Gilly A./Caillieux E. et al. (2019) Transposition favors the generation of large effect mutations that may facilitate rapid adaption. Nature Communications, 10:3421. https://doi.org/10.1038/s41467-019-11385-5

Qian X./Chen L./Sui Y./Chen C. et al. (2020) Biotechnological potential and applications of microbial consortia. Biotechnol Adv, 107500. https://doi.org/10.1016/j.biotechadv.2019.107500

Rangberg A./Diep D.B./Rudi K./Amdam G.V. (2012) Paratransgenesis: an approach to improve colony health and molecular insight in honey bees (Apis mellifera)? Integr Comp Biol, 52(1): 89–99. https://doi.org/10.1093/icb/ics089

Ren X./Hoiczyk E./Rasgon J.L. (2008) Viral paratransgenesis in the malaria vector *Anopheles gambiae*. PLoS Pathog, 4(8): e1000135. https://dx.doi.org/10.1371 %2Fjournal.ppat.1000135

Robson F./Khan K.S./Le T.K./Paris C. et al. (2020), Coronavirus RNA Proofreading: Molecular Basis and Therapeutic Targeting. Molecular Cell 79, 710–727. https://doi.org/10.1016/j.molcel.2020.07.027

Reeves R.G./Voeneky S./Caetano-Anollés D./Beck F./Boëte C. (2018) Agricultural research, or a new bioweapon system? Science, 362(6410): 35–37. https://science.sciencemag.org/content/362/6410/35.summary

Reuss D.R./Altenbuchner J./Mäder U./Rath H. et al. (2020) Large-scale reduction of the Bacillus subtilis genome: consequences for the transcriptional network, resource allocation, and metabolism. Genome Research, 27, 289–299. https://doi.org/10.1101/gr.215293.116

Richardson L.A. (2017) Evolving as a holobiont. PLoS Biol 15(2):e2002168

Rieblinger B./Sid H./Duda D./Bozoglu T. et al. (2021) Cas9-expressing chickens and pigs as resources for genome editing in livestock. PNAS 2021 Vol. 118 No. 10 e2022562118

Robison B.H./Reisenbichler, K.R. (2008) *Macropinna microstoma* and the paradox of its tubular eyes. Copeia. No. 4

Rocha E.P./Danchin A. (2003) Gene essentiality determines chromosome organisation in bacteria. Nucleic Acids Research, 31 (22) 6570–6577

Rosa H. (2019) Unverfügbarkeit. Residenz Verlag

Rosenberg E./Zilber-Rosenberg I. (2016) Microbes drive evolution of animals and plants: the hologenome concept. mBio, 7(2): e01395-15. https://mbio.asm.org/content/7/2/e01395-15.short

Sakamoto Y./Sato M./Sato Y./Harada A. (2020) Subnuclear gene positioning through lamina association affects copper tolerance. https://www.nature.com/articles/s41467-020-19621-z

Salvucci E. (2012) Selfishness, warfare, and economics; or integration, cooperation, and biology. Frontiers in Cellular and Infection Microbiology, Vol. 2, 54, 1–12

Sanchez-Leon S./Gil-Humanes J./Ozuna C. V./Gimenez M. J. et al. (2018) Low-gluten, nontransgenic wheat engineered with CRISPR/Cas9. Plant Biotechnol J, 16: 902–910. https://doi.org/10.1111/pbi.12837

Sanchez-Canizares C./Jorrín B./Poole P. S./Tkacz A. (2017) Understanding the holobiont: the interdependence of plants and their microbiome. Current Opinion in Microbiology, 38, pp. 188–196

Schätzing F. (2018) Die Tyrannei des Schmetterlings. Roman. Kiepenheuer & Witsch

Scheepmaker J. W. A./Hogervorst P. A. M./Glandorf D. C. M. (2016) Future introductions of genetically modified microbial biocontrol agents in the EU. RIVM Letter report 2016–0057. https://rivm.openrepository.com/handle/10029/620777

Schmid M. W./Heichinger C./Schmid D. C./Guthörl D. (2018) Contribution of epigenetic variation to adaptation in Arabidopsis. Nature Communications. 9:4446. DOI: 10.1038/s41467-018-06932-5

Schubbert R./Lettmann C./Doerfler W. (1994) Ingested foreign (phage M13) DNA survives transiently in the gastrointestinal tract and enters the bloodstream of mice. Mol Gen Genet; 242(5):495–504

Schubbert R./Renz D./Schmitz B./Doerfler W. (1997) Foreign (M13) DNA ingested by mice reaches peripheral leukocytes, spleen, and liver via the intestinal wall mucosa and can be covalently linked to mouse DNA. Proc Natl Acad Sci USA; 94(3):961–966

Schubbert R./Hohlweg U./Renz D./Doerfler W. (1998) On the fate of orally ingested foreigen DNA in mice: chromosomal association and placental transmission to the fetus. Mol Gen Genet, 259: 569–576

Schubert M. G./Goodman D. B./Wannier T. M./Kaur D. et al. (2021) High-throughput functional variant screens via in vivo production of single-stranded DNA. PNAS 2021 Vol. 118 No. 18 e2018181118

Scott J. C. (2019) Die Mühlen der Zivilisation. Suhrkamp

Serres M. (2015) Der Naturvertrag. edition suhrkamp (2. Auflage)

Servant G./Deininger P. L. (2016) Insertion of Retrotransposons at Chromosome Ends: Adaptive Response to Chromosome Maintenance. Front. Genet. 6:358

Shelake R. M./Pramanik D./Kim J. Y. (2019) Exploration of plant-microbe interactions for sustainable agriculture in CRISPR era. Microorganisms, 7(8): 269. https://doi.org/10.3390/microorganisms7080269

Shubin N. (2021) Die Geschichte des Lebens. S. Fischer

Shulse C. N./Chovatia M./Agosto C./Wang G. et al. (2019) Engineered root bacteria release plant-available phosphate from phytate. Appl Environ Microbiol, 85(18): e01210-19. https://doi.org/10.1128/AEM.01210-19

Sleight S. C./Bartley B. A./Lieviant J. A./Sauro H. M. (2010) Designing and engineering evolutionary robust genetic circuits, Journal of Biological Engineering, 4:12. http://www.jbioleng.org/content/4/1/12

Smallwood A./Ren B. (2013) Genome organization and long-range regulation of gene expression by enhancers. Current Opinion in Cell Biology, 25: 387–394

Spinler J. K./Karri V./Hirschi K. D. (2018) Planting the Microbiome, Trends in Microbiology. https://doi.org/10.1016/j.tim.2018.12.001

Springman R./Molineux I. J./Duong C./Bull R. J./Bul J. J. (2012) Evolutionary Stability of a Refactored Phage Genome, ACS Synthetic Biology, 1 (9), 425–430

Srivastava M./Begovic E./Chapman J./Putnam N. H. et al. (2008) The Trichoplax genome and the nature of placozoans. Nature volume 454, 955–960

Strapasson P./Pinto-Zevallos D. M./Zarbin P. H. G. (2015) Soybean (Glycine max) plants genetically modified to express resistance to glyphosate: can they modify airborne signals in tritrophic interactions? Chemoecology. DOI 10.1007/s00049-015-0202-9

Székács A./Ammour A. S./Mendelsohn M. L. (2021) Editorial: RNAi Based Pesticides. Front. Plant Sci. 12:714116. doi: 10.3389/fpls.2021.714116

Takata H./Hanafusa T./Mori T./Shimura M. et al. (2013) Chromatin Compaction Protects Genomic DNA from Radiation Damage. PLoS ONE 8(10): e75622. doi:10.1371/journal.pone.0075622

Tautz J. (2007) Phänomen Honigbiene. Spektrum Akademischer Verlag

Temme K./Zhao D./Voigt C. A. (2012) Refactoring the nitrogen fixation gene cluster from *Klebsiella oxytoca*. Proc Natl Acad Sci USA, 109: 7085–7090. https://doi.org/10.1073/pnas.1120788109

Teng Y./Ren Y./Sayed M./Hu X. et al. (2018) Plant-Derived Exosomal MicroRNAs Shape the Gut Microbiota. Cell Host & Microbe. https://doi.org/10.1016/j.chom.2018.10.001

Then C. (2008) Dolly ist tot. Rotpunkt Verlag

Then C. (2015) Handbuch Agrogentechnik. oekom Verlag

Then C. (2019) Gentechnik gefährdet den Artenschutz. Testbiotech. www.testbiotech.org/node/2436

Then C./Hamberger S. (2010) Gentechnisch veränderte Pappeln – eine ökologische Zeitbombe? Ein Report von Testbiotech in Zusammenarbeit mit der Gesellschaft für ökologische Forschung. www.testbiotech.org/node/433

Then C./Kawall K./Valenzuela N. (2020) Spatio-temporal controllability and environmental risk assessment of genetically engineered gene drive organisms from the perspective of EU GMO Regulation. Integr Environ Assess Manag. doi: 10.1002/ieam.4278

Then C./Bauer-Panskus A. (2021) Risk assessment of GE plants in the EU: Taking a look at the »dark side of the moon«. Testbiotech. www.testbiotech.org/node/2692

Then C/Bauer-Panskus A./Tippe R. (2021) Neue Gentechnik und Nutzpflanzen: disruptive Einflüsse von Patenten auf Pflanzenzucht. Testbiotech. www.testbiotech.org/en/node/2771

Testbiotech (2020a) Warum die Neue Gentechnik strikt reguliert werden muss. Fragen und Antworten und wissenschaftliche Hintergründe zu CRISPR & Co. www.testbiotech.org/node/2636

Testbiotech (2020b) Comment on EFSA's draft on Synthetic Biology developments in Micro-organisms, environmental risk assessment aspects (ERA). Testbiotech Background 4–6 – 2020 www.testbiotech.org/node/2612

Trivedi B.P. (2012) Outside the fold. Nature Vol 482, 294–296

Tseng M.N./Chung P.C./Tzean S.S. (2005) Enhancing the stress tolerance and virulence of an entomopathogen by metabolic engineering of dihydroxynaphthalene melanin biosynthesis genes. Appl. Environ Microbiol, 77(13): 4508–4519. https://doi.org/10.1128/AEM.02033-10

Vallecillo-Viejo I.C./Liscovitch-Brauer N./Diaz Quiroz J.F./Montiel-Gonzalez M.F. et al. (2020) Spatially regulated editing of genetic information with a neuron. Nucleic Acids Research. doi: 10.1093/nar/gkaa172

Vázquez-Barrios V./Boege K./Sosa-Fuentes T.G./Rojas P./Wegier A. (2021) Ongoing ecological and evolutionary consequences by the presence of transgenes in a wild cotton population. Scientific Reports, 11:1959. https://doi.org/10.1038/s41598-021-81567-z

Vicient C.M./Casacuberta J.M. (2017) Impact of transposable elements on polyploid plant genomes. Ann Bot, 120(2), 195–207. doi: 10.1093/aob/mcx078

Vogel G./Angermann H. (1998) dtv-Atlas zur Biologie, Deutscher Taschenbuchverlag (10. Auflage)

Vogel A./Schwacke R./Denton A.K./Usadel B. et al. (2018) Footprints of parasitism in the genome of the parasitic flowering plant Cuscuta campestris. Nature Communications 9: 1–11

Vogt G./Huber M./Thiemann M./van den Boogaart G. et al. (2008) Production of different phenotypes from the same genotype in the same environment by developmental variation. Journal of Experimental Biology, 211(4): 510–23 https://jeb.biologists.org/content/211/4/510.short

Vorholt J.A./Vogel C./Carlström C.I./Müller D.B. (2017) Establishing causality: opportunities of synthetic communities for plant microbiome research. Cell host & microbe, 22(2): 142–155. http://dx.doi.org/10.1016/j.chom.2017.07.004

Wagner A. (2015) Arrival of the Fittest. Fischer (deutsche Ausgabe)

Waldvogel A.-M./Rellstab C./Bataillon T./Feldmeyer B. et al (2019) Evolutionary genomics can improve prediction of species' responses to climate change, Evolution Letters 4–1: 4–18

Waltz E. (2016) Gene-edited CRISPR mushroom escapes US regulation. Nature, 532: 293. doi:10.1038/nature.2016.19754

Wang H.H./Mee M.T./Church G.M. (2013) Applications of Engineered Synthetic Ecosystems. In: Synthetic Biology – Tools and Applications: 317–325. Academic Press. https://doi.org/10.1016/B978-0-12-394430-6.00017-0

Wang J., Wu H., Chen Y., Yin T. (2020) Efficient CRISPR/Cas9-Mediated Gene Editing in an Interspecific Hybrid Poplar With a Highly Heterozygous Genome. Frontiers in Plant Science, www.frontiersin.org/articles/10.3389/fpls.2020.00996/full

Wang S./Fang W./Wang C./Leger R.J. St. (2011) Insertion of an esterase gene into a specific locust pathogen (*Metarhizium acridum*) enables it to infect caterpillars. PLoS Pathog, 7(6): e1002097. https://doi.org/10.1371/journal.ppat.1002097

Wegier A./Piñeyro-Nelson A./Alarcón J./Gálvez-Mariscal A. et al. (2011) Recent long-distance transgene flow into wild populations conforms to historical patterns of gene flow in cotton (*Gossypium hirsutum*) at its centre of origin. Molecular Ecology, 20(19): 4182–4194. www.onlinelibrary.wiley.com/doi/10.1111/j.1365-294X.2011.05258.x/full

Weiberg A./Wang M./Lin F.M./Zhao H. et al. (2013) Fungal small RNAs suppress plant immunity by hijacking host RNA interference pathways. Science 342, 118–123

Weiberg A./Bellinger M./Jin H. (2015) Conversations between kingdoms: small RNAs. Current Opinion in Biotechnology 32, 207–215

Wendel J.F./Jackson S.A./Meyers B.C./Wing R.A. (2016) Evolution of plant genome architecture. Genome Biology:17: 37. https://doi.org/10.1186/s13059-016-0908-1

Weng M.L./Becker C./Hildebrandt J./Neumann M. et al. (2019). Fine-grained analysis of spontaneous mutation spectrum and frequency in Arabidopsis thaliana. Genetics 211(2): 703–714. https://doi.org/10.1534/genetics.118.301721

Wess L. (1998) Die Träume der Genetik, Mabuse Verlag

Westwood J.H./Kim G. (2017) RNA mobility in parasitic plant – host interactions. RNA BIOLOGY VOL. 14, NO. 4, 450–455. http://dx.doi.org/10.1080/15476286.2017.129 1482

Wiens J.J./Litvinenko Y./Harris L./Jezkova T. (2019) Rapid niche shifts in introduced species can be a million times faster than changes among native species and ten times faster than climate change. Journal of Biogeography, 46:2115–2125

Wilke A.B./Marrelli M.T. (2015) Paratransgenesis: a promising new strategy for mosquito vector control. Parasit Vectors, 8: 342. https://doi.org/10.1186/s13071-015-0959-2

Wilson E.O. (2016) Die Hälfte der Erde. Ein Planet kämpft um sein Leben. C.H. Beck

Wilson M.H./Coates C.J./George, A.L. (2007) PiggyBac transposon-mediated gene transfer in human cells. Mol Ther, 15(1), 139–145. doi: 10.1038/sj.mt.6300028

Xia J./Guo Z./Yang Z./Han H. et al. (2021) Whitefly hijacks a plant detoxification gene that neutralizes plant toxins. Cell 184, 1693–1705

Xiao Y./Li W./Yang X./Xu P. et al. (2021) Rapid spread of a symbiotic virus in a major crop pest following wide-scale adoption of Bt-cotton in China. bioRxiv preprint doi: https://doi.org/10.1101/2021.02.08.430243

Xu K./Liu Z./Zhang L./Zhang T./Zhang Z. (2016) SiRNA In Vivo-Targeted Delivery to Murine Dendritic Cells by Oral Administration of Recombinant Yeast. Methods Mol Biol 1364, 165–181

Xu H./Wang X./Chi G./Tan B./Wang J. (2019) Effects of *Bacillus thuringiensis* Genetic Engineering on Induced Volatile Organic Compounds Emission in Maize and the Attractiveness to a Parasitic Wasp. Front. Bioeng. Biotechnol. 7:160, doi: 10.3389/fbioe.2019.00160

Yoshida J./Akagi K./Misawa R./Kokubu C. et al. (2017). Chromatin states shape insertion profiles of the piggyBac, Tol2 and Sleeping Beauty transposons and murine leukemia virus. Sci Rep, 7, 43613. doi: 10.1038/srep43613

Young R./Vecchione M./Donovan D. (1998) The evolution of coleoid cephalopods and their present biodiversity and ecology. South African Journal of Marine Science 20(1):393–342 DOI 10.2989/025776198784126287

Zhang L./Zhang T./Wang L./Shao S. et al. (2014) In vivo targeted delivery of CD40 shRNA to mouse intestinal dendritic cells by oral administration of recombinant Sacchromyces cerevisiae. Gene Ther 21, 709–714

Zhou G./Zhou Y./Chen X. (2017) New Insight into Inter-kingdom Communication: Horizontal Transfer of Mobile Small RNAs. Front Microbiol 8, 768

Zhu K./Liu M./Fu Z./Zhou Z. et al. (2017) Plant microRNAs in larval food regulate honeybee caste development. PLoS Genet 13(8): e1006946, https://doi.org/10.1371/journal.pgen.1006946

Zimmermann P.A. (1965) Patentwesen in der Chemie. BASF

Zsögön A./Čermák T./Naves E.R./Notini M.M. et al. (2018) De novo domestication of wild tomato using genome editing. Nature Biotechnology, 36: 1211–1216. https://www.nature.com/articles/nbt.4272